Herr Doktor, mein Hund hat Migräne!

Herr Doktor, mein Hund hat Migräne!

Haar- und
fellsträubende
Tierarztgeschichten

Herausgegeben von
Heike Abidi und
Anja Koeseling

Inhalt

PROLOG
Die Dreierbeziehung fürs Leben

Am Anfang war das Nichts. Dann gab es einen Urknall und zehn Milliarden Jahre später entstand die Erde. Vor siebenhundert Millionen Jahren begannen sich Pflanzen und Tiere zu entwickeln. Der Mensch betrat vor rund einer Million Jahren die Bildfläche und sein erster Freund und Partner im Überlebenskampf war der Wolf, den er recht schnell zu seinem Freund machte und aus dem er mit der Zeit eine unüberschaubare Menge von Hunderassen züchtete. Dazu kamen dann die anderen domestizierten Tiere, die wir zu unserem Nutzen, aber auch zu unserer Freude halten.

Heute in der »zivilisierten« Welt teilen wir die Tiere nach Nützlichkeit auf. Eine besondere Gruppe bilden dabei jene Haustiere, die wir nicht als Nahrungsmittel oder Nutztier halten, sondern aus Freude und Liebe. Dazu gehören Hunde, Katzen, Goldhamster, Kanarienvögel ... – kurz: All jene Tiere, die wir als unsere Kameraden bezeichnen. Zwar gibt es Kulturen, in denen Hunde und andere unserer Freunde auf der Speisekarte stehen, aber bei uns würde ein Wirt, der es wagen sollte, »Gebratenen Hund« anzubieten, den Abend vermutlich nicht überleben. Zu Recht, muss man hier klar sagen. Rein formal sind wir für alle diese Tiere zwar die »Herrchen« und »Frauchen«, aber die realen Machtverhältnisse sehen doch anders aus.

Geht es Wuffi oder Maunzi schlecht, verfallen seine Unter-gebenen (sorry, gemeint sind natürlich die formalen Besitzer) in Panik. Hilfe muss dann her und zwar schnell. Dazu erfanden die Menschen den Tierarzt. Die Gruppe der Veterinäre hat die Aufgabe, unseren Pelz- oder Federtieren zu helfen, falls wir einmal nicht weiter wissen. So spielen Tierärzte heute bei uns eine fast so wichtige Aufgabe wie die anderen »Halbgötter in Weiß«. Der Unterschied ist nur der, dass sie nicht damit beschäftigt sind, das Leben unseres Erbonkels, den wir maximal alle drei Jahre mal sehen, zu verlängern, sondern sich um unsere wirklichen Lieblinge zu kümmern, mit denen wir Tag für Tag zusammen-leben und die es uns sogar erlauben, nachts in ihrem Bett zu schlafen, oder war es umgekehrt?

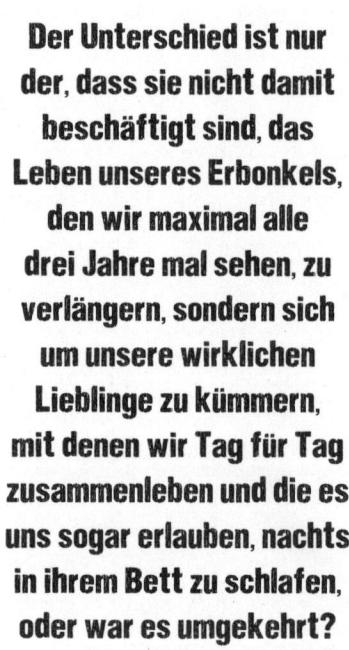

Der Unterschied ist nur der, dass sie nicht damit beschäftigt sind, das Leben unseres Erbonkels, den wir maximal alle drei Jahre mal sehen, zu verlängern, sondern sich um unsere wirklichen Lieblinge zu kümmern, mit denen wir Tag für Tag zusammenleben und die es uns sogar erlauben, nachts in ihrem Bett zu schlafen, oder war es umgekehrt?

Damit haben die Tierärzte einen wichtigen Platz in unserem Leben. Sie wissen das auch und manchmal lassen sie sich unsere Hilflosigkeit dann sehr gut bezahlen. Im Laufe ihrer Berufsjahre erleben sie eine Menge mit Tieren, aber mehr noch mit den Menschen. Im Folgenden soll es um die meist lustigen, aber auch manchmal tragischen Erlebnisse aus ihrem Arbeitsleben gehen. Es gibt vieles, was Tierhalter und Tierärzte zu erzählen haben. Auch Tiere kommen zu Wort.

Freuen Sie sich auf unsere Geschichten. Viel Spaß!

KAPITEL 1
Ärzte, die auf Ziegen starren

Sie hätten als Mediziner Halbgötter in Weiß werden, sich als Radiologen eine goldene Nase (und einen roten Ferrari) verdienen oder als Herzchirurgen die Bewunderung des kompletten Golfclubs sichern können.

Stattdessen drücken sie lieber Analdrüsen von Hunden aus, kastrieren fette Kater und rasen in Gummistiefeln des Nachts in abgelegene Kuhställe, um Kälbergeburtshelfer zu spielen.

Was sind das nur für Menschen, diese Veterinäre? Einfach nur Tierliebhaber? Oder etwa auch Menschenhasser? Falls Letzteres zutrifft, haben sie leider eine Sache vergessen: Kein tierischer Patient ohne Herrchen oder Frauchen ...

SCHWEIN GEHABT

Es war schon spät und meine Kollegen und ich tätigten gerade die letzten Handgriffe vor dem ersehnten Feierabend, als noch ein unangemeldeter Patient zu uns in die Kleintierpraxis kam. Das Erste, was ich von dem späten Besuch wahrnahm, war das entzückte Quietschen einer unserer Auszubildenden, die sich vor Begeisterung gar nicht mehr einzukriegen schien. Darauf folgte eine seltsame Mischung aus Grunzen und Quieken, das mich abrupt in meine Volontariatszeit zurückversetzte, als ich, das Studium der Veterinärmedizin gerade abgeschlossen, zur Feuerprobe auf einem Bauernhof junge Eber kastriert hatte. Neugierig steckte ich also meinen Kopf durch die Tür meines Behandlungszimmers, um zu schauen, wen die Empfangsdame gerade abzuwimmeln versuchte, und sah mich in meiner Vermutung bestätigt: ein Schwein. Ich schätzte es auf circa sechzig bis siebzig Kilo, kräftig und wild mit dem Ringelschwänzchen schlagend. Hilflos sah unsere Empfangskraft zu mir herüber und winkte zögerlich. Die Besitzer des sogenannten Minischweins entdeckten mich sofort.

»Frau Doktor, bitte. Es ist ein Notfall«, erklärte der junge Mann mit Glatze und Maßanzug.

»Mit Schlamper stimmt etwas nicht«, mischte sich seine blonde Begleitung ein und hielt schnurstracks auf mich zu. Schlamper?

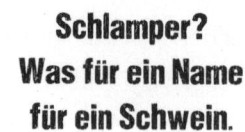

Schlamper? Was für ein Name für ein Schwein.

Was für ein Name für ein Schwein. Nach einem kurzen Blick auf meine Armbanduhr verabschiedete ich mich von meiner abendlichen Kinoplanung und bat die Herrschaften samt Schweinchen zu mir ins Zimmer. Das possierliche Tierchen trabte zufrieden grunzend neben ihnen her und sah sich neugierig um. Ich schüttelte innerlich den Kopf. Schweine mit Leine. Ungewöhnlich, aber nicht unmöglich.

Meine Auszubildende Maja, die sonst immer die Erste war, die den Laden verließ, hatte nur noch Augen für den seltenen Anblick und erklärte sich freudig bereit, mir zu assistieren.

»Wie kann ich helfen?«, wollte ich wissen und hockte mich vor den kleinen Eber, um mich mit ihm vertraut zu machen. Und da ich ihn ohnehin nicht auf den Untersuchungstisch bekommen würde ...

So weit wirkte er quicklebendig und zufrieden. Ich tätschelte ihm den Kopf und er gab mir tatsächlich eine seiner Klauen zur Begrüßung. Ich lachte.

»Das ist ja mal putzig«, sagte ich zu den spürbar stolzen Besitzern.

»Er ist ein wahrer Charmeur«, erklärte sein Frauchen und holte dann tief Luft, um auszuführen, was der Grund ihres Besuches war. »Deshalb verstehen wir auch zurzeit sein Verhalten nicht. Er ist immer ausgeglichen und die Ruhe selbst in seiner Rotte, die wir beide und unsere Tochter darstellen.«

Meine Augenbrauen schnellten in die Höhe.

»Also halten Sie das Tier tatsächlich in der Wohnung?«

Sie nickte eifrig, was ihren blonden Zopf wippen ließ.

»Ja, das ist richtig. Er ist auch bei seiner Züchterin in einem Haus geboren worden und dann mit vier Monaten zu uns gezogen.« Ich begann, den kleinen Schlamper abzutasten und untersuchte seine Zähne und die Augen, während ich weiter zuhörte.

»Seit einiger Zeit hat er so etwas wie Tobsuchtsanfälle.«

»Tobsuchtsanfälle?«, fragte ich erstaunt und tastete nach den nicht vorhandenen Hoden. An Revierverhalten oder einem Geschlechtstrieb konnte es offenkundig nicht liegen.

»Wie äußert sich das?« Ich stand auf und steckte die Hände in meine Kitteltaschen.

»Also, es hat kurz nach dem Jahreswechsel begonnen. Sobald die Familie ins Bett gehen möchte, flippt er aus. Das hat er sonst nie getan. Er rennt schreiend wie eine wild gewordene Furie durch die Wohnung. Es beginnt in der Küche. Dabei dreht er sich wie ein Brummkreisel und jagt anschließend durch die anderen Räume. Schließlich stoppt er vor der Gartentür oder der Haustür. Und erst, wenn wir ihn rauslassen, wird er ruhiger.« Sie machte eine Pause und ich überlegte, ob ich meine Meinung ganz unverblümt aussprechen sollte.

»Könnte es sein, dass er einfach nur lieber draußen sein möchte? Ich meine, es ist nicht unbedingt die optimale Haltungsform eines Schweins, so in der sterilen Wohnung.«

Jetzt meldete sich der Anzugträger zu Wort. Aber nicht, ohne sich vorher ausgiebig zu räuspern.

»Über geeignete Haltungsformen sollten wir ein andermal ausgiebig diskutieren. Denn wenn man die Masttierhaltung einmal dagegenstellt, kommt die Frage auf, wie sich wohl die Tiere dort fühlen mögen.«

Touché. Ich verzog mein Gesicht.

»Schlamper hat einen eigenen Garten, den er tagsüber nutzt. Er suhlt sich in Erde und Sand und ist ganz Schwein. Sonst darf er ins Haus und kann seine Familie um sich haben, wie er es möchte. Er ist ein glückliches Schwein«, erklärte die junge Frau und ich hob beschwichtigend die Hände.

»Pardon. Ich wollte niemanden kritisieren. Es ist nur, dass diese Haltungsform etwas ungewöhnlich ist.« Ich verkniff mir den Kommentar, dass es sich meiner Meinung nach um eine Modeerscheinung handele, unter der am Ende meist die Schweine zu leiden hätten. Nämlich dann, wenn es doch nicht bei den angegebenen sechzig Kilo blieb, die der Züchter bei diesen Teacup-Schweinchen versprochen hatte. Oder wenn die Schweine außerhalb ihrer Rotte ein aggressives Verhalten an den Tag legten. Was durchaus auch mal gegen die Spielgefährten der Kinder gehen konnte.

»Wir sind sehr gut über unsere Tiere informiert und werden jedem Einzelnen von ihnen mehr als gerecht«, beteuerte die Besitzerin und ich lockte das vergnügte Schweinchen, das gerade mit der Auszubildenden spielte, zu mir.

»Sie haben andere Haustiere?«

»Ja, eine Katze. Sie lieben sich.«

»Aha.« Ich überlegte kurz. »Und wenn Sie das Schwein draußen übernachten lassen, dann ist Ruhe?« Der Mann schüttelte den Kopf und verzog seinen Mund zu einem Strich.

»Nein. Leider nicht. Schlamper dreht erneut auf, sobald wir die Türen schließen und ihn im Garten lassen wollen. Er ist es ja auch gewohnt, bei seiner Familie zu schlafen.«

»So macht er einen sehr guten Eindruck.« Vorsichtig hörte ich Schlampers Herz ab. Er ließ mich geduldig gewähren, knabberte lediglich am Saum meines Kittels herum. Alles war so normal, wie es nur sein konnte.

 **Meine Auszubildende redete ihm gut zu und hielt das dicke rosa Ding mit den schwarzen Tupfen fest.**

Dann maß ich Fieber, wobei er sich dann doch ein wenig wand und empört zu quieken begann. Meine Auszubildende redete ihm gut zu und hielt das dicke rosa Ding mit den schwarzen Tupfen fest.

»Ich muss ehrlich gestehen, dass ich auf Anhieb keinen Verdacht auf etwas Spezielles habe. Ich würde vorschlagen, ich entnehme erst einmal eine Blutprobe, um zu sehen, ob es dort einen Hinweis gibt.«

Gesagt, getan. Und das sogar ohne einen Kampf. Ich war beeindruckt von dem kleinen, freundlichen Schwein.

»Kommen Sie doch bitte morgen Vormittag mit Schlamper wieder«, bat ich die Besitzer, die einen langen Blick tauschten.

»Na gut. Aber was sollen wir tun, wenn es heute Abend wieder losgeht?«

»Ich gebe Ihnen ein leichtes Beruhigungsmittel mit. Eine halbe Tablette in den Getreidebrei.« Mit dieser Anweisung musste ich die Leute vorerst in den Abend entlassen.

Gleich am nächsten Morgen war der junge Mann mit Schlamper wieder bei mir. Er sah leicht übernächtigt aus und auch das Schweinchen hatte weniger gute Laune als am Vorabend.

»Wie war die Nacht?«, fragte ich besorgt und begrüßte das Tier mit einer Vitaminpaste, die es freudig annahm.

»Hören Sie bloß auf«, kam es übel gelaunt zurück. »Ihr Beruhigungsmittel hat gar nichts ausgerichtet. Es wurde eher noch schlimmer.« Ich stutzte. Das konnte nur bedeuten, dass das Tier eine ganze Menge Adrenalin im Blut hatte und somit die beruhigende Wirkung ausgehebelt worden war.

»Es war das gleiche Theater wie die letzten Abende. Er dreht sich in der Küche wie verrückt im Kreis und quiekt so laut, dass die Nachbarn auf den Plan gerufen werden. Peinlich, sag ich Ihnen.«

Ich stand etwas ratlos da und kramte unruhig in den Kittel-taschen.

»Und dann will er raus. Wenn er seinen Willen hat, ist aber neuerdings bei Weitem nicht Schluss. Nein, er grunzt und quiekt ganz aufgeregt weiter.« Schlampers Herrchen zuckte die Achseln. »Ich habe keine Ahnung, was in ihm vorgeht. Oder ob er vielleicht Schmerzen hat?«

Ich räusperte mich und schaute auf den kleinen Übeltäter hinab. Er sah mir aus seinen Knopfaugen unschuldig ins Gesicht.

»Die Blutuntersuchung war negativ. Keine Entzündungsanzeichen. Auch keine anderen Indikationen. Die Nieren, Leber, alles scheint normal«, erklärte ich und sah mich immer mehr in meiner ersten Theorie bestätigt. Das Schwein hatte eine Verhaltensauffälligkeit aufgrund eines Haltungsfehlers entwickelt.

»Sie müssen doch noch etwas tun können«, sagte der Mann und strich sich nachdenklich über seine Glatze. Unter seinen Augen zeichneten sich tiefe Schatten ab.

»Wir könnten uns per Ultraschall die Organe noch einmal anschauen. Es wäre möglich, dort eine Ursache für eventuelle Beschwerden zu finden«, schlug ich vor.

»Ja, das wäre eine Idee.«

»Die Helferin wird Ihnen einen Termin geben. Und ich möchte Sie bitten, noch einmal ganz genau den Beginn dieses abendlichen Terrors zu rekonstruieren. Was war anders an dem Abend? Gab es Vorzeichen oder Ähnliches?«

Er runzelte die Stirn und hockte sich vor Schlamper, um ihn zu kraulen. Das Schwein hatte sich völlig relaxt hingelegt und begann, wegzudämmern.

»Ich meine, er wirkt ja eigentlich nicht so, als würde ihn etwas aus der Ruhe bringen können«, stellte ich fest.

»Eben. Das ist es ja. So ist er auch sonst«, bekräftigte der Herr in Hemd und Fliege.

»Das passt alles nicht ganz zusammen«, sagte ich mehr zu mir selbst als zu dem Tierhalter. »Silvester ist nicht lange her. Vielleicht hat es damit zu tun?«

»Auf keinen Fall. Der Dicke hat die gesamte Knallerei verschlafen. Wenn der erst mal im Land der Träume ist, kann eine Bombe neben ihm hochgehen.«

»Soso. Aber zur Beruhigung hatten sie ihm nichts gegeben?« Jetzt kräuselten sich seine Lippen leicht vor Verärgerung.

»Nein. Und man hat ja auch gestern gesehen, was das bringt.«

Ich antwortete vorsichtshalber nicht darauf, weil sich die Stimmung merklich abkühlte.

»Ich kann Sie dann vorerst nur bitten, einen Termin zum Ultraschall zu vereinbaren«, sagte ich sanft und tätschelte Schlampers Kopf. Der grunzte nörgelnd, da er lieber weiterschlafen wollte, nun aber von seinem Besitzer zum Aufstehen genötigt wurde. Maulend erhob er sich und schimpfte noch eine ganze Weile vor sich hin, während er nach draußen zum Empfang manövriert wurde. Ich musste schmunzeln. Schlampers Laune besserte sich allerdings schnell, als Maja mit einer Möhre um die Ecke kam und ihm diese entgegenhielt. Dass schlechte Manieren bei Tisch mit »Essen wie ein Schwein« umschrieben werden, kommt nicht von ungefähr – Schlamper war der lebende Beweis dafür ...

Am nächsten Tag musste ich mich mit Schlampers Frauchen auseinandersetzen. Doch auch alle weiteren Untersuchungen blieben ohne Ergebnis.

»Das Schwein ist kerngesund«, sagte ich mit fester Stimme.

»Das ist gut«, seufzte sie. »Verstehen Sie mich nicht falsch. Ich freue mich, aber wir haben somit immer noch keinen Grund für seine Aufstände.«

Ich bekam wirklich Mitleid. Sie rubbelte Schlampers Nackenspeck, worauf er genüsslich die Augen schloss und sein Ringelschwänzchen tanzen ließ.

»Es tut mir leid. Ich tippe auf einen Erziehungsfehler. Vielleicht sollten Sie einen Experten zurate ziehen«, schlug ich vor. »Sie wären nicht die Ersten, die mit einem Schwein als Haustier überfordert sind«, fügte ich leise, aber bestimmt hinzu.

Es konnte sich nur um ein Rangordnungsproblem oder dergleichen handeln. Alles andere ergab keinen Sinn.

Im Gesicht der jungen Frau spiegelten

Sie gab ihrem Schwein einen dicken Kuss auf den Rüssel, stand auf, verabschiedete sich ziemlich knapp von mir und ging.

sich Sorge, Entsetzen, Selbstzweifel und Ärger. Womöglich auf mich. Sie gab ihrem Schwein einen dicken Kuss auf den Rüssel, stand auf, verabschiedete sich ziemlich knapp von mir und ging.

Lange bekam ich dieses Schweinchen nicht mehr aus dem Kopf. Bei manchen Patienten habe ich einfach das Gefühl, dass etwas nicht passt. So auch bei Schlamper. Wenngleich ich mir sicher war, nichts übersehen zu haben. Aber es machte mich traurig, dass ich hier so gar nicht helfen konnte.

Tage später wurde ein Telefongespräch zu mir durchgestellt, am anderen Ende war Schlampers Besitzerin.

Was sie mir erzählte, machte mich tatsächlich sprachlos – und das kam nicht oft vor. Schlampers Ausbrüche hatten tatsächlich ein jähes Ende gefunden. Und das prompt nachdem ein Kabelbrand in der Küche entdeckt worden war, der schon seit geraumer Zeit vor sich hinge- schmort hatte. Das Schwein hatte die Gefahr eines Haus-

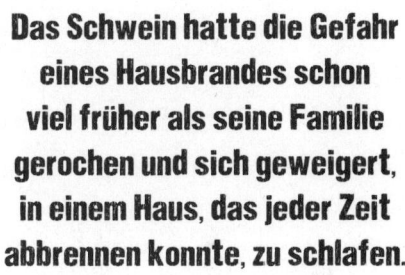

Das Schwein hatte die Gefahr eines Hausbrandes schon viel früher als seine Familie gerochen und sich geweigert, in einem Haus, das jeder Zeit abbrennen konnte, zu schlafen.

brandes schon viel früher als seine Familie gerochen und sich geweigert, in einem Haus, das jeder Zeit abbrennen konnte, zu schlafen. Er wollte lediglich sich und seine Rotte in Sicherheit wissen. Deshalb der allabendliche Eiertanz und das Gezeter, bis die Türen offen waren. Da hatte die Familie wirklich Schwein gehabt.

DAS HASEN-KETTENSÄGENMASSAKER

Sonntagmorgen, 5.23 Uhr:

Das Telefon klang wie ein Schwarm angriffslustiger Hornissen. Vielleicht lag es auch an meinem Brummschädel. Auf jeden Fall verfluchte ich den Apparat, aber als Tierarzt kann man sich so was leider nicht aussuchen. Wenn ein Patient mich braucht, dann muss ich eben los.

Trotzdem konnte niemand von mir erwarten, dass ich um diese Uhrzeit freundlich war. Das war dann halt Schicksal.

»Albert Peterlein«, brummte ich in den Hörer, während meine Frau sich einfach wegdrehte. Sie schien eine gewisse Übung darin zu haben, wie man an einem Sonntagmorgen mit ungewollten Anrufen umging.

»Hallo. Hier ist Luisa Czernik.« Eine Frauenstimme. Sie klang für meinen Geschmack viel zu wach. »Bin ich da richtig beim Tierarzt?«

Intelligente Nachfragen waren in dieser Situation so ziemlich das Letzte, was ich erwartete. »Wer soll ich denn sein? Die Partnerberatung für katholische Priester?«

Die folgende Stille ließ mich hoffen, die Anruferin hätte vor Schreck wieder aufgelegt. Bis sich die

 **»Wer soll ich denn sein? Die Partnerberatung für katholische Priester?«**

22

Stimme wieder meldete. »Ach, Sie sind ja lustig.« Noch eine Pause, so als müsste Frau Czernik erst einmal nachdenken. »Mein Mann hat mir gesagt, dass Sie ein Spaßvogel sind.«

Wer auch immer ihr Mann war, er hatte definitiv unrecht. Insbesondere an einem Sonntagmorgen um diese Zeit.

»Um was für ein Tier handelt es sich denn?«, begann ich, meine Routine herunterzuspulen.

Wieder Schweigen am anderen Ende. Dann antwortete sie: »Um Hubert. Einen Mecklenburger Schecken.«

Jetzt war ich es, der sprachlos war. Zumindest beinahe.

»Einen Hasen? Es geht um einen Hasen?«

»Einen preisgekrönten Zuchtrammler«, verbesserte mich Frau Czernik.

»Einen preisgekrönten Zuchtrammler«, verbesserte mich Frau Czernik.

Das musste ich erst einmal sacken lassen.

»Was hat er denn?«

»Es ist ein echter Notfall! Um zehn Uhr ist doch der Zuchtwettbewerb.«

»Aber Frau Czernik, es ist fünf Uhr morgens!«

»Ja, Herr Doktor. Es tut mir auch leid, dass ich Sie stören muss. Aber unser Hubert hat meine Tabletten gefressen.«

»Er hat was?«

»Na ja, ich nehme doch dieses Zeugs gegen meine Inkontinenz ...«

Too much information. Damit überschritt die Anruferin nun endgültig die Grenze meiner Aufnahmebereitschaft. »Welche Symptome hat denn Ihr Hubert?«

»Na, Sie sind doch der Doktor.«

Damit war ich an dem Punkt angekommen, an dem ich akzeptieren musste, dass meine Nacht vorüber war. Unwiderruflich.

Als ich aufstand, brummte meine Frau zustimmend. Sie war wohl einfach nur froh, dass sich der Störenfried endlich aus dem Schlafzimmer verzog.

Ich ließ mir von Frau Czernik die Adresse geben und machte mich schnellstmöglich auf den Weg.

Sonntagmorgen, 5.45 Uhr:

Vier Stunden, fünfzehn Minuten bis zum Wettbewerb.

Das Haus der Czerniks war leicht zu finden. Es war das Einzige in der Siedlungsstraße, das um diese Zeit hell erleuchtet war. Ich parkte meinen Wagen in der Auffahrt und machte mich gleich auf den Weg in den Garten, aus dem aufgeregte Stimmen zu hören waren.

Der Garten war weit größer, als es von der Straße aus den Anschein gehabt hatte. Mindestens fünfhundert Quadratmeter, ringsum geschützt durch einen dicht gefügten Holzzaun.

»Guten Morgen«, rief ich dem Mittsechzigerpärchen zu, das in der Nähe eines riesenhaften Holzgebildes stand.

Im ersten Moment dachte ich, es handele sich um eine Schrankwand. Doch das war weit gefehlt. Der einzige Zweck des Massivs konnte nur die artgerechte Hasenaufzucht sein.

Herr Czernik kam freudestrahlend auf mich zu, als sei ich seine letzte Hoffnung. »Hallo Peterlein! Danke, dass du uns hilfst.«

Erst als er mich duzte, wurde mir klar, dass Herr Czernik niemand anderes war als Erich, eine meiner Tresenbekanntschaften aus der Kneipe um die Ecke. Ein typischer Vertreter des Kleintierzüchtervereins *Fell und Feder*. Alles ziemlich verschrobene Kerle, aber definitiv Stammkundschaft.

Der rundliche Mann im Bademantel hob beide Arme wie zu einer Umarmung. Schnell gab ich ihm die Hand.

»Hubert muss um zehn Uhr im Kleintierzüchterverein sein. Er ist doch der Lokalmatador im Zuchtwettbewerb. Der große Favorit!«

Oha, das war wohl ernst. Es galt also, keine Zeit zu verlieren. Umso mehr, weil ich nun auch persönlich verpflichtet war, den beiden zu helfen. »Was macht denn unser kleiner Patient?«

Verdutzt sah der Mann mich an. »Was er macht? Keine Ahnung.«

»Na gut«, hakte ich nach, »dein Hase hat also die Tabletten deiner Frau gefressen.«

»Gegen Pipi machen.«

Ich versuchte krampfhaft, dieses Bild wieder aus meinem Kopf zu verbannen.

»Wie auch immer. Er könnte sich vergiftet haben. Deshalb würde ich ihn gern sehen.«

»Ja, sehen ist gut«, witzelte Erich und lächelte seine Frau an.

Mit ihrer Haushaltsschürze und der dunklen Dauerwelle passte sie in so ziemlich jeden Vorort zwischen Hamburg und München.

»Der Herr Doktor will den Hubert sehen«, wiederholte der Hasenzüchter.

Betreten schaute die Frau zu Boden.

»Was ist los?«, schoss es förmlich aus mir heraus.

»Eigentlich nicht viel. Hubert ging es ganz gut, als ich ihn das letzte Mal gesehen habe. Nur leider kann ich dir nicht genau sagen, wo er gerade steckt.«

Mir entglitten alle Gesichtszüge. »Du hast mich geweckt, damit ich einen Hasen behandle, der gar nicht da ist?«

Mir entglitten alle Gesichtszüge. »**Du hast mich geweckt, damit ich einen Hasen behandle, der gar nicht da ist?**«

Lakonisch zuckte der Hasenbesitzer mit den Schultern. »Hubert ist leider ausgerückt, als Luisa ihn füttern wollte.« Es folgte ein vorwurfsvoller Blick in Richtung seiner Gemahlin.

»Werden Sie uns helfen, Dr. Peterlein?« Die Frau klang ziemlich geknickt.

Also gut, es war nicht mein Tag.

»Wenn ich schon da bin, dann können wir Hubert auch gemeinsam suchen«, entgegnete ich. »Solange Sie ihm kein Viagra gegeben haben.«

Auch diesmal erntete ich keinen Lacher. Also machten wir uns schweigend auf die Suche nach Meister Lampe.

Sonntagmorgen, 6.15 Uhr:
Drei Stunden, fünfundvierzig Minuten bis zum Wettbewerb.

Eine halbe Stunde später war ich noch immer bei den Czerniks.

Anfangs hatte ich ja noch die Hoffnung gehabt, das Tier würde sich schnell finden lassen. Aber so wie es im Garten der Eheleute aussah, gab es hier unzählige Versteckmöglichkeiten. Er war ein Labyrinth aus Gartenzwergen, Hochbeeten und Ziersträuchern.

Sonntagmorgen, 6.55 Uhr:
Drei Stunden, fünf Minuten bis zum Wettbewerb.

Endlich eine Spur. Nicht nur, dass jemand ganz deutlich die Salatpflanzen angeknabbert hatte. Auch der kleine Buchs neben der Terrassenlampe wackelte verdächtig.

Jetzt hatte ich ihn.

»Da ist er!«, flüsterte ich meinen Mitstreitern aufgeregt zu.

Keuchend kam Erich zu mir geeilt. Er versuchte sichtlich, keine verräterischen Geräusche zu verursachen. Dabei klang er wie eine altersschwache Dampflok.

»Wo?«, rief der Hasenzüchter aufgeregt.

Still wies ich auf den raschelnden Busch.

Erich fixierte den Buchs so intensiv, dass er aussah wie hypnotisiert. Dann näherte er sich vorsichtig der rechten Seite des Gewächses.

Ich dagegen schob mich langsam von links heran.

»Auf drei«, wisperte ich, dann begann ich lautlos, mit meinen Fingern zu zählen.

Eins.

Der Buchs raschelte noch mehr als zuvor. Czerniks Finger krümmten sich zu Klauen.

Zwei.

Da war etwas Schwarz-Weißes im Gebüsch. Das war Fell. Ich konnte es deutlich ausmachen. Vor Aufregung zitterten meine Knie ein bisschen.

Drei.

Sonntagmorgen, 7.02 Uhr:

Zwei Stunden, achtundfünfzig Minuten bis zum Wettbewerb.

Die Katze war wahrscheinlich erschrockener als wir. Das arme Tier kreischte so laut, dass selbst ein Hund von unserem Jagdmanöver beeindruckt gewesen wäre.

Nur schade, dass es nicht Hubert war, den ich im Buchs aufgestöbert hatte. Während ich der türmenden Katze hinterherschaute, tänzelte Erich neben mir nervös auf und ab.

Es war nicht nötig, dass seine Frau demonstrativ auf ihre Uhr schaute. Ich wusste auch so, dass uns die Zeit davonlief.

Also zuckte ich mit den Schultern und wir setzten die Suche fort.

Sonntagmorgen, 8.57 Uhr:

Eine Stunde, drei Minuten bis zum Wettbewerb.

Die Uhr war zu einem gnadenlosen Gegner geworden. Nur noch knapp eine Stunde, bis Erich bei *Fell und Feder* antreten musste. Natürlich mit seinem Wunder-Hubert. Langsam wurde es persönlich zwischen diesem Hasen und mir.

 **Langsam wurde es persönlich zwischen diesem Hasen und mir.**

Ich durchwühlte gerade das wunderhübsche Gartenhäuschen in Schwedenrot, als mir etwas auffiel.

Genau vor meinen Füßen lag etwas Unförmiges.

»Welche Farbe hatten denn Ihre Tabletten?«, rief ich nach draußen.

Es dauerte ein bisschen, ehe Luisa Czernik antwortete: »Grün, wieso?«

Mit einem kleinen Handrechen drehte ich die eigenartigen Gebilde auf dem Boden herum. »Und wie viele waren es?«

»Zwei«, kam die nicht ganz so prompte Antwort.

»Na, dann hat der gute Hubert heute bestimmt kein Problem mit dem Wasserlassen«, rief ich den Czerniks zu.

Es dauerte ein paar Sekunden, bis Erichs Kopf in der Tür erschien. »Hast du etwas gefunden, Peterlein?«

Ich zeigte ihm die ausgespuckten Tabletten.

Erich lachte vor Erleichterung. Dann aber verfinsterte sich seine Miene wieder.

»Wahrscheinlich hat er die Packungsbeilage gelesen«, gab ich zu bedenken.

Das Gesicht des Züchters verriet, was er dachte. Du und deine Witze. Dann verschwand er wieder nach draußen.

Ich überlegte für einen Moment, ob es nun an der Zeit für mich war, nach Hause zu gehen. Schließlich hatte sich die mutmaßliche Medikamentenvergiftung meines Patienten erledigt. Aber so einfach war es nicht. Das mit dem Hasen war Erich ernst. Wenn wir ihn nicht fanden, konnte ich mich nicht so schnell wieder in meiner Stammkneipe blicken lassen.

Sonntagmorgen, 9.05 Uhr:
Fünfundfünfzig Minuten bis zum Wettbewerb.

Da war er. Direkt vor mir auf dem Weg, nur etwa drei Meter von mir entfernt. Er glotzte mich aus seinen schwarzen Knopfaugen an.

Hubert war ein echter Mecklenburger Schecke, das erkannte ich sofort. Aber etwas war an diesem Tier, das mir nicht

gefiel. Etwas Verschla-
genes, Heimtückisches.

**Aber etwas war an
diesem Tier, das mir
nicht gefiel. Etwas
Verschlagenes,
Heimtückisches.**

Ach was, Peterlein,
sagte ich mir. So schwer
konnte das alles nicht
sein. Es war doch nur ein
kleiner Hoppelhase.

Langsam ging ich auf ihn zu und lächelte dabei freundlich.
Nicht, dass es etwas nutzen würde, aber wenn ich wirklich
schnell war, dann konnte ich ihn kriegen.

Er traute mir nicht, dieser Hase. Mit zwei kleinen Sätzen
sprang er hinter eine Reihe adrett angeordneter Blumen.

»Mist.« Ich lächelte. »Aber ich krieg dich ja doch.«

Wie eine lauernde Schlange bewegte ich mich auf ihn zu.
Ich fixierte mein Opfer, als wäre ich in der Lage, es zu hypno-
tisieren. Hubert knabberte gedankenlos auf ein paar Gras-
halmen herum. Dann hob er kurz seinen Kopf in meine Richtung
und rümpfte sein Näschen. Offensichtlich erschien ich ihm nicht
als Bedrohung, denn er setzte seinen Imbiss gleich wieder fort.

Das war meine Chance. In mir spannte sich jeder Muskel.
Ein Hechtsprung über die Petunien und ich hatte ihn.

Sonntagmorgen, 9.11 Uhr:

Neunundvierzig Minuten bis zum Wettbewerb.

Sicherlich war es nicht die eleganteste Bewegung gewesen,
die ich jemals vollführt hatte. Ein bisschen schade war es auch

um die Petunien. Im Krieg nennt man so etwas wohl Kollateral-schaden.

Aber als ich auf dem Boden aufschlug, war ich siegessicher. Meine Hände packten unbarmherzig zu.

»Ich hab ihn!«, rief ich aufgeregt.

Jubelnd kamen die Czerniks auf mich zu. Ich aber ließ mich nicht ablenken, sondern begrub mein Opfer unter mir. Erst als ich die zweifelnden Gesichter sah, wurde mir klar, dass etwas nicht stimmte.

»Ist alles in Ordnung, Dr. Peterlein?«, kam schließlich zögernd die Frage von Luisa Czernik.

Vorsichtig löste ich mich vom Boden. Und musste feststellen, dass dort nichts war. Ich hatte den verfluchten Hasen verfehlt. Hubert war mir entwischt.

Sonntagmorgen, 9.30 Uhr:

Dreißig Minuten bis zum Wettbewerb.

Wenn es jemanden gibt, der noch sturer ist als meine Frau und meine Töchter, dann bin ich es. Und ich weiß, dass ich fies sein kann. Richtig fies.

Da war so eine kuschelig-flauschige Kreatur kein Gegner. Und wenn er tausendmal meinte, er stamme von dem Killer-hasen aus die *Ritter der Kokosnuss* ab. In mir hatte er seinen Meister gefunden. Auch wenn er das noch nicht wusste.

»Seien Sie vorsichtig«, warnte mich Frau Czernik. Ihr Gatte nickte bestätigend.

»Wer? Ich?« Was glaubten die beiden denn, wen sie vor sich hatten? Ohne viel Federlesens ging ich auf den unförmigen, mindestens sechs bis sieben Kubikmeter großen Busch zu und umrundete ihn siegesgewiss.

Diesen Hubert würde ich schon kriegen.

Als ich auf Höhe des flüchtigen Hasen war, packte ich zu. Anders als bei den Petunien hatte ich keine Furcht, den Pflanzen ernsthaft zu schaden.

Das Erste, was ich spürte, war der Schmerz. Die Stacheln durchdrangen meine Jacke und bohrten sich in meine Haut. Dann folgte ein Brennen.

Wer hätte gedacht, dass Brombeeren so stechen können?

Vielleicht wäre es nicht so schlimm gewesen, wenn ich nicht noch einen Schritt nach vorn gemacht hätte. So aber erfasste die Pein nicht nur meine Hände, sondern auch mein rechtes Schienbein.

Jaulend und humpelnd zog ich mich zurück, während Hubert mir gelangweilt zusah.

Sonntagmorgen, 9.35 Uhr:

Fünfundzwanzig Minuten bis zum Wettbewerb.

Ich saß auf einem der Gartenstühle und biss die Zähne zusammen, während Frau Czernik meine Hände mit Wodka desinfizierte. Der Arzt wurde verarztet.

Viel schlimmer konnte es kaum noch kommen.

»Siehst du, Erich? Du hättest den Brombeerstrauch schon längst schneiden müssen. Wie ich dir gesagt habe.«

Da mochte er noch so sehr nach Entschuldigungen suchen, der Erich. Seine Frau hatte leider recht. Und ich das Nachsehen.

Während sich zwischen den beiden eine tüchtige Kabbelei entwickelte, sah ich hinüber zur Brombeerfestung meines Kontrahenten. Jetzt half nur noch das richtige Equipment.

»Wieso muss ich immer alles zehnmal sagen?« Frau Czerniks Stimmung kippte hörbar.

»Ich hab halt immer viel zu tun.« Ihr Mann gab sich eher kleinlaut – bis sein Widerstand wieder aufkeimte. »Aber wenn es dir so wichtig ist, dann bringe ich jetzt die Motorsäge.«

»Sicher, am Sonntagmorgen holst du deine doofe Säge ...«

»Augenblick mal«, griff ich ein.

Die beiden starrten mich an, als würde ich mich gleich zum Familientherapeuten aufschwingen. Aber das war es nicht, was ich wollte. »Erich, die Säge, bitte!«

Das Gesicht des Hasenzüchters hellte sich auf. »Natürlich, Peterlein. Brauchst du auch Schnitthose, Helm und Handschuhe?«

»Erich, die Säge, bitte!«

Ich nickte entschlossen. »Genau.«

Sonntagmorgen, 9.58 Uhr:

Zwei Minuten bis zum Wettbewerb.

Das Heulen der Motorsäge war ohrenbetäubend. Spätestens jetzt holten wir damit auch den letzten Langschläfer in dieser Siedlung aus seinem Bett.

Mir war das schnurz.

Ich kam mir vor wie ein Astronaut. Oder wie der Prinz von Dornröschen in seiner Rüstung. Nur war meine schlafende Prinzessin ein Fellknäuel mit Überbiss.

Die Czerniks waren mit großen Fischkeschern bewaffnet und beobachteten aus sicherer Entfernung, wie ich ihren Brombeerurwald dezimierte. Ast um Ast fiel das Dickicht.

Durch den Gitterschutz des Helms sah ich nicht viel, nur, dass dieses Brombeergewächs zusehends kleiner wurde.

Der Schweiß lief mir in Strömen über das Gesicht. Aber das war es mir wert. Ich würde diesen Hasen kriegen. Mit meiner Säge würde ich ihn aus seinem Unterschlupf treiben. Dagegen hatte er keine Chance.

Der Schweiß lief mir in Strömen über das Gesicht. Aber das war es mir wert. Ich würde diesen Hasen kriegen.

Erst als die Hecke Geschichte war, hielt ich inne. Fragend sah ich zu den Czerniks hinüber. Dort sah ich nur Schulterzucken und leere Kescher. Aber keinen Hubert.

Stirnrunzelnd schob ich den Sichtschutz nach oben und sah mich um.

Ein furchtbarer Gedanke kam mir. Ich hatte doch nicht etwa den Hasen mit der Säge ...? Es war nicht auszudenken. Mit einem plötzlichen Gefühl aufziehenden Unheils sah ich an mir herunter. Und stockte. Meine Kleidung war rot. Oh Gott. Der Hase, der arme Hase!

Der preisgekrönte Mecklenburger Schecke!

Die Schocksekunde verflog rasch, als mir klar wurde, dass ich durch den Einsatz der Säge die Früchte des Brombeerstrauches püriert hatte.

Mit einem Ruhepuls, der in etwa dem eines Geparden entsprach, suchte ich weiter. Und wurde fündig. Hubert war leider nicht geblieben, um sich meinen Kampf mit dem Strauch bis zum Ende anzusehen.

Da war kein Hase mehr. Sondern ein Loch im Boden.

Sonntagmorgen, 10.00 Uhr: Wettbewerb.

Der große Moment war gekommen. Die Preisverleihung des Kleintierzuchtvereins *Fell und Feder* begann. Hubert war das wurscht. Und uns mittlerweile auch.

Erich sah noch einmal auf die Uhr, dann widmete er sich dem Frühstück, das seine Frau uns zubereitet hatte. Ich legte die Holzfällerausrüstung ab und folgte den beiden auf die Terrasse. Zum ersten Mal an diesem Morgen kehrte so etwas wie Ruhe ein. Und mit der Kaffeetasse in meinen verbundenen Händen fühlte ich mich eigenartigerweise rundum zufrieden.

Ja, der Hase. Der hoppelte irgendwo im Garten herum. Ich dagegen genoss mein Frühstück. Ehrlich gesagt haben Croissants selten so gut geschmeckt wie an diesem Morgen. Auch meine Hände taten eigentlich kaum noch weh.

Vielleicht lag es daran, dass Luisa – wir nannten uns inzwischen vertraulich beim Vornamen – den Kaffee tüchtig mit Cognac veredelt hatte. Auch meine Gastgeber gaben sich wieder zuversichtlich. Den entlaufenen Mecklenburger Schecken würden sie schon wieder kriegen. Früher oder später.

Ich lehnte mich zurück und freute mich ein bisschen auf den nächsten Tag. Das war ein Montag, ein ganz normaler Montag. Und das hatte schon etwas Beruhigendes.

ABENTEUER KIEZPRAXIS: VON KAMPFKATERN UND *MONSTER-HIGH*-GUPPYS

Sieben Uhr, der Wecker klingelt. Gerade will ich mich noch mal umdrehen und kurz weiterdösen, da fällt mir brennend heiß ein: Heute kommt die Reporterin vom Stadtmagazin in die Praxis! Für eine Interviewreihe zum Thema »Berufe« sollen Aysel und ich befragt werden und dürfen über unseren Arbeitsalltag berichten. Das wird spannend – unser kleines Team in der Zeitung!

Mein Name ist Sarah, ich bin 37 Jahre alt und habe eine Kleintierpraxis mitten auf dem Kiez. Das bedeutet: Ich habe den spannendsten und schönsten Job der Welt.

Da ich direkt über meiner Praxis wohne, ist mein Weg zur Arbeit nicht weit. Unten wartet schon Aysel auf mich, meine wunderbare Sprechstundenhilfe, ohne die meine Praxis mit Sicherheit im Chaos versinken würde. Aysel hat die Terminvergabe fest im Griff, beruhigt nervöse Tierhalter liebevoll, aber haut im Fall der Fälle auch mal auf den Tisch.

Doch Aysel hat nicht nur ein Händchen für Menschen, sondern auch eins für Tiere: Sie hilft mir dabei, aufgeregte Katzen oder ängstliche Hunde zu entspannen oder Vögel und Fische einzufangen. Ganz großartig kann sie auch mit Nagern umgehen – und das Quieken der Meerschweinchen ahmt sie perfekt nach. Aysel und ich arbeiten zusammen, seit ich die Praxis vor fünf Jahren eröffnet habe.

Was die Reporterin wohl alles von mir wissen will ...? Ich bin ganz schön gespannt. Aber jetzt erst mal die Treppe hinunter hinein ins pralle Leben. »Guten Morgen, liebe Aysel!«, begrüße ich die gute Seele der Praxis.

»Gtn Mrgn«, grummelt Morgenmuffel Aysel zurück. Sie braucht morgens immer ein wenig, bis sie auf Betriebstemperatur ist.

Ab dem Moment, in dem wir die Praxistür aufschließen, strahlt sie aber und verbreitet gute Laune. Ein bisschen sind wir wie ein altes Ehepaar: Jede von uns hat ihre Macken, doch die andere kann das akzeptieren und damit umgehen. Ein perfektes Team eben.

»Heute kommt die Reporterin vom Stadtmagazin und interviewt uns zu unserem Alltag – was wollen wir ihr denn alles erzählen?«, frage ich Aysel.

»Hm, gute Frage«, antwortet diese. »Wie wäre es, wenn wir ihr einfach erzählen, was wir heute erlebt haben? Eine Art Tagesbericht abgeben? Dann könnten wir uns einfach an der Patientenliste entlanghangeln. Und heute wird ein ganz normal-wahnsinniger Tag bei uns, das hab ich im Gefühl.«

»Super Idee! Dann müssen wir uns auch nicht vorbereiten. Geschichten aus unserer Praxis können wir ohnehin viele erzählen.«

Aysel und ich grinsen uns bedeutungsvoll an. Wir besprechen noch kurz die Termine für den Tag und dann geht es auch schon los:

Herr Seipold und Lucy

Der alleinstehende Rentner Ernst Seipold kommt jeden Monat mit seiner vierzehn Jahre alten grauen Zwergpudelmischlingsdame Lucy vorbei. Lucy ist blind und hat es am Herzen. Insgesamt ist sie aber für ihr Alter noch ziemlich fit – kein Wunder bei so viel toller Pflege. Herr Seipold bereitet ihr Futter frisch und seniorengerecht zu, die beiden gehen viermal am Tag für mindestens dreißig Minuten spazieren, natürlich auch bei Wind und Wetter. Das hält Herrchen und Hund fit und aktiv und sorgt ganz nebenbei dafür, dass Herr Seipold viele Kontakte in unserem Viertel hat – ein Mensch, der für einen Hund verantwortlich ist, wird nur selten vereinsamen.

Doch Herr Seipold macht sich Sorgen: Seit zwei Tagen frisst die Hundedame nicht mehr gut. Ich hebe Lucy auf den Behandlungstisch und schaue sie mir genauer an.

»Kein Wunder«, sage ich zu Herrn Seipold, »Lucys Zahnstein ist schlimmer geworden und sie hat nun auch noch eine Zahnfleischentzündung – sie kann nicht mehr richtig fressen.«

Für die Zahnsteinentfernung ist eine leichte Narkose notwendig – bei einem alten Hund mit einem nicht mehr ganz stabilen Kreislauf ist das nicht ungefährlich. Da das Wartezimmer noch leer ist, biete ich Herrn Seipold an, den kleinen Eingriff sofort vorzunehmen.

Mit leichter Panik im Gesicht stimmt er zu.

Aysel nimmt Herrn Seipold am Arm und führt ihn in die Praxisküche, um ihm einen Kaffee anzubieten. Aysel lenkt Herrn Seipold ab, so gut sie kann – und sie kann das sehr gut.

Zwanzig Minuten später ist alles vorbei: Lucy ist ihren wirklich schlimmen Zahnstein los und wacht gerade wieder auf. Herr Seipold freut sich, seinen über alles geliebten Hund lebendig wiederzusehen. Wir behalten die beiden noch ein bisschen bei uns in der Praxis, um den Kreislauf der Hundedame im Blick zu haben. Gegen Mittag darf dieses betagte Dream-Team dann wieder nach Hause gehen.

Und schon kommt der zweite Patient:

Frau Brackel-Schmidt mit Düster

Düster ist ein riesiger schwarzer Kater, den die tierliebe Frau Brackel-Schmidt während einer Italienreise aus einem Müllcontainer befreit hat – ein kleines Häufchen Katze, das mehr tot als lebendig war. Heute ist Düster der Kiezkönig unter den Katzen und macht seinem Namen alle Ehre: An seinem Körper befindet sich kein einziges nicht-schwarzes Haar.

Außerdem fixiert dieses Ungetüm seine Umgebung mit stechend grünen Augen und macht eigentlich immer einen sehr übel gelaunten Eindruck. Seine Stimmung äußert er gelegentlich mit einem empörten, scheppernd klingenden »Maunz«. Düster ist ein selbstbewusster Freigänger aus meiner direkten Nachbarschaft und hat sich in der letzten Nacht mal wieder mit einem anderen Kater gekloppt. Gegen so viel Kampfgeist kann auch eine Kastration nichts ausrichten. Dieses Mal musste sein rechtes Ohr dran glauben, das linke sieht ohnehin schon aus wie ein zerfledderter Blumenkohl.

Wie wohl der Kontrahent aussieht? Vielleicht schaut der ja im Laufe des Tages zusammen mit Herrchen oder Frauchen auch noch in meiner Praxis vorbei.

Frau Brackel-Schmidt nimmt den Zustand ihres Pracht-kerls gelassen, wir sollen lediglich dafür sorgen, dass sich das zerfetzte Ohr nicht entzündet. Gesagt, getan: Wir reinigen und desinfizieren die Wunden. Die Behandlung lässt Düster mürrisch, aber ohne Gegenwehr über sich ergehen. Anschlie-ßend entlassen wir diesen schwarzen, ziemlich selbstbewussten Riesen wieder in die Hinterhöfe der Großstadt.

Fight for your rights! rufe ich ihm in Gedanken hinterher und nehme mir wieder mal vor, ein bisschen mehr zu sein wie dieser starke Kater. Zumindest, was dieses unerschütter-liche Selbstbewusst-sein angeht – die schlechte Laune kann Düster gern behalten.

 **Fight for your rights! rufe ich ihm in Gedanken hinterher und nehme mir wieder mal vor, ein bisschen mehr zu sein wie dieser starke Kater.**

Fido mit Fidi

Fido und Fidi sind echte Kiez-Originale: Fido – das mensch-liche Ende der Leine – erzählt immer, er sei in seinem früheren Leben Kapitän gewesen und auf allen sieben Weltmeeren geschippert. Irgendwann wollte er sesshaft werden, heira-tete, baute ein Haus, wurde Vater – und stürzte ab. Denn das Leben als Landratte mit Nine-to-five-Job war ihm total zuwider, er konnte sich nicht mit seinem Chef arrangieren und eine Karriere als selbstständiger Handelsvertreter floppte auch. Lange Jahre lebte er auf der Straße, trank und verwahrloste immer mehr.

Doch dann kam Fidi: ein großer, grauer Schnauzermischling, eine Seele von einem Hund. Fido hat Fidi an einem Baum gebunden gefunden – die ehemaligen Besitzer hatten ihn ausgesetzt. Seit diesem Tag leben Mensch und Hund zusammen auf der Straße und sind füreinander da. Eine tolle Verbindung, die Fido ganz nebenher von seiner Extremtrinkerei befreit hat, schließlich hat er nun wieder eine Aufgabe.

Die beiden kommen vorbei, um die jährlichen Impfungen abzuholen denn da ist das Herrchen ziemlich penibel: Auf den Tag genau kommt Fidi ins »Trockendock«, wie Fido den Behandlungstisch nennt.

»Guck mal, ob beim Fidi an Heck und Bug alles klar Schiff ist!«, fordert mich der raubeinige Ex-Kapitän auf, der grundsätzlich alle Menschen duzt. Bei Fidi gibt es kein Problem, das weiß ich schon vor der »Inspektion« – schließlich ist der graue Wuschelhund einer der bestgepflegten Hunde, die ich kenne. Er wird perfekt umsorgt, ist den

»Guck mal, ob beim Fidi an Heck und Bug alles klar Schiff ist!«, fordert mich der raubeinige Ex-Kapitän auf, der grundsätzlich alle Menschen duzt.

ganzen Tag an der frischen Luft und hat als Partner von Fido eine Aufgabe – eigentlich ein traumhaftes Hundeleben. Dazu ist er noch wohlerzogen und eher von der vorsichtigen Sorte: Er nimmt Leckerchen mit gespitzten Lefzen ganz langsam und vorsichtig aus der Hand.

Die »Inspektion« ergibt tatsächlich, dass Fidi in einem Eins-a-Zustand ist. Ich plaudere noch kurz mit dem Käpt'n, der mir erzählt, dass er für den Winter eine Übergangswohnung in Aussicht hat – natürlich zusammen mit Fidi.

Das ist ein Thema für die Reportage, denke ich. Denn leider ist das eine Seltenheit, in viele Übernachtungseinrichtungen dürfen obdachlose Menschen ihre Tiere nämlich nicht mitnehmen. Und so schlafen Frauchen oder Herrchen zusammen mit ihrem Hund auch bei den tiefsten Temperaturen draußen.

Ich begleite die zwei in den Flur und verabschiede mich. Aysel wird bei der Bezahlung ein Auge zudrücken und das ist gut so – doch geschenkt bekommen auch Fido und Fidi nichts. Schließlich ist dieses Duo auf seine Art Kunde in meiner Praxis wie alle anderen.

Lena und die Guppys

»Wer ist jetzt dran?«, frage ich und stecke den Kopf ins Wartezimmer.

»Ich!«, meldet sich ein kleines Mädchen, das ein Transportaquarium trägt. Sie folgt mir ins Sprechzimmer.

Lena wohnt ein paar Straßen weiter – sie ist acht Jahre alt, ziemlich selbstbewusst und resolut. Und sie hat Guppys, einen ganzen Schwarm sogar. Außerdem schnattert Lena ohne Punkt und Komma. Ich habe vorher noch nie ein kleines Mädchen erlebt, das redet wie ein Maschinengewehr!

»Hey-Sie-müssen-gucken-was-mit-den-Guppys-ist-die-sehen-alle-so-komisch-aus!«, sagt sie zu mir und braucht für diese fünfzehn Wörter etwa eine Zehntelsekunde. Dabei stellt sie das Aquarium auf meinen Behandlungstisch. Lena liebt ihre

»Hey-Sie-müssen-gucken-was-mit-den-Guppys-ist-die-sehen-alle-so-komisch-aus!«

Fische heiß und innig, pflegt sie aufmerksam, beobachtet sie stundenlang und kann sogar einzelne Guppys voneinander unterscheiden.

»Sehen-Sie-den-Frankie-Stein-hat's-am-schlimmsten-erwischt-und-Cleo-de-Nile-und-Ghoulia-sehen-auch-schon-ganz-komisch-aus!«

Ja, Sie haben richtig gelesen, Lena hat ihre Guppys nach den niedlich-gruseligen Figuren der *Monster-High*-Reihe benannt.

Mit einem Blick ins Aquarium ist alles klar: Lenas Guppys haben die Weißpünktchenkrankheit. Vermutlich hat sie einen neuen Fisch gekauft und die Parasiten so in ihren eigenen, eigentlich rundum gesunden Schwarm eingeschleppt. Ich verschreibe den Guppys ein Medikament, das Lena nun drei Wochen lang anwenden muss – die Handhabung erkläre ich ihr ganz genau und sage ihr auch, dass sie nun das Wasser noch öfter wechseln muss. Doch ich bin mir sicher, dass sie das zuverlässig hinbekommt.

»Danke! Dann-hoffe-ich-mal-dass-die-Guppys-ganz-schnell-wieder-gesund-werden.«

»Das hoffe ich auch!«, antworte ich. Doch dann gucke ich die Kleine streng an: »Sag mal, Lena, wieso bist du eigentlich nicht in der Schule?«

Lena reagiert empört: »Ich-soll-in-die-Schule-gehen-wenn-meine-Guppys-krank-sind? Das-geht-doch-nicht! Und-außerdem-hatte-ich-heute-eh-erst-zur-Vierten! Ich-komme-nur-ein-bisschen-zu-spät!«

»Ein bisschen? Lena, es ist elf Uhr dreißig. Die vierte Stunde ist schon vorbei!«, ermahne ich sie mit einem Augenzwinkern. Insgeheim kann ich sie nämlich sehr gut verstehen, ich würde genauso handeln – aber sagen darf ich das wohl nicht als strenge Erwachsene. »Lena, Schule ist wichtig! Das nächste Mal wartest du, bis der Unterricht vorbei ist und kommst dann erst zu mir, okay?«

Sie nickt. Doch ich weiß genau, dass sie beim nächsten Mal wieder das Gleiche tun wird – das kleine, selbstbewusste Persönchen. »Sag deiner Mama, dass ich die Behandlung deiner Guppys auf die nächste Rechnung schreibe, ja?«

Lena nickt und wünscht mir einen schönen Tag.

Ihre Mutter hält übrigens Wüstenrennmäuse, die sie ebenso liebevoll hegt und pflegt wie Lena ihre Fische. Die Liebe zu Tieren, die in Gruppen leben, scheint in der Familie zu liegen.

Kurz nach zwölf, ein Notfall

Gerade habe ich mich hingesetzt und ein wenig Buchhaltung gemacht, da poltert es im Empfangsbereich. Ich höre Aysels Stimme: »Oh, das sieht jetzt aber nicht sooooooo schick aus, wir gehen mit der Katze sofort zu Frau Doktor!«

Dann öffnet sich auch schon die Tür: Aysel und eine Frau betreten das Sprechzimmer. Auf dem Arm hält die Frau eine apathisch wirkende, blutüberströmte Katze – etwas Ähnliches hatte ich bereits erwartet. »Nicht sooooooo schick« ist nämlich eine typische Aysel-Bezeichnung für Tiere, die es arg erwischt hat.

»Legen Sie die Katze bitte auf den Behandlungstisch«, sage ich zu der Frau. Sie reagiert sofort und ich kann die Katze untersuchen. Das arme Tier hat eine große Fleischwunde in der rechten Flanke und steht unter Schock. »Was ist denn passiert?«, frage ich die mir unbekannte Frau.

»Die Katze lag auf dem Radweg, vermutlich ist sie von einem Auto angefahren worden. Ich habe sie eingefangen und bin mit dem Taxi hierhergefahren.«

Wow, was für ein Einsatz! Die Wunde muss desinfiziert und genäht werden, aber die Verletzung ist nicht lebensbedrohlich, was ein Glück. Zur Sicherheit werde ich das Tier röntgen, nicht dass die Katze sich doch etwas gebrochen hat oder innere Organe verletzt wurden.

Die Patientin lässt sich problemlos einen Zugang legen und narkotisieren. Ich schicke die Katzenretterin hinaus und mache mich daran, die Wunde zu versorgen, während die Mieze schläft. Aysel hilft mir dabei und gemeinsam haben wir das Tier auch sehr schnell geröntgt – zum Glück ohne Befund.

Aysel bringt das Unfallopfer in einen Aufwachkäfig und ich rufe die Frau wieder ins Sprechzimmer.

»Kennen Sie die Katze?«, frage ich sie.

»Nein, ich bin erst vor Kurzem hierhergezogen.«

»Ich vermute, Sie haben einer Streunerin das Leben gerettet«, erkläre ich ihr.

»Eine Streunerin, sind Sie sicher?«

»Ja, ziemlich sicher. Die Katze ist sehr mager und nicht markiert – Tattoo oder Chip fehlen.«

Die Frau denkt kurz nach, um dann zu sagen: »Oh, wenn das so ist ... Mein Kater ist vor sechs Monaten gestorben, er wurde immerhin achtzehn Jahre alt! So langsam möchte ich gern wieder eine Fellnase bei mir haben – die Rechnung bezahle ich selbstverständlich.«

Diese Katze hat wirklich Glück im Unglück. Und ich natürlich auch, denn oft werde ich nicht dafür bezahlt, wenn ich diesen armen Streunern das Leben rette – was ich natürlich aber trotzdem gern tue.

Ich erkläre ihr, dass wir die Katze beim Ordnungsamt melden müssen und am besten noch beim Haustierzentralregister Tasso und dem ortsansässigen Tierheim. Wenn niemand diese Katze vermisst, darf die Frau, die sich als Dagmar Plebeck vorstellt, das Tier behalten – ein echtes Happy End!

»Oh, schon so spät!«, sagt sie mit Blick auf die Uhr. »Ich habe jetzt noch einen Termin. Wenn ich heute Nachmittag vorbeikomme – kann ich die Katze dann mitnehmen?«

»Ja, okay. Aber jetzt müssen wir sie erst noch ein bisschen beobachten. So ein Unfall ist doch ein ziemlicher Schock – auch für eine Katze!«, antworte ich.

»Prima, dann bis später!«, verabschiedet sich Frau Plebeck.

Mittagspause

Hach, Mittagspausen werden ja bekanntlich stark überbewertet. Heute reicht es gerade mal so für ein schnelles Brötchen, das Aysel und ich uns beim Bäcker nebenan holen. Ein bisschen Bewegung muss schließlich schon sein und wenn es nur hundertfünfzig Meter Fußweg sind!

Wir setzen uns in die Küche und reden über das, was noch kommen wird: »Heute haben wir noch zwei Termine – ansonsten kommen bestimmt wieder ein paar Leute spontan vorbei«, meint Aysel. »Für sechzehn Uhr hat sich die Reporterin angemeldet, dann haben wir hoffentlich ein wenig Zeit. Jetzt ist erst mal das Zahnkarnickel an der Reihe, Antonio sitzt bestimmt schon im Wartezimmer.«

Antonio mit Mümmel

Aysel hat recht, die beiden sind bereits da.

Das arme Kaninchen leidet unter einer Fehlstellung der Schneidezähne – in regelmäßigen Abständen müssen die Zähne gekürzt werden, sonst wachsen sie aus dem Maul heraus und Mümmel könnte nicht mehr fressen.

Antonio ist dreizehn Jahre alt und ein engagierter Hasenbesitzer. Mümmel darf im Sommer im Garten wohnen und bekommt in der warmen Jahreszeit mehrmals pro Woche frischen handgepflückten Löwenzahn serviert. Außerdem hat Antonio seinem Haustier mit viel Leckerchen ein paar Kunststücke beigebracht: So kann das kleine Kaninchen Männchen machen oder über Mini-Hindernisse hüpfen. Ich finde das super, denn Mümmels Leben unterscheidet sich positiv von dem vieler anderer Nager, die ihr Dasein in viel zu kleinen Ställen und ohne Beschäftigung in den Kinderzimmern fristen müssen.

Während der Behandlung quetscht Antonio mich aus: »Wieso gibt es eigentlich keine Zahnspangen für Kaninchen? Das wäre doch eigentlich super, dann würden Mümmels Zähne wieder gerade wachsen. Bei meinen Zähnen funktioniert das doch auch.« Antonio grinst mich breit an und präsentiert seine Brackets.

»Das geht leider nicht, Antonio – denn Mümmels Zähne

Wieso gibt es eigentlich keine Zahnspangen für Kaninchen?

wachsen viel schneller als deine«, erkläre ich ihm. »Aber wenn du alle sechs bis acht Wochen hier vorbeikommst und ich seine Zähne einkürze, ist das eigentlich kein Problem. Er kann damit ganz normal leben und auch ganz alt werden!« Antonio wirkt erleichtert.

Knips, knips und schon sind Mümmels Zähne wieder so kurz, dass er ohne Probleme fressen kann.

»Bis in ein paar Wochen, Antonio – macht's gut, ihr zwei!«

Und schon betritt das nächste Duo den Behandlungsraum:

Frau Younis mit Emma

Die beiden hätte ich lieber nicht in meiner Praxis gesehen, ehrlich gesagt – denn Emma hat Krebs. Ich habe die sieben-jährige gestromte Boxer-Mischlingshündin bereits zweimal operiert, aber der Krebs hat gestreut. Es ist leider nur noch eine Frage von Wochen oder vielleicht sogar Tagen, bis ich Emma einschläfern muss. Und so sorge ich mich immer sofort, wenn ich die beiden in der Praxis sehe.

Frau Younis erzählt mir, dass Emma nicht mehr gut frisst und auch beim Gassi gehen immer eher umdreht – dabei war Emma mal ein echter Rennhund, der am liebsten kilometerweit am Fahrrad lief.

Ich hebe Emma auf den Behandlungstisch und schaue sie mir näher an: Sie ist mager, das Fell glänzt nicht mehr so schön wie früher. Aber ihre Augen sind klar, das Zahnfleisch ist gut durchblutet, die Temperatur normal.

»Ich denke, Emma hat Schmerzen, Frau Younis. Der Krebs schreitet leider immer weiter voran und wir können nicht mehr viel für sie tun. Du arme Maus«, seufze ich und streichle Emma über ihren wunderschönen Kopf.

Frau Younis antwortet mit Tränen in den Augen: »Ja, ich weiß. Wir leben im Moment so, als wäre jeder Tag der letzte Tag. Ich verwöhne sie, koche ihr Hühnchenfleisch, nehme sie mit aufs Sofa - das durfte sie früher nicht. Sie ist so unglaublich liebebedürftig und möchte eigentlich am liebsten den ganzen Tag im Warmen kuscheln. Was denken Sie, wie lange wird es noch dauern?«

»Wenn ich das wüsste ... Es kann ganz schnell gehen, aber auch noch ein paar Wochen dauern. Wichtig ist nur, dass Sie mich sofort verständigen, wenn sich Emmas Zustand weiter verschlechtert. Wir hatten ja bereits besprochen, dass wir sie dann bei Ihnen zu Hause erlösen.«

»Ja«, sagt Frau Younis und wischt sich über die Augen, »so machen wir das.« Nach einer kurzen Pause fragt sie bange: »Können wir jetzt noch etwas gegen ihre Schmerzen tun? Oder ist es schon so weit?«

Ja, wir können noch etwas für Emma tun, was ein Glück. Ich verschreibe ein Schmerzmittel in Tropfenform, das Frau Younis in kleine Leberwursthäppchen verpacken wird - die frisst Emma nämlich immer noch, das Leckermäulchen.

Erleichtert verlässt Frau Younis mit der schwerkranken Emma an der Leine das Behandlungszimmer. Ich befürchte, dass das nächste Wiedersehen sehr tragisch werden wird ...

Das ist übrigens der Teil meines Berufs, an den ich mich nie gewöhnen werde: Kranke Tiere einzuschläfern fällt mir immer noch schwer. Aber es gibt Krankheitsbilder, bei denen wir keine andere Wahl haben – ein Tier leiden zu lassen bis zum natürlichen Ende empfinde ich als unmenschlich. Schweres Thema, aber in das Interview gehört es auf jeden Fall!

»Der Nächste, bitte!«, rufe ich in den Flur.

Frau Ödermann und Filou

Über Frau Ödermann gibt es eine Menge Gerüchte im Kiez: Sie soll früher eine halbseidene Bar besessen und damit sehr viel Geld verdient haben. Rein optisch unterscheidet sich Frau Ödermann von den meisten anderen Menschen in unserem nicht ganz so wohlsituierten Viertel, denn sie lässt ganz offensichtlich viel Geld beim Frisör und bei der Maniküre. Filou ist ein kleiner weißer Malteser, ein keckes Früchtchen, das es faustdick hinter den Ohren hat.

Ob die beiden wohl zum gleichen Stylisten gehen? Diesen Satz denke ich jedes Mal, wenn die zwei die Praxis betreten: Frauchen und Hund bestehen aus Unmengen weißer Haare, die zu kunstvollen Gebilden aufgetürmt wurden. Manchmal tragen sie sogar identische Haarspangen.

Frauchen und Hund bestehen aus Unmengen weißer Haare, die zu kunstvollen Gebilden aufgetürmt wurden. Manchmal tragen sie sogar identische Haarspangen.

Heute allerdings sieht Filou etwas derangiert aus: Der kleine Hund ist verklebt und strubbelig – und auch sonst wirkt er ziemlich desolat.

»Was ist denn mit Filou los, Frau Ödermann?«, hake ich nach.

Aufgeregt antwortet sie: »Wir haben doch einmal die Woche Kaffeeklatsch – und heute bin ich dran. Ich hatte extra eine schöne Sahnetorte für die Ladys gekauft und sie auf den Küchentisch gestellt. Filou muss wohl über die Stühle auf den Tisch geklettert sein – er hat fast die komplette Torte gefressen.«

Im gleichen Moment erbricht sich Filou über den Behandlungstisch – der kleine Malteser kann gar nicht mehr aufhören zu würgen. Kein Wunder, eine ganze Sahnetorte ist doch ziemlich viel für diese zwei Handvoll Hund. Ich nehme es gelassen – wenn auch der Anblick vorverdauter Sahnetorte nicht wirklich prickelnd ist.

Frau Ödermann hingegen schimpft wie ein Rohrspatz mit ihrem Hund: »Filou – wie kannst du nur! Kotzt der Frau Doktor auf den Tisch, das gibt's doch gar nicht!«

»Kein Problem, Frau Ödermann, wir wischen das einfach weg«, beruhige ich sie. »Seien Sie doch froh – das erspart uns vermutlich weitere Behandlungen, denn die Torte ist draußen. Nun warten wir erst mal ab, okay? Sollte es Filou in ein, zwei Stunden nicht besser gehen, kommen Sie wieder vorbei. Und Sie kommen auch, wenn er Durchfall bekommt, ja?«

Frau Ödermann nickt und rügt Filou weiter: »Du verfressenes kleines Scheißerchen. Nicht nur, dass du meinen Mädels die Torte weggefressen hast, nun hast du der netten Frau Doktor auch noch den Tisch vollgereihert. Und was mache ich nun mit den Ladys? Wir müssen sofort zum Bäcker und eine neue Torte kaufen. Und wehe, die guckst du auch nur von Weitem an, du verfressenes Viech!«

Ich höre sie noch schimpfen, bis die Praxistür hinter ihr ins Schloss fällt.

Das Interview

Aysel kommt ins Besprechungszimmer und grinst mich an. »Die Reporterin ist da – hast du jetzt Zeit?«

»Klar«, sage ich. »Oder ist das Wartezimmer sehr voll?«

»Nein«, meint Aysel, »es passt gerade perfekt! Frau Plebeck, bitte«, ruft sie in Richtung Wartezimmer.

Plebeck? Den Namen habe ich doch heute schon mal gehört ... Und da kommt die Katzenretterin auch schon ins Behandlungszimmer. Wir schütteln uns die Hände.

»Zufälle gibt's!«, lacht Frau Plebeck. »Da finde ich ausgerechnet heute früh eine angefahrene Katze und lande in genau der Praxis, in der ich nachmittags ein Interview führen soll. So kann ich natürlich aus erster Hand berichten, auf welch wunderbare und engagierte Art und Weise Sie hier Tiere behandeln!«

Aysel und ich fühlen uns natürlich geschmeichelt, doch wir winken beide ab. »Ach, das ist doch ganz normal«, meint meine Arzthelferin. »Wir setzen uns für jedes Lebewesen ein!«

Frau Plebeck fragt: »Wie geht es denn meiner kleinen Streunerin?«

»Gut«, antwortet Aysel. »Sie hat sich erholt und sogar schon etwas gefressen – Sie können sie später mit nach Hause nehmen.«

Frau Plebeck wirkt erleichtert. »Super, aber jetzt machen wir erst mal das Interview.«

Wir setzen uns in die Praxisküche, Frau Plebeck zückt einen Block und beginnt: »Ich habe ja heute schon einen kleinen Einblick in Ihre Arbeit gewonnen – was haben Sie denn noch so erlebt?«

Aysel und ich erzählen ihr von den beiden Rentnern, Herrn Leipold und Lucy, von Düster, dem Straßenkämpfer, und seiner entspannten Besitzerin, von den beiden Kiez-Originalen Fido und Fidi, von Lenas *Monster-High*-Guppy-Schwarm und von Antonios Zahnspangen-Kaninchen. Auch die von Filou ausgekotzte Torte ist Thema des Interviews. Dann wird es ernst und wir sprechen über Emma und den Tod, der uns so oft in unserem Arbeitsalltag begegnet. Wir reden darüber, wie schwer es fällt, eine solche Entscheidung zu treffen und ein Tier zu erlösen.

Am Ende kommen wir auf unser Viertel zu sprechen.

»Wie ist es denn, auf dem Kiez eine Praxis zu haben? Die Menschen hier schwimmen ja oft nicht gerade im Geld.«

Aysel, die Herrin über die Zahlen, antwortet: »Ach, das ist hier nicht anders als in anderen Vierteln. Okay, wir machen öfter Ratenzahlung. Aber die meisten Menschen hier wissen genau, dass ihr Tier Geld kostet – manche legen zum Beispiel jeden Monat ein paar Euro zurück, damit sie die Tierarztkosten bezahlen können. Die Praxis trägt sich und das schon seit fünf Jahren. Doch das Wichtigste ist: Wir lieben unseren Job, die Menschen hier im Viertel und natürlich auch die Tiere!«

Was für ein Schlusswort – auch Frau Plebeck zeigt sich beeindruckt von Aysels Plädoyer. Sie klappt ihre Mappe zu und bedankt sich. »Echt super, Ihre Arbeit hier. Man fühlt sich hier auch als Mensch sehr gut aufgehoben, vielen Dank! Ich werde nun meine Reportage über diese Praxis schreiben und natürlich auch von meiner Findelkatze berichten – apropos, kann ich die Patientin sehen?«

Wir stehen auf und gehen in den Nebenraum, der bei uns als Aufwach- und Beobachtungsstation dient. Die Unfallkatze schnurrt und drückt sich an die Gitterstäbe. Wundervoll, ihr geht es wieder richtig gut. In ein paar Tagen kann ich die Fäden ziehen – so lange muss Frau Plebeck aufpassen, dass ihre neue vierpfotige Mitbewohnerin nicht an der Wunde leckt.

Wir holen die Katze aus dem Käfig und packen sie vorsichtig in die Transportbox, die Frau Plebeck mitgebracht hat.

»Kümmern Sie sich um die kleine Patientin, sie hat gute Pflege wirklich verdient! Wie soll sie eigentlich heißen?«, möchte Aysel wissen.

Frau Plebeck überlegt kurz und antwortet dann: »Lucky! Denn schließlich hat sie heute ganz viel Glück gehabt. Und ich ja irgendwie auch … Denn der Zufall hat mir heute eine neue Katze beschert.«

Frau Plebeck macht noch zwei Termine, einen zum Fäden ziehen und einen, um Lucky zu impfen. Dann verabschieden wir uns.

»Machen Sie's gut – ich freue mich, dass alles so gut ausgegangen ist für Lucky. Und ich freue mich auf die Reportage über unsere Praxis.« Ich lächele Frau Plebeck an. Dann gehe ich wieder Richtung Wartezimmer:

»Der Nächste, bitte!«

DIE SACHE MIT DEN MÄUSEN

Ganze zwei Jahre war ich nun bereits fertig mit meinem Studium der Veterinärmedizin und froh, endlich eine Anstellung in einer kleinen Tierarztpraxis nahe Bremen gefunden zu haben. Dank einer wahren Flut an Absolventen hatte ich es nicht wirklich leicht gehabt, einen Job zu finden. Und so musste ich mich mit einer etwas herrischen Arbeitgeberin arrangieren, die ganz schön Haare auf den Zähnen und einen peniblen Ordnungsfimmel hatte.

Es war einer dieser Tage vom Typ Freitag, der Dreizehnte, an dem sie mich auf dem Kieker hatte und immer etwas fand, das ich besser machen könnte. Nur gut, dass mein dickes Fell mich konstant brav nicken und stur lächeln ließ und ich somit ernstere Auseinandersetzungen bis jetzt umschifft hatte. So manch einer würde dies als Höchstleistung in Sachen Selbstbeherrschung und Leidensfähigkeit erachten.

Während Frau Doktor Rosenthal am frühen Nachmittag auf Hausbesuche ging, durfte ich das erste Mal geplante Termine, die sie mir zutraute, wahrnehmen. Hurra!

Es war ein ganz anderes Arbeiten, ohne jemanden, der einem auf die Finger schaute.

Alles lief gut – bis zu dem Moment, als der unerwartete Besuch einer älteren Dame mit Kater mich ganz kribbelig machte.

Die Frau, die mich unweigerlich an eine Rokoko-Kokotte, also ein Freudenmädchen aus dem achtzehnten Jahrhundert, erinnerte, kam mit säuerlicher Miene und begleitet von Sandra, der Tierarzthelferin, in das kleine Behandlungszimmer geschritten wie Queen Elisabeth persönlich. Ihre weiße Lockenpracht, die zu einem kunstvollen Turm frisiert war, wippte bei jedem Schritt auf ihrem Kopf, während sie sich prüfend umsah. Mir blieb die Spucke weg und ich vergaß meinen Anstand.

»Na so was? Besuch aus dem Theater?«, platzte es aus mir heraus. Sie kräuselte ihre schmalen Lippen und musterte mich mit kühlem Blick.

»Wo ist Frau Doktor?«, fragte sie spitz und setzte eine schicke Tiertransportbox mit einem lauten Scheppern auf den Behandlungstisch. Ich räusperte mich verlegen.

»Frau Doktor Rosenthal ist zu Hausbesuchen unterwegs. Und meine Wenigkeit ist hier, um zu helfen. Wenn ich mich vorstellen darf? Doktor Mara Jung.«

Sie zog ihre fein nachgezogene Augenbraue hoch, was ihre Schlupflider ein wenig hob.

»Jung. Das sehe ich«, entgegnete sie schmallippig. Ich stutzte. Sandra wirkte nervös und setzte zur Erklärung an.

»Frau van der Poll ist eine unserer ältesten Kundinnen in der Praxis.«

Das sehe ich, dachte ich sarkastisch. Geschätzte hundert Jahre. Die feinen Linien in ihrem stark geschminkten Gesicht zeugten davon, dass die Gute nicht viel zu lachen gehabt hatte in ihrem Leben. Oder einfach keinen Humor besaß.

»Ich bin qualifiziert, keine Sorge«, erklärte ich zögerlich und versuchte, in die Box zu schauen.

»Wie kann ich Ihnen denn helfen, Frau van der Poll?«, fragte ich freundlich, als die Dame nicht reagierte. Plötzlich seufzte sie theatralisch und hielt mir ihre mit Ringen besetzte Hand entgegen. Ich hoffte inständig, dass es sie nicht verärgerte, wenn ich ihr keinen Kuss auf den Handrücken hauchte, und drückte diese einmal fest.

»Nun gut, mein Kind. Wenn Frau Doktor nicht da ist, werde ich Ihnen erklären, warum ich hier bin.«

»Das wäre hilfreich«, antwortete ich und erkannte einen pechschwarzen Kater in der hintersten Ecke der Transport-kiste. Mürrisch schaute er mich an. Übellaunigkeit war offenbar ansteckend.

»Darf ich die Box öffnen?«, fragte ich und machte mich zeit-gleich daran, das Gitter zu lösen. Ich rechnete nicht damit, dass ich wie eine Vierjährige einen Schlag auf die Finger bekommen würde. Die Dame van der Poll schnalzte mit der Zunge und ich zuckte erschrocken zurück. Sandra trat von einem auf den anderen Fuß und grinste schief, während sich die Dame von meinem entgeisterten Gesichtsausdruck gar nicht aus der Ruhe bringen ließ.

»Frau van der Poll holt ihren Kater selbst heraus«, erklärte Sandra entschuldigend und ich fragte mich, warum die nette Dame mir das nicht auch selbst gesagt hatte.

»Na gut. Meinetwegen«, antwortete ich lahm und zog mich einige Meter zurück, nur für den Fall, dass ihr oder dem Kater zu viel Nähe meinerseits unangenehm sein könnte.

»Wir haben folgendes Problem«, begann die Frau, während sie den stattlichen, wirklich schönen Kater auf ihren Arm lud. »Antoine fängt Mäuse«, verkündete sie ernst.

Ich sagte nichts und wartete ab. Es wurde still. Vorsichtig tauschte ich einen Blick mit Sandra, die kaum merklich die Achseln zuckte.

»Na, das ist doch hervorragend«, fand ich und erntete ein weiteres tiefes Seufzen.

Statt einer Antwort setzte Frau van der Poll Antoine auf den Tisch und streichelte ihn hingebungsvoll. Der grazile Kater schnurrte laut und reckte sich.

»Ähm, darf ich ihn anschauen?«, fragte ich und wartete ihre Antwort nicht ab. Der Kater war freundlich, rieb erst einmal ausgiebig sein Köpfchen an meiner Hand und setzte sich erhaben vor mich hin. Augen, Schleimhäute und Ohren sahen gut aus. Auf den ersten Blick ein sehr gesundes Tier.

»Wie lange haben Sie den Kater denn schon?«

»Antoine«, sagte sie und legt den Kopf schief, was ihre Frisur zum Kippen brachte.

»Ja, welchen Kater denn sonst?«, fragte ich stirnrunzelnd zurück. Langsam befürchtete ich, Falten von diesem Besuch zu bekommen, so oft, wie ich die Stirn krauszog.

»Er hat einen Namen«, antwortete sie, ihrerseits mit hochgezogenen Augenbrauen.

»Ich wollte nicht unhöflich sein«, entschuldigte ich mich und fragte mich im selben Moment, wie bizarr das Ganze noch werden konnte.

»Antoine ist ein Jahr bei mir«, sagte sie schließlich knapp.

»Wie alt ist er denn?«, wollte ich wissen. Sie rief ihren Antoine zu sich. Er gehorchte wie ein Hund. »Sie sind doch die Ärztin«, antwortete sie.

Ich lachte heiser auf. Mann, die Frau hatte Nerven. Und sie konnte mich allem Anschein nach nicht leiden.

»Es ist ja nicht so, dass er wie ein Baum Jahresringe trägt. Ich schätze ihn auf drei bis vier Jahre ...«

»Da mögen Sie recht haben«, antwortete sie gedankenverloren und kraulte innig ihren Kater. Irgendwie süß, wie zugetan sie dem Tier war. Offenbar im Gegensatz zu Menschen. »Er ist mir zugelaufen, müssen Sie wissen. Mit einem Mal war er da. Ich streichelte ihn ein einziges Mal und er wich mir nicht mehr von der Seite. Nachdem mein Mann gestorben war, da war es so still im Haus. Ich ließ Antoine hinein und wir verstanden uns sofort.« Sie beugte sich zu ihrem Tier und flüsterte: »Nicht wahr, mein Guter?« Der Kater schnurrte noch eine Spur lauter.

»Das ist eine schöne Geschichte«, gab ich zu. »Und Sie haben Probleme, weil er Mäuse fängt?«, versuchte ich den Faden wieder aufzugreifen.

»Er bringt sie mit. Zuerst lebend.«

Oha. Nett. In meinem Mundwinkel zuckte ein Lächeln und ich konnte mir vorstellen, wie die Dame hysterisch auf einem Küchenstuhl gestanden haben mochte.

»Das ist natürlich nicht optimal«, murmelte ich und sammelte mich eilig wieder.

»Nicht optimal? Mein liebes Kind, das ist *unmöglich*!«

Sandra drehte sich grinsend um und tat so, als suche sie nach etwas.

»Ich habe Antoine gebeten, das bleiben zu lassen«, berichtete die Dame weiter.

»Und, hat er gehorcht?« Meine Mundwinkel zuckten.

Sie schüttelte eilig den Kopf und verzog ihren faltigen Mund zu einem Strich.

»Er hat von da an nur noch tote Mäuse mitgebracht.«

»Das ist doch schon mal besser als lebendige.«

Sie sagte lange nichts. Streichelte ihren Kater, der sein Frauchen nicht aus den Augen ließ.

»Wissen Sie, gestern Morgen bin ich in meine Pantoffeln geschlüpft und mit dem großen Zeh auf etwas Totes, Pelziges gestoßen«, erzählte sie bitter.

Bei der Vorstellung wurde selbst mir komisch zumute.

»Das tut mir leid«, versuchte ich es mitfühlend.

»Und heute hat er eine auf mein Kopfkissen gelegt.«

Ich räusperte mich nachdenklich. »Frau van der Poll. Es ist nur so: Mir ist nicht ganz klar, was Sie sich in Bezug auf diese Sache von einem Veterinär versprechen.«

Nun schnappte sie wie ein Fisch an Land nach Luft.

»Na, da muss man doch etwas machen können!« Ihre Stimme war eine ganze Oktave höher als eben noch und Sandra riss alarmiert die Augen auf.

»Das Mäusefangen liegt in der Natur der Katze. Das ist Ihnen doch klar?«, entgegnete ich etwas ungehalten und biss mir auf die Zunge. Vielleicht hätte ich es anders beziehungsweise sanfter formulieren sollen? Die Miene der Rokoko-Kokotte verdunkelte sich drastisch.

»Nun hören Sie mal zu, mein Kind. Halten Sie mich nicht für senil.«

»Niemals!«, beeilte ich mich zu versichern.

»Ich weiß, dass Katzen das tun. Aber man muss sie doch erziehen können.« Unruhig sortierte sie die vielen Ringe an ihren Fingern.

»Erziehen?«, fragte ich irritiert zurück.

»Diese Unart, man muss sie ihm abgewöhnen«, zischte sie leise und hielt dem Kater währenddessen die Ohren zu.

»Er tut es ja nicht, um Sie zu ärgern. Es ist vielmehr ein Liebesbeweis, wissen Sie? Und das Erziehen von Katzen ist so eine Sache.«

»Aber er verärgert mich. Es ekelt mich.«

Ich verschränkte die Arme schützend vor meiner Brust, weil sie erneut nach Luft schnappte und ich so gar nicht vorhersehen konnte, was als Nächstes kam.

Plötzlich beugte sie sich verschwörerisch zu mir herüber. »Man kann doch heutzutage alles therapieren«, flüsterte sie mir zu. Der Kater verschwand von allein wieder in seiner Box, als hätte er langsam die Nase voll.

»Wie gesagt, es handelt sich um ein ganz natürliches Verhalten und nicht um eine Verhaltensauffälligkeit«, gab ich erneut zu bedenken und wurde langsam ganz kribbelig. Ich hatte nicht übel Lust, die Dame mit ihrem überaus gesunden Kater einfach vor die Tür zu setzen. Ob ich meinen Job riskierte, wenn ich es wirklich tat?

»Die einzige Alternative, die mir einfällt, ist, ihn nicht mehr hinauszulassen«, schlug ich zögerlich vor. Die Frau machte ein grüblerisches Gesicht. »Aber da er ganz offensichtlich ein Freigänger ist, wird ihn das sicherlich traurig machen.«

»Das ist mir doch klar, mein Kind. Deshalb wäre es ja besser, man könnte ihn therapieren«, antwortete sie etwas kraftlos und ließ sich auf einem Stuhl in der Zimmerecke nieder.

»Sie gehen jetzt am besten erst einmal mit Antoine nach Hause. Ich kann da jetzt nichts machen, werde mich aber mit Frau Dr. Rosenthal besprechen und kontaktiere Sie dann morgen«, sagte ich.

»Sie wollen mir nicht helfen?«, fragte Frau van der Poll mit kippender Stimme.

Oh nein! Ich hob beschwichtigend die Hände.

»Ich kann da nichts machen«, antwortete ich wahrheitsgemäß und sah auf meine Armbanduhr. Frau Rosenthal musste bald zurück sein und ich hatte noch nicht viel geschafft.

Die Dame stand auf, schob Sandra energisch zur Seite und schnappte sich die Transportbox mit Antoine darin. Ich geleitete sie zur Tür und war langsam, aber sicher genervt.

Sie ging. Hocherhobenen Hauptes und mit der Bemerkung, dass ich noch viel zu lernen hätte. Ich wusste nicht, ob ich mich bekreuzigen sollte, als sie endlich weg war und Frau Dr. Rosenthal zurückkam, denn ich hing in der Zeitplanung hinterher. Außerdem hatte ich das ungute Gefühl, dass die Rokoko-Kokotte sich noch beschweren würde, weil ich ihrem Kater weder Hypnose noch Psychopharmaka verschrieben hatte.

Kleinlaut erstattete ich meiner Chefin also Bericht. Zu meiner Überraschung stieß diese nur ein heiseres Lachen aus und war sichtlich erleichtert, dass sie diese spezielle Dame verpasst hatte.

»Machen Sie sich keine Sorgen, Frau Jung. Sie hätten die van der Poll einmal erleben sollen, als sie noch ihren Papagei hatte.« Sie lachte keckernd los. »Immer machte sie sich Sorgen um den kleinen, wortkargen Kerl. Einmal fragte sie mich, ob man bei den Sprechperlen, die man in der Tierhandlung als Zusatzfutter kaufen kann, auf eine Sprachauswahl achten müsse. Da ihr Adalbert immer noch nichts sagte, vermutete sie, sie habe eine falsche Sprache verfüttert.«

Mir klappt die Kinnlade herunter.

»Schön, dass Sie sich heute um die gute Frau kümmern konnten. Das wäre nichts für meine Nerven gewesen«, erklärte Frau Dr. Rosenthal, während sie ihre Tasche leerte. »Weswegen war sie heute da?«

»Ihr Kater fängt Mäuse und bringt sie ihr«, berichtete ich.

»Ist doch nett«, antwortete sie lapidar. »Wenn sie das nächste Mal kommt, geben Sie ihr Proben unserer Spezial-Futtermischungen mit. Oder was wir sonst so dahaben. Das besänftigt sie eigentlich immer. Und die Sache mit den Mäusen ist dann vielleicht vergessen.«

ZUSCHAUERLIEBLINGE IN SERIE: TIERISCH BELIEBTE FERNSEHPRAXEN GESTERN UND HEUTE

Was bei Büchern die Arztromane sind, sind im Fernsehen die Tierarztserien. Die gehen immer. Und es gab sie irgendwie auch schon immer. Haben Sie Lust auf einen Streifzug durch die TV-Geschichte?

1962/63: *Alle meine Tiere*

Ach, war das noch eine heile Fernsehwelt, damals, als sich die Tierärzte Dr. Karl und Gerda Hofer (Gustav Knuth und Tilly Lauenstein) hingebungsvoll um ihre meist vierbeinigen Patienten kümmerten! Für Trubel sorgten außerdem Sohn Ulli (Volker Lechtenbrink), Tochter Bärbel (Sabine Sinjen) und das Hausfaktotum Lenchen (Käthe Jaenicke). Klingt beschaulich – und war es auch. Erfinder und Drehbuchautor dieser Südwestfunk-Serie, die im Schwarzwald spielte und um Baden-Baden gedreht wurde, war Heinz Oskar Wuttig. Später erfand er weitere beliebte Serien wie *Der Forellenhof*, *Salto Mortale* und *MS Franziska*. Mit *Alle meine Tiere* war – trotz des überwältigenden Erfolges – nach neun Folgen Schluss. Nostalgiker dürfen sich freuen: Inzwischen ist die Serie auch auf DVD erhältlich.

1966–1969: *Daktari*

Diese US-Serie gehört zum kollektiven Kindheitsgedächtnis einer ganzen Generation. Sie handelt vom Tierarzt Dr. Marsh Tracy (Marshall Thompson) und seiner Tochter Paula (Cheryl Miller), die gemeinsam im afrikanischen Busch eine Wildlife-Station betreiben. Stars waren jedoch weniger die menschlichen Schauspieler, sondern vielmehr die tierischen Hauptdarsteller: der schielende Löwe Clarence und die übermütige Schimpansin Judy.

Als die Serie 1969 in Deutschland anlief, wurde sie zeitgleich mit der *Sportschau* ausgestrahlt. Dass sie sich dennoch durchsetzen konnte, spricht für sich.

Erfinder der Serie war der amerikanische Tierfilmer Ivan Tors und so verwundert es nicht, dass sich die durchaus spannenden Geschichten meist um den Kampf gegen Wilderer oder den Schutz kranker Wildtiere drehten.

Übrigens: »Daktari« ist das Suaheli-Wort für »Doktor«.

1977–1990: *Der Doktor und das liebe Vieh*

Diese Serie basiert nicht nur auf einer literarischen Vorlage, sondern sogar auf wahren Geschichten. Der britische Veterinär James Alfred Wight hatte seine Erinnerungen unter dem Pseudonym James Herriot veröffentlicht und so heißt auch der Held der TV-Serie. Gespielt wurde er in 87 Folgen von Christopher Timothy.

Die Handlung spielt im englischen Yorkshire und umspannt den Zeitraum von den 1930er- bis zu den 1950er-Jahren. Der engagierte Held muss sich nicht nur um verhätschelte Haustiere und kalbende Kühe kümmern, sondern auch mit kauzigen Kollegen und störrischen Bauern auseinandersetzen.

Kombiniert mit viel idyllischer Landschaft, englischem Humor, etwas Zeitgeschichte und einer Prise Romantik ergab das ein Serienrezept, das die Zuschauer begeisterte!

Übrigens: Der Originaltitel *All Creatures Great and Small* geht auf eine Zeile in einem anglikanischen Kirchenlied zurück.

1985–1992: *Ein Heim für Tiere*

Achtzig Folgen in acht Staffeln lang gab Siegfried Wischnewski im Vorabendprogramm des ZDF den Veterinär Dr. Willi Bayer. Markenzeichen dieses TV-Tierarztes war sein Gefährt – eine Kutsche mit Pony als Zugtier. Natürlich gab es auch eine attraktive Tochter (Marion Kracht), die sich in den ebenso attraktiven, wenn auch etwas schusseligen Assistenten (Michael Lesch) verliebte, doch die eigentlichen Hauptdarsteller dieser Serie waren natürlich die Tiere. Und weil Tierliebe keine Grenzen kennt, wurde die Serie auch im Ausland zum Erfolg, beispielsweise in den USA (*The Adventures of Dr. Bayer*) oder in Frankreich (*L'ami des bêtes*).

1997–2002: *Tierarzt Dr. Engel*

Als Dr. Quirin Engel startete Wolfgang Fierek, der zuvor schon in den Serien *Monaco Franze*, *Zwei Münchner in Hamburg* und *Ein Bayer auf Rügen* zu sehen gewesen war, erneut als

Serienheld durch. Sechs Staffeln lang gab er nicht nur den Veterinär aus Leidenschaft, sondern auch das urbayrische Schlitzohr mit einem bemerkenswerten Dickkopf, unkonventionellen Methoden und einem angeborenen Talent als Problemlöser.

Vor allem aber standen seine tierischen Patienten bei ihm an erster Stelle: Wenn es um Doping bei Rennpferden, illegale Tiertransporte oder Hormone im Futter ging, verstand Dr. Engel keinen Spaß.

Sein Markenzeichen: ein knallroter Pick-up. Sein Umfeld: störrische Bergbauern, anstrengende Aktivisten, gierige Groß-

Wenn es um Doping bei Rennpferden, illegale Tiertransporte oder Hormone im Futter ging, verstand Dr. Engel keinen Spaß.

landwirte und natürlich die liebe Familie, die nicht selten für allerhand Chaos sorgte. Die Kulisse: das malerische Berchtesgadener Land am Fuße des Watzmanns. Das Fazit: beste Familienunterhaltung mit allem, was dazugehört.

1995–2012: *Unser Charly*

Das hatten wir doch schon einmal, dass ein Schimpanse in einer Tierarztserie die heimliche Hauptrolle spielt ... Doch im Gegensatz zu Judy aus *Daktari* trug Charly Kleidung, war in Berlin zu Hause und wurde von einer Tierarztfamilie aus unerfindlichen Gründen als Haustier gehalten. Während die

Handlung um Dr. Philipp Martin (gespielt von Ralf Linder-
mann), seine Familie und Patienten oft tragisch verlief, stellte
Charly einen humorvollen Kontrast dar. Nicht jedoch in den
Augen vieler Tierschützer, die den Einsatz dressierter Schim-
pansen scharf kritisierten. Die frühe Trennung von der Mutter,
das Leben in menschlicher Gefangenschaft, die Isolation von
Artgenossen und die Frage, was nach Beginn der Pubertät,
wenn sich die Tiere nicht mehr zum Drehen eignen, mit ihnen
geschieht, waren mit dem Bildungsauftrag des ZDF nicht mehr
zu vereinbaren, sodass der Sender die Serie nach der 16. Staffel
schließlich einstellte.

Seit 2006: *Tierärztin Dr. Mertens*

Obwohl der Frauenanteil unter Veterinären im wirklichen
Leben fünfzig Prozent beträgt (Tendenz steigend), dauerte
es bis 2006, bis end-
lich eine Tierarztserie mit
weiblicher Heldin startete.
Dr. Eva Mertens, gespielt
von Elisabeth Lanz, ist
Zootierärztin in Leipzig,
die allerhand Turbulenzen
in Beruf und Privatleben
zu meistern hat. Vor dem
Serienstart gab es übri-
gens einen Fernsehfilm,

**Wieder wird die Zootier-
ärztin unerschrocken
zupacken, wenn es gilt,
verschnupfte Würge-
schlagen, verletzte
Greifvögel, alkoholisierte
Esel, infizierte Kängurus,
depressive Elefanten
oder zahnkranke
Geparden zu behandeln.**

der an sich nicht fortgesetzt werden sollte – doch die Einschaltquoten waren so gut, dass daraus eine Serie entstand, die 2015 in ihre fünfte Staffel geht. Wieder wird die Zootierärztin unerschrocken zupacken, wenn es gilt, verschnupfte Würgeschlangen verletzte Greifvögel, alkoholisierte Esel, infizierte Kängurus, depressive Elefanten oder zahnkranke Geparden zu behandeln. Nebenbei gibt es da noch ein turbulentes Patchwork-Familienleben und den einen oder anderen Konflikt mit den lieben Kollegen.

Fans der Serie loben vor allem die für eine TV-Serie glaubwürdige Handlung und die authentisch wirkende Hauptdarstellerin.

DIE RINDER, DIE FRÄNKINNEN UND ICH –
AUS DEM TAGEBUCH EINES
LAND-TIERARZTES

Dezember

Willkommen am A... der Welt. So könnte man meinen ersten Eindruck von der Gegend zusammenfassen, in der ich ab Januar in einer Praxis einsteigen könnte. Felder und Wiesen, Wälder, Seen und Flüsse – und ab und zu ein Dorf, bestehend aus zehn Höfen, je einer Kirche und einer Kneipe. Was sich hier Stadt nennt, umfasst zusätzlich ein paar Wohnhäuser, einen Supermarkt und die eine oder andere Arztpraxis. Trotzdem kein Vergleich zu den Städten, in denen ich studiert habe. Oje.

Aber dann treffe ich Mair. Dr. Veit Mair, dessen Assistent ich werden könnte – fester Händedruck, das Gesicht voller Lachfältchen und ein prüfender Blick, als ermittle er den Wert eines Zuchtbullen.

»Sie können wir brauchen«, befindet er ziemlich schnell. »Sie sind körperlich fit und mit den Viechern können Sie auch. Wetten, dass? Ich nehm Sie gleich mal mit in meinen Lieblingsstall.«

Ein guter Start für drei Tage Probearbeiten: Ich finde vierzig Rinder vor, das gute Fleckvieh, geeignet als Milch- und Fleischlieferanten. Glänzendes Fell, saubere Einstreu in den Liegeboxen, jedes von ihnen hat ausreichend Platz, um sich zu bewegen. Die Bäuerin erzählt zu jedem Tier dessen Geschichte und bemüht sich sogar, Hochdeutsch zu reden.

»Es wäre schon schön, wenn wir weiterhin jemanden hätten, der sich gescheit um sie kümmert, wenn sie krank sind«, schließt sie und wirft mir einen ganz besonderen Blick zu. Fast flehend. »Der Doktor Mair will sich jetzt ja aus Alters- und Gesundheitsgründen vor allem den Kleintieren widmen. Und der Letzte, der hier Assistent hätte werden wollen, war nicht mal eins siebzig. Sie haben die richtige Größe!«

Ich muss grinsen – stimmt schon, die für die Besamung relevante Körperöffnung liegt bei Kühen sehr weit oben. Man muss den Arm auch mindestens zur Hälfte rektal in die Kuh einführen können, und das im richtigen Winkel. Mit meinen eins neunzig kein Problem.

Dann nimmt Dr. Mair mich noch mit zu anderen Höfen, die ich gut geführt und ordentlich finde – bloß verstehe ich bei manchem der Landwirte kein Wort, Dr. Mair muss übersetzen.

Am zweiten Tag kann ich immerhin auseinanderhalten, wann ein Bauer über seine Frau redet und wann über seine Kuh. Am Ende des dritten Tages steige ich noch besser durch. Nun muss ich mich entscheiden.

Ich atme tief durch. An das Kuhdung-plus-Heu-Silo-Aroma, denke ich, kann ich mich gewöhnen. Im Frühling, wenn alles

Am zweiten Tag kann ich immerhin auseinanderhalten, wann ein Bauer über seine Frau redet und wann über seine Kuh.

grünt und blüht, dürfte es hier in der Pampa ziemlich idyllisch werden. Und im Sommer gibt's Biergärten und Badeseen …

Und so willige ich spontan ein, im Januar in der Praxis anzufangen.

2. Januar

Ferienwohnung für die ersten drei Monate: gefunden.

Umzug ins tiefste Franken: vollbracht.

Erste Gespräche mit den Eingeborenen beim Bäcker, Metzger und im Meldeamt: erfolgreich verlaufen. Das heißt, ich habe Brötchen (hier: Weggla) und Pfannkuchen (hier: Krapfen) bekommen und auf »Grüß Gott« mit »Guten Tag« zu antworten, gewöhne ich mir auch noch ab.

Außerdem: Meine Aurelia hat versprochen, mich im März, wenn sie Urlaub hat, besuchen zu kommen. Vielleicht findet sie hier sogar Arbeit? Schau mer amol, würden die Einheimischen dazu wohl sagen.

3. Januar

Den Chef darf ich jetzt Veit nennen. Veit ist, wie erwartet, ein Guter. Ihm rennen sie mit ihren Hunden, Katzen und Nagern die Praxis ein. Für mich rufen stattdessen die Bauern an: »Bei unserer Lisa/Trude/Nummer 117 ist es so weit!«

Ich bin jetzt also hier der Rinder-Mann. Erstens gibt es genug dieser Tiere, denn von  **Ich bin jetzt also hier der Rinder-Mann.**

der Milch und dem Fleisch leben zahlreiche Familien. Zweitens hat jeder Veterinär in der Region sein Spezialgebiet. Einer kümmert sich vorwiegend um Schweine, einer um Pferde und einer um Schafe.

Zwar hätte ich schon mehr Abwechslung bevorzugt, aber wenn ich mich schon auf ein Tier spezialisieren muss, dann passt das Rind doch recht gut. Ich finde es angenehm im Charakter und gut zu behandeln. Last but not least habe ich ein Faible für Steaks. Und ab jetzt sitze ich an der Quelle für die saftigsten und schmackhaftesten Stücke weit und breit.

 **Zwar hätte ich schon mehr Abwechslung bevorzugt, aber wenn ich mich schon auf ein Tier spezialisieren muss, dann passt das Rind doch recht gut. Ich finde es angenehm im Charakter und gut zu behandeln. Last but not least habe ich ein Faible für Steaks.**

5. Januar

Seit Tagen reise ich von Kuh zu Kuh, von Kalbin zu Kalbin. Verständigungsprobleme gibt es nicht – zwischen den weiblichen Tieren aus Franken und jenen aus anderen Teilen der Republik gibt es keine signifikanten Unterschiede.

Hier wie dort, mit Name oder mit einer Nummer versehen: Wenn eine sich den fruchtbaren Tagen nähert, wird sie anhänglich, springt an den Artgenossinnen hoch. Auf dem Höhepunkt der Brunft verhält sie sich urplötzlich sanft und träge. Dann bespringen die Artgenossinnen sie. Das ist der Zeitpunkt, zu dem ein aufmerksamer Bauer bei mir anklingelt. Ich weiß dann: Lisa/Trude/Nummer 117 rindert. Auf meiner nächsten Runde von Hof zu Hof kann ich ein neues Kälbchen auf den Weg bringen.

Meine Berufskleidung ist dabei einfach und bequem – Kittel und Gummistiefel. Im Transporter, mit dem ich zu den Höfen fahre, habe ich stets alles parat, was ich brauche: den Besamungskübel mit der wertvollen Fracht und den Besamungspistolen, Einmalhandschuhe, die wichtigen Dokumente, Medikamente und so weiter. Natürlich weiß ich genau, von welchem Vater Lisa, Trude und 117 jeweils ihren Nachwuchs bekommen sollen. Die Samen transportiere ich bei einer konstanten Temperatur von minus 186 Grad Celsius, umgeben von flüssigem Stickstoff.

Die Höfe zu finden, ist noch eine Herausforderung. Am ersten Tag verfuhr ich mich mehrmals. Am zweiten war ich schlauer und nahm den Ferienpraktikanten mit: Er kommt von hier. Heute funktioniert alles reibungslos. Drei Besamungen im selben Stall. Ich prognostiziere: In neuneinhalb Monaten stehen zwei neue Kälbchen in den Boxen.

6. Januar

In Bayern gibt es schon wieder einen Feiertag, somit habe ich meinen ersten Feiertagsdienst. Prompt werde ich um vier in der

Frühe angepiepst. Schwierige Geburt auf einem Aussiedlerhof. Den Transporter startklar gemacht und losgerast, unterwegs geblitzt worden, mit siebzig Sachen innerorts. Dürfte gerade noch reichen, damit ich den Lappen nicht abgeben muss.

Ist es aber wert, denn ich erreiche den Hof gerade rechtzeitig. Geburtsstillstand, Kuh 132 quält sich sichtlich. Ich stelle fest: Sie erwartet Zwillinge. Das Erste liegt ungünstig. Es gelingt mir, den eingeschlagenen Vorderfuß hervorzuholen. Dann läuft alles komplikationslos. Erst kommt ein kleiner Bulle, drei Minuten darauf eine Kalbin. Mutter und Nachwuchs wohlauf, Besitzer strahlt, ich bin zufrieden, brause meine Stiefel ab, ziehe mich um, dokumentiere alles und fahre heim. Krieche direkt zurück ins Bett und plane, bis Mittag zu schlafen. Leider werde ich um sieben erneut angepiepst ...

12. Februar

Eine schwere Geburt. Ich erkenne: Das Kalb ist übergroß und höchstwahrscheinlich tot. Dass es normal zur Welt kommen kann, ist unwahrscheinlich. Also rufe ich Veit an. Der klingt wenig begeistert, sitzt gerade mit Freunden beieinander. Aber er kommt doch, untersucht, bestätigt meine Diagnose. Gemeinsam nehmen wir einen Kaiserschnitt vor – meinen ersten. Er läuft nach Plan. Dem Kalb können wir leider nicht mehr helfen, doch die Kuh ist jung und stark, sie wird es voraussichtlich schaffen. Ihr Besitzer wirkt erleichtert und dankt uns.

20. März

Aurelia ist endlich bei mir. Und wie bestellt blüht es überall in den Gärten, auch die Bäume leuchten weiß und rosa. So richtig begeistert wirkt meine Schöne trotzdem nicht.

»Stinkt das hier immer so?«, fragt sie.

»Was denn?«

»Na, dieses Eau de Misthaufen, das überall in der Luft hängt. Geht das auch mal weg?« Ich zucke mit den Achseln. Habe mich so an die Gegend gewöhnt, ich nehme auch den Stallgeruch gar nicht mehr wahr.

> **»Stinkt das hier immer so?«, fragt sie. »Was denn?« »Na, dieses Eau de Misthaufen, das überall in der Luft hängt. Geht das auch mal weg?«**

»Hier muss man ja überall mit dem Auto hinfahren«, meckert Aurelia als Nächstes. »Die Einkaufsgelegenheiten halten sich in Grenzen«, beklagt sie kurz darauf.

Ich lade sie zum Trost zum besten Italiener im Umkreis von fünfzig Kilometern ein. Veits Geheimtipp. Die Pasta ist al dente, der Salat knackig, der Vino süffig – und Aurelia unzufrieden. »Da gibt's bei mir im Viertel aber drei bessere«, lautet ihr Kommentar.

»Dafür«, stelle ich ihr in Aussicht, »ist die Wirtschaft in dieser Region gesund, die Lebenshaltungskosten halten sich in Grenzen. Du würdest binnen Wochen eine Anstellung finden, in der du mehr verdienst als jetzt. Und dann kaufst du dir ein schickes Cabrio und braust in die besten Pizzerien, Boutiquen und Cafés weit und breit.«

»Darüber muss ich in Ruhe nachdenken«, antwortet sie vage. Warum nur habe ich beim Abschied ein flaues Gefühl?

25. März

Aurelia hat Schluss gemacht. Eine Distanzbeziehung sei ihr zu anstrengend, ein Umzug »in diese Pampa« indiskutabel. Rufe sie dreimal an und bitte um eine zweite Chance – für meine Wahlheimat und mich. Dreimal legt sie auf.

Versuche, es positiv zu sehen. Suche und finde eine kleine, aber sehr moderne und schöne Wohnung auf Dauer.

12. April

Gestern zum wiederholten Male eine Kuh besamt, die von unruhigen Artgenossinnen umgeben war. Kam kaum an sie heran. Tänzelte, trippelte und turnte mich richtiggehend zu ihr vor. Schaffte es gerade so. Fühle mich heute extrem verspannt. Früher war ich regelmäßig beim Sport, schätze, das wäre auch jetzt eine Hilfe. Man wird ja nicht jünger.

2. Mai

Fitnesscenter-Abo im Nachbarort gebucht. Habe dort eine Bekanntschaft gemacht. Theres, Bankkauffrau, hübsch und sympathisch. Meinen Beruf findet sie spannend und wichtig. Ich widerspreche nicht, sondern lade sie zum Italiener ein.

20. Mai

Musste Theres zweimal versetzen wegen Krankheitsvertretung für Veit. Klingt nicht mehr so angetan von meinem Beruf. Tröste sie mit einem spontanen selbst gekochten Essen.

30. Mai

Ich bin ein Glückspilz! Theres ist jetzt offiziell meine Freundin. Wirkt sehr interessiert an allem, was ich tue.

»Was ist der Unterschied zwischen Kuh und Kalbin?«, fragt sie. – »Die Kalbin hat noch nicht gekalbt«, antworte ich.

»Was heißt: Eine Kuh rindert?« – »Rindern heißt, sie ist brünstig, das ist dasselbe wie die Rolligkeit bei einer Katze.«

»Wie alt werden Kühe?« – »Sie können fünfundzwanzig bis dreißig Jahre alt werden, doch in der Nutztierhaltung werden viele schon mit sieben Jahren geschlachtet.« Sie hört mir aufmerksam zu.

4. Juni

Musste Theres noch zweimal versetzen wegen Schwergeburten.

11. Juni

Glückssträhne schon wieder vorbei. Theres sagt, sie habe einen Lehrer kennengelernt – »Der hat wenigstens Zeit für mich.«

Beruflich läuft es dafür gerade gut: viele festliegende Kühe. Nicht jeder Besitzer weiß damit umzugehen. Einem jungen Landwirt muss ich sogar erklären, warum es gefährlich ist, wenn eine Kuh mehr als nur ein paar Stunden in der Box liegt.

»Das sieht doch gemütlich aus«, meint der nur – gerufen hatte er mich zum Besamen zweier anderer Tiere.

»Wie viel wiegen Ihre Kühe?«, frage ich den Bauern.

»Na, so sechshundert, siebenhundert Kilo«, antwortet er.

»Eben. Und die Natur hat es so eingerichtet, dass diese Masse die meiste Zeit in Bewegung ist«, erkläre ich. »Schauen Sie sich Rinder mal auf der Weide an: Sie laufen und stehen. Nur zum Wiederkäuen legen sie sich kurz nieder. Wenn Ihre Kuh stundenlang einfach so am Boden ist, stimmt etwas nicht mit ihr. Hat sie gerade geworfen?«

»Vor zwei Tagen.«

»Dann tippe ich auf Milchfieber. Kurz vor und nach einer Geburt nicht selten, da leiden viele Kühe unter Kalziummangel. Mit Infusionen kann man die meisten Tiere retten. Außerhalb des Zeitraums um die Geburt gibt es andere Gründe, wenn eine Kuh festliegt. Mal ist sie erkrankt, mal hat sie sich verletzt. Auf jeden Fall sollten Sie sehr bald Hilfe holen. Bleibt eine Kuh tagelang am Boden, nehmen ihre Muskeln und Gelenke Schaden. Manch eine, die gar nicht schwer krank war, wird es dann.«

»Ach so. Ja, das hat mir mein Vater nicht so genau erklärt, bevor er den Herzinfarkt hatte. Und jetzt ist er tot.«

Das ist natürlich hart für den Jungbauern. Immerhin, mit seiner liegenden Lola hat er Glück – ich finde keine Anzeichen einer schweren Erkrankung, keine Hinweise auf eine Verletzung oder Vernachlässigung. Ich infundiere, bringe Lola mit der Hilfe des Landwirts wieder auf die Beine, lege ihr ein Fußgeschirr an und erkläre dem Besitzer, dass er zur Sicherheit viel Einstreu in die Box einfüllen soll. Wenn Lola sich erneut hinlegt, verletzt sie sich wenigstens nicht dabei.

»Und sofort anrufen, verstanden?«

Er hebt den Daumen.

18. Juni

Zweimal kontrollieren, ob in der Milch von neu gekauften Kühen Staphylococcus aureus vorhanden ist. Dieser Erreger löst Euterinfektionen aus und ist schwer wieder aus den Ställen herauszubekommen. Glück gehabt: Beide Tests sind negativ. Lolas Hof liegt auf meinem Weg, also fahre ich spontan vorbei. Lola steht wie eine Eins. Unter ihr sehe ich jede Menge Einstreu. Ich lobe den Besitzer und nehme mir vor, bei anderen Landwirten auch so geduldig zu bleiben.

10. Juli

Viele Nachteinsätze. Tagsüber herrscht bestes Badeseewetter und weil die Bauern auf den Feldern und in den Gärten zu tun haben, kann ich das auskosten. Halte Nickerchen in der Sonne. Schwimme viel. Um Kühe herumzutanzen, fällt mir immer leichter.

4. August

Wieder eine festliegende Kuh. Seit gestern. Gundula wird bald kalben und hat Milchfieber. Ich lege ihr eine Kalziuminfusion, kurz darauf steht sie auf. Ihre Besitzer freuen und bedanken sich.

12. August

Wieder Ortstermin bei Gundula. Wieder liegt sie. Wurde mehrmals gewendet, ist weich gebettet. Organisch nichts Ungewöhnliches zu finden. Ich infundiere erneut. Kurze Zeit später steht Gundula auch wieder auf.

14. August

Anruf von Gundulas Besitzern: »Sie liegt erneut!« Ich fahre zum Hof. Kaum öffne ich dort die Tür, rumpelt es im Inneren des Stalls – kurz darauf steht eine grinsende Landwirtin in der Tür.

»Stellen Sie sich vor, unsere Gundi hat Ihr Auto gehört und sich auf die Beine gemacht.«

»Das heißt, ich kann wieder heimgehen?«

»Untersuchen und infundieren Sie lieber wieder, so lernt sie's vielleicht.« Also gut.

16. August

»Gundula liegt schon wieder!«

»Haben Sie es schon einmal mit Ihrem Auto versucht? Vielleicht steht sie ja auch auf, wenn sie Sie auf dem Hof hört!«

»Ja, was glauben Sie denn! Wir haben alle drei Familien-autos ausprobiert. Dazu den Traktor und den Bus vom Nach-barn. Alles vergeblich! Die wartet nur auf Sie!«

Ich fahre los. Kaum rolle ich in den Hof ein, vernehme ich das vertraute Rumpeln im Stall.

17. August

Über Gundula und mich könnte man die Fortsetzung von *Und ewig grüßt das Murmeltier* drehen.

18. August

Doch nicht! Gundula hat ein gesundes Bullenkalb geworfen. Und steht.

20. August

Auch sonst gilt: Die Kühe, die ich treffe, sind sympathischer als die Frauen, die mir begegnen.

Theres ruft an und will mich wiedersehen. Der Lehrer hat ihr wohl gerade zu viel Freizeit. Aber mein Vertrauen hat sie verspielt. Auch sonst gilt: Die Kühe, die ich treffe, sind sympathischer als die Frauen, die mir begegnen.

31. August

Neben einem Rinderhof, den ich betreue, weiden Schafe. Und weil ich gerade da bin, ruft man mich zu einer Lämmergeburt. Vierlinge! Alles geht gut. Der Schäfer holt Schnaps und ruft beim Fernsehen an, die wollen auch gleich vorbeikommen. Auch bei Schafen sind Vierlinge eine kleine Sensation. Bevor das Filmteam ankommt, flüchte ich.

2. September

Der Schäfer war da und brachte feinstes Lammfleisch als Dankeschön. (Natürlich nicht von einem der Vierlinge, die leben, wachsen und gedeihen.) Ich lade spontan die Nachbarn zum Gyros ein. Nur eine knabbert Salat und Reis, sie lebt vegan. Die anderen langen zu, es wird ein netter Abend.

12. September

Einladung zu einer Feier bei den Nachbarn. Unterhalte mich lange mit der Cousine des Gastgebers, Pia. Sie ist milchwirtschaftliche Laborantin. Also vom Fach. Außerdem nett. Nebenbei auch noch umwerfend hübsch. Sie hat mir ihre Telefonnummer gegeben.

30. September

Pia hat mir ihre freien Abende in den nächsten drei Wochen gemailt: »Wenn du spontan Zeit hast, ruf mich einfach an, dann machen wir was.«

2. Oktober

Es hat geklappt! Ein perfekter Abend. Vielleicht bin ich doch ein Glückspilz?

15. Oktober

Pia fährt die Runde mit mir. Sie sieht sogar in Gummistiefeln und Kittel zum Anbeißen aus und adoptiert sofort ein Bauernkätzchen. Die Frau passt zu mir.

16. Oktober

Wieder ein Kalb untersucht, das ich an meinen ersten Tagen hier auf den Weg gebracht habe. Kerngesund und fit. Auch bei Lisa, Trude und Nummer 117 lief alles nach Plan. So macht die Arbeit Spaß. Überhaupt denke ich, dass ich hier so langsam Wurzeln schlage.

25. Oktober

Ein Dilemma: Habe auf einem Hof ein verendetes Rind entdeckt, in einem zweiten Stall, zufällig. Der Bauer sagt, das Tier sei einfach so gestorben. Ich vertraue ihm nicht. Seine Herde wirkt ungepflegter als die anderen in der Region. Was tun? Amtstierarzt anrufen? Aber dann weiß der Landwirt doch gleich, wer das war.

26. Oktober

Der Besitzer des toten Rinds steht mit Schnaps und Steaks vor der Tür. Ich schicke ihn heim und erkläre, dass ich keine Geschenke annehme. Spreche mit Pia über den Bestechungsversuch. Die sagt, sie überlege sich etwas – schließlich kennt sie hier jeden und alle.

3. November

Alles gut gegangen, denn: Pias Vater spielt mit dem Amtstierarzt regelmäßig Schafkopf. So entstand der Plan, die Routinekontrolle einiger Höfe vorzuziehen. Der Amtstierarzt denkt offenbar sogar, das sei auf seinem Mist gewachsen. Lassen wir ihn in dem Glauben.

10. November

Die Stallkontrolle war ein Volltreffer. Schlagzeile im hiesigen Käseblatt: »Bauer unter Tierquälerei-Verdacht. Ermittlungen laufen.« Nur der Chef fragt, ob ich wüsste, wer gemeint sein könne. Ich gebe mich ahnungslos.

20. November

Erkältungszeit. Bei mir und bei den Rindern. Habe in den Ställen einige Fälle von Bronchitis und tue alles, um die Rinder (und mich selbst) schnell wieder aufzupäppeln.

2. Dezember

Pia und ich sitzen schön beim Italiener, als ich angepiepst werde. Eine festliegende Kuh. Pia kommt spontan mit zum Einsatz und beeindruckt mich damit wieder mal. Was für eine Frau: Sie rümpft nie die Nase und denkt auch noch mit.

Kuh 27 ist trächtig, so wie im Sommer Gundula, wirkt aber viel schwächer. Antibiotika hat sie erst bekommen, darf also nicht geschlachtet werden. Die Besitzer sind sehr besorgt, haben sie weich gebettet und nach eigenen Angaben auch schon mehrfach gewendet.

»Sollen wir sie nicht jetzt schon erlösen?«, fragt der Besitzer.

»Wir könnten versuchen, sie palliativ zu behandeln, bis das Kalb kommt«, schlage ich vor.

»Das bringt eh nichts!«, poltert die Besitzerin. »So was kennen wir: Am Ende sind wir einen Haufen Geld los, haben das Kalb und die Mutter verloren und der Einzige, der von der Sache was hat, ist der Tierarzt.«

Wir diskutieren hin und her. Auf einmal hebt Kuh Nummer 27 den Kopf und sieht uns an. Erst schaut sie Pia in die Augen, dann ihren Besitzern, dann mir. Kuhaugen sind meistens eher ausdrucksschwach, diese hier nicht. Der Blick wirkt fast menschlich. »Egal, was mit mir wird«, scheint er zu sagen, »rettet mein Kalb.«

»Ich finde, wir sollten versuchen, sie bis zur Geburt durchzubringen«, schlage ich vor. »Ich sehe gute Chancen, das Kälbchen zu retten. Der Mutter kann ich mit Schmerzmitteln helfen, bis wir die Geburt einleiten können. Dann hätten Sie wenigstens das Kleine.« Ihre Besitzer stimmen zu.

9. Dezember

Kuh Nummer 27 hat nach der Einleitung ein gesundes Kuhkalb geworfen. Für sie sehe ich eher schwarz. Doch ihrem Nachwuchs geht es gut.

11. Dezember

Nummer 27 lebt nicht mehr. Ich musste sie einschläfern. Ihre Besitzer danken mir für die Bemühungen. Das Kalb trinkt und gedeiht und Pia tröstet mich: »Ich glaube, genau so hat sie es gewollt.«

25. Dezember

Hatte gestern Nacht Dienst. Zwei Notfälle, eine Geburt. Das Kalb heißt Josef. Pia wirkt sehr ernst, als wir am Weihnachtsmorgen gemeinsam frühstücken.

»Immer diese Nachtdienste – das ist natürlich schon eine Belastung. Wenn ich dich bitten würde, dich zwischen mir und den Kühen zu entscheiden – was würdest du tun?«

»Die Kühe nehmen, an denen ist mehr dran«, antworte ich. Sie macht doch hoffentlich einen Scherz?

Ihr Blick bleibt fest. »Und wenn ich dir sagen würde, von mir kannst du ein Kind haben?«

»Dann würde ich dir antworten, dass die Trefferchance bei Kühen doppelt so hoch ist.«

»Wie meinst du das denn?« Pia funkelt mich an.

»Ganz einfach: Ich kann rechnen. Von hundert Frauen, die während der fruchtbaren Tage Sex haben, werden höchstens dreißig schwanger. Von hundert Kühen hingegen sechzig. Und Kühe gebären viermal so oft Zwillinge wie Menschen.«

Pia schnaubt. Dann gluckst sie und lacht los. Schließlich schnappt sie sich ein Sofakissen und wirft es nach mir.

Dann fragt sie mich: »Wenn ich dir ein Ultimatum stellen würde, würdest du dich also tatsächlich gegen mich entscheiden?«

»Vermutlich schon«, antworte ich. »Sonst würde ich mich gegen mich selbst entscheiden – gegen meinen Beruf, den ich auch liebe.« Und schicke hinterher: »Ich hoffe, dass ich das niemals muss. Ich wünsche mir, dass ich alles drei haben darf.«

»Wieso drei?«

»Den Beruf, dich – und ein Baby mit dir.«

Statt einer Antwort küsst mich Pia.

31. Dezember

Was für ein Jahr. Voller Anfänge und erster Male. Ich bin ein Landei geworden, Rinder-Mann, habe passabel Fränkisch gelernt, den ersten Bestechungsbesuch meiner Karriere abgewehrt und meine ersten Vierlinge ans Licht der Welt geholt. Und wer weiß, mit etwas Glück wartet im neuen Jahr das nächste große Abenteuer auf mich: Vater werden!

PLATZHIRSCHE

»Brauchen wir etwa Gummistiefel?« Die Frage meines Praktikanten Lars genügte, um meinen inneren Verzweiflungspegel in die Höhe zu treiben.

Ein Blick auf den matschigen Weg, der hinunter zum Tiergehege führte, gab mir jedes Recht, mich zu wundern. Lars war weiß Gott nicht der erste sonderbare Praktikant, den ich erleben durfte. Und wahrscheinlich auch nicht der letzte. Hier und jetzt war er aber eine Klasse für sich.

Der schlaksige Uniabsolvent Ende zwanzig hatte alles, was man brauchte, um mich in den Wahnsinn zu treiben. Unter anderem offenbarte dieser junge Mann einen spürbaren Begeisterungsmangel. Na, immerhin konnte er meinen Ambulanzkoffer tragen.

Glauben Sie mir, auch ohne Praktikanten ist es alles andere als leicht, Tierärztin auf dem Land zu sein.

Das hatte schon an der Uni angefangen, wo sich meine adrett gekleideten Kommilitoninnen

Der schlaksige Uniabsolvent Ende zwanzig hatte alles, was man brauchte, um mich in den Wahnsinn zu treiben. Unter anderem offenbarte dieser junge Mann einen spürbaren Begeisterungsmangel. Na, immerhin konnte er meinen Ambulanzkoffer tragen.

in die Hörsäle quetschen und selbstbewusst auf die Frage nach ihrer Spezialisierung antworten: Kleintierpraxis.

Klar, alles was sich streicheln lässt, war doch deutlich angenehmer für sie als die Behandlung von Rindern, Schweinen und Pferden.

Lars stand noch immer abwartend neben meinem schlammbespritzten Geländewagen und sah mich durch seine riesige Hornbrille an.

»Ja«, brummte ich schließlich und stapfte los.

Schon nach wenigen Schritten konnte ich Herrn Egler sehen. Egler ist das Musterbeispiel eines frauenkritischen Tierbesitzers. Dass er mich gerufen hatte, lag offensichtlich daran, dass die Praxis meines hochgeschätzten Kollegen Dr. Mitterbach geschlossen war. Wie jedes Jahr um diese Zeit. Weil Herr Mitterbach seinem Domizil auf Ibiza einen Besuch abstattete. Da blieben dem alten Egler nicht viele Möglichkeiten.

»Na, Herr Egler?« Ich schenkte ihm ein zuckersüßes Lächeln. »Was kann ich denn für Sie tun?«

Der Alte tat so, als habe er mich nicht gehört. Vielmehr schenkte er seine volle Aufmerksamkeit meinem Praktikanten, der wie ein Storch durch den Schlamm auf uns zustakste.

»Guten Tag«, meldete sich Lars aus einiger Entfernung. »Mein Name ist Feltenberg.«

Lars' Anwesenheit zauberte ein breites Lächeln ins wettergegerbte Gesicht meines Kunden. »Sie haben einen jungen Kollegen dabei.« Sofort streckte er Lars seine Hand entgegen.

»Lars ist mein Praktikant«, verbesserte ich ihn.

»Ach«, entgegnete der Egler.

»Achtes Semester. Ich absolviere mein vierwöchiges Pflichtpraktikum im kurativen Bereich«, fügte der entthronte Dr. Feltenberg hinzu. Um dann mit einem selbstsicheren Gesichtsausdruck zu fragen: »Um welche Tiere geht es denn?«

Fassungslos sah ich durch den Gitterzaun in das Gehege mit dem Damwild.

Der Egler stutzte kurz, ehe er antwortete. »Es geht um Albert, Herr Doktor.«

»Ja, da ist ja der Albert. Sieht aber doch ganz ordentlich aus.« Lars beugte sich zu dem Kater hinunter, der Egler schnurrend um die Beine strich.

»Ach was! Albert ist mein Hirsch!« Kopfschüttelnd fuhr der alte Mann fort: »Und der ist total närrisch. Aber sehen Sie selbst.«

Egler und ich passierten die kleine Halle mit dem Futterlager, ehe wir an das hölzerne Tor des Geheges kamen. Unsere Füße verursachten dabei saugende Geräusche. Lars folgte uns in einigem Abstand. Wahrscheinlich war die Tasche für ihn doch schwerer, als er zugeben wollte.

Kaum standen wir am Eingang, konnte ich das Problem schon sehen.

Wahrscheinlich war es die Ungeduld gewesen, die das Tier dazu bewogen hatte, den schmalen Kopf mit dem ausladenden Geweih durch den Zaun zur Futterkrippe zu drücken.

Auf jeden Fall hing er nun fest, wie in einer Falle. Ein großer Teil des Drahtzauns war auseinandergerissen und der Hirsch hatte sich in den losen Enden verfangen. In sicherer Entfernung stand seine gesamte Herde, alles Weibchen. Genüsslich naschten sie vom frischen Heu und beobachteten das Alphatier mit Gleichmut. Schließlich hatte sich Albert aus purer Dämlichkeit in diese missliche Lage gebracht.

Begleitet von kräftigen Sprüngen zerrte und zog das mächtige Tier am Drahtgeflecht. Er gebärdete sich wie eine Furie. Das machte seine Situation aber nur noch schlimmer. Die Drähte verdrehten sich immer mehr. Je hartnäckiger er an seinen Fesseln zog, desto aussichtsloser wurde seine Lage.

Lars sah mich aus großen Augen an. »Du liebe Güte. Das ist ja ein Hirsch. Was machen wir jetzt?«

»Jetzt gehen wir rein, Herr Feltenberg«, entgegnete ich selbstsicher.

Während Egler das Tor aufstemmte, ging ich in Gedanken meine Möglichkeiten durch. Sicherlich konnte ich das Tier betäuben. Ideal war das nicht. Dazu musste ich sein Gewicht abschätzen und das Betäubungsmittel genau dosieren.

Vielleicht wäre mir das auch gelungen, wenn mich nicht eine tiefe Stimme abgelenkt hätte. »Na, gibt's a Problem mit denne Viecher?« Ein Mann in Olivgrün, dessen Schwerpunkt sich deutlich vor seinen Fußspitzen befand, lehnte sich selbstgefällig an einen der Zaunpfosten.

Der Klammtaler. Auch der noch. Der absolute Experte in Sachen Wild und Jagd. Behauptete er zumindest von sich selbst.

»Wir kriegen das schon hin«, knurrte ich in der Hoffnung, den Klammtaler gleich wieder loszuwerden.

Natürlich hatte ich mich zu früh gefreut. »Is der Doktor Mitterbach denn ned da?« Der Jagdexperte musterte mich von Kopf bis Fuß.

»Der ist doch auf Ibiza«, sagte der Egler entschuldigend.

»Ach«, quittierte Klammtaler die Information und machte sein Ich-verstehe-Gesicht.

Als könnte es nicht schlimmer kommen, stakste Lars auf den Zweifler zu und streckte ihm sofort seine schmale Hand hin. »Guten Tag, mein Name ist Feltenberg.«

Sofort hellte sich auch die Miene des Jägers auf. Ich versuchte, die beiden zu ignorieren, während ich weiter überlegte, wie ich dem Hirsch helfen konnte.

Es war entscheidend, schnell zu reagieren. Der Stress, dem sich dieses Tier bereits ausgesetzt hatte, war enorm.

In diesem Zustand konnte man sich dem Tier nicht ohne Gefahr nähern.

Umso erschrockener reagierte ich, als ich Lars direkt auf Albert zugehen sah. Der Hirsch stand still, nur seine Flanken hoben und senkten sich unregelmäßig.

»Lars!«, zischte ich.

Mein Praktikant sah sich nach mir um. Sein Gesicht zeigte diesen typischen Lass-mich-mal-machen-Ausdruck. Zumindest, bis sich Albert bewegte.

Im Fernsehen passiert so etwas immer in Zeitlupe. In der Realität ging es ganz schnell. Der Hirsch drehte sich in der Luft, so als könnte diese Bewegung endlich sein Geweih aus der Umklammerung des Drahtgeflechtes befreien.

Die Hinterläufe des Hirsches kamen meinem unglücklichen Beinahe-Absolventen ziemlich nah. Zu Tode erschrocken wankte Lars einen Schritt zurück.

Schade nur, dass seine Stiefel nicht mitwollten, sondern im Morast stecken blieben.

Unfähig, der Schwerkraft etwas entgegenzusetzen, verlor der Praktikant das Gleichgewicht und landete mit einem satten Geräusch auf seinem dünnen Hintern direkt im Matsch.

Nicht ohne Genugtuung beobachtete ich den angewiderten Gesichtsausdruck des jungen Mannes.

Der Klammtaler lachte so laut, dass er mir fast sympathisch erschien. »Des is ja a sauberer Doktor«, brachte er erstickt hervor.

»So eine Sauerei«, motzte Lars.

»Ist wohl noch nicht so lange Arzt?«, hakte der Egler nach. Offensichtlich war er ebenso wenig beeindruckt von Lars' fachlicher Demonstration wie der Jäger und ich.

»Lars ist mein Praktikant«, verbesserte ich ihn erneut.

»Ah«, seufzte der Egler und tat so, als hätte er diesmal verstanden. Sicher zweifelte er daran, dass aus Lars jemals ein erfolgreicher Tierarzt werden würde. Das konnte ich durchaus nachvollziehen.

»Jesses und Maria. So ein Rindviech hab ich noch nicht gesehen«, gab der Klammtaler immer noch lachend von sich.

Nun ja, da musste ich ihm zustimmen. Im Dreck war nun wirklich noch keiner meiner Praktikanten gelandet.

Dem armen Albert half das alles natürlich nicht. In seiner Verzweiflung rang der Hirsch weiter mit seinen Fesseln.

Der glücklose Student versuchte, sich auf seine Füße zu kämpfen. Dass er dabei mit seinen Händen in den Schlamm greifen musste, gefiel ihm offensichtlich überhaupt nicht. »Wir sollten jemanden zu Hilfe rufen«, maulte er dabei halblaut.

»Vielleicht einen Tierarzt?«, fragte ich ihn mit schneidender Stimme.

»Ist vielleicht doch besser was für en Kerl«, schlussfolgerte der Jagdexperte und vertrieb mit einem Schlag all die neu erworbene Sympathie, die schwach in mir aufgekeimt war.

»Klammtaler«, fuhr ich ihn an. »Halten Sie den Zaunpfosten dort drüben fest.«

Der Mann bewegte sich keinen Millimeter. »Tut mir leid, Frau Doktor, ich hab's doch im Kreuz.«

Noch während ich meine Augen verdrehte, sah ich den Egler bestätigend nicken. Na, das konnte ja heiter werden. Drei Männer, aber keiner zu gebrauchen.

Na, das konnte ja heiter werden. Drei Männer, aber keiner zu gebrauchen.

Plötzlich machte der Hirsch einen weiteren riesenhaften Satz. Mit einem hässlichen Geräusch spannte sich das Drahtgeflecht des Zauns und der erste Zaunpfahl begann, sich zu lockern.

»Schnell«, zischte ich und griff nach der sich lösenden Begrenzung. Egler tat es mir gleich. Mit einem brutalen Ruck seitens des panischen Tieres gab einer der Drähte nach.

»Der erwürgt sich noch!«, kommentierte der Klammtaler vom Spielfeldrand. »In meinem Revier sind scho viele Hirsche so verreckt.«

Dieser Erklärung hätte es nicht bedurft, nur zu oft wurden Zäune den armen Tieren zum Verhängnis.

»Lars, schnell. Hol eine Zange«, rief ich meinem Helfer zu, der sich in der Statistenrolle zu gefallen schien.

»Eine was?«, fragte der junge Mann und runzelte seine Stirn.

»Eine Zange! Oder irgendwas zum Schneiden!«

Der Hirsch zog weiter am Zaun und holte mich beinahe von den Füßen, weil meine Finger noch immer ins Drahtgeflecht geklammert waren.

»Frau Doktor. Des war aber haarscharf«, kommentierte der Klammtaler aus dem Off.

»Lars, die Zange!« Meine Stimme kippte ins Zornige.

»Ja, aber wo finde ich die?«

Ich musste brüllen, um Eglers Flüche zu übertönen. »Drüben in der Hütte. Jetzt mach schon!«

Mit langen Schritten machte sich der Praktikant davon in Richtung Futterlager, an das ein kleiner hölzerner Schuppen anschloss. Dort verschwand er und begann lautstark zu kramen.

Gerade wollte ich ihm zurufen, dass er sich um Himmels willen beeilen möge, da riss ein weiterer Draht. Ein heftiger Ruck ging durch meine Arme und für einen Moment verlor Egler das Gleichgewicht. Er stützte sich mit dem rechten Knie auf dem schlammigen Boden ab, dann stand er wieder. Der Hirsch vollführte dazu einen grotesk wirkenden Tanz und kam mir mit seinen schmalen Hufen gefährlich nahe.

Ich war so sehr damit beschäftigt, das Tier zu bändigen, dass ich nicht bemerkte, dass Lars ganz plötzlich freudestrahlend neben mir stand und mir eine Schere entgegenhielt. »Hier, bitte schön!«

Natürlich konnte der Klammtaler das nicht unkommentiert lassen. »Na, das ist a bisserl lumperd.«

In diesem Moment hätte ich meinen unfähigen Praktikanten am liebsten erwürgt.

»Verdammt, Lars. Ich brauche etwas, um den Zaun durchzuschneiden! Eine Zange!«

Lars nickte bestätigend. »Ach, eine Drahtschere. Ich guck noch mal.« Selbstzufrieden ob seiner Erkenntnis machte er sich nochmals auf den Weg in den Schuppen. Natürlich nicht zu schnell, wollte er doch vermeiden, noch einmal in den Dreck zu fallen.

Der Hirsch setzte zu einem weiteren Sprung an. Gerade noch rechtzeitig schaffte ich es, mich dagegenzustemmen.

»Schneller, Lars!«, brüllte ich aus Leibeskräften.

Aus dem Schuppen ertönte lautes Klappern. Das gefangene Tier schien davon unbeeindruckt und zerrte an seinen Fesseln. Egler fluchte.

Wenn ich es nicht mit eigenen Augen gesehen hätte – niemals hätte ich geglaubt, wie lässig Lars zu uns zurückgeschlendert kam. Stolz hielt er einen alten Bolzenschneider in die Höhe.

»Ungefähr so?«, fragte er nicht ohne Genugtuung.

Ich ignorierte seinen Gesichtsausdruck und schnappte nach dem Werkzeug. Die rostigen Griffe knackten laut, als ich hastig ein paar Zaunmaschen durchschnitt.

»Beeilen Sie sich!«, rief der Egler verzweifelt, verstummte jedoch abrupt, als Albert seine Anstrengungen erneut verstärkte. Noch ein paar Schnitte. Dann ging ein Ruck durch den Zaun, der sich wie eine Welle aus Schmerz durch meine Schultern fortsetzte.

Das verängstigte Tier war frei.

Ungeachtet des Schmuckes aus zerrissenem Draht hob der Hirsch sein Geweih in die Luft.

Egler schimpfte vor sich hin: »Jetzt muss ich auch noch den Zaun reparieren. So ein Mist.«

»Na ja, Egler, so geht's halt, wenn ma a Frau machen lässt«, gab der Klammtaler gehässig von sich.

Mein Praktikant, die Hände fachgerecht in den Hosentaschen, sah mir selbstzufrieden in die Augen und meinte: »Na also, war doch gar nicht so schwer, Frau Doktor.«

Ich für meinen Teil beschloss, die Herren zu ignorieren und beobachtete den Hirsch, der freudig springend wie Rudolph am Weihnachtstag das Weite suchte. Mit einem Mal jedoch schlug das Tier einen Haken und kam schnurstracks auf meinen Praktikanten zu.

»Lars. Pass auf!«, warnte ich ihn. Er jedoch sonnte sich noch immer in seiner Meisterleistung und ignorierte mein Rufen.

Dem Egler blieb nur noch ein verwunderter Blick, als Lars dem Hirsch mit einer schnellen Bewegung aus dem Weg ging. Und Albert, ja, der nutzte die Chance und entwich durch das Loch im Drahtgeflecht in die Freiheit.

Lars entglitt jede Souveränität.

»Jetzt ist er weg«, war das Einzige, was er über die Lippen brachte.

Der Klammtaler schüttelte seinen Kopf und murmelte etwas vor sich hin, was ich glücklicherweise nicht verstehen konnte.

Ich denke aber, dass der Name Mitterbach dabei war.

Mir blieb immerhin ein Trost: Ich musste diesen Praktikanten nur wenige Wochen lang ertragen. Dann durfte Lars wieder an die Universität zurück.

Albert kehrte übrigens nach einem zweitägigen Ausflug anstandslos zurück in sein Gehege. Der Egler musste ihn nicht einmal bitten. Den einzigartigen Kopfschmuck hatte er zwischenzeitlich ohne Probleme abgestreift. Und an der Futterkrippe hat er sich seitdem nicht mehr zu schaffen gemacht.

KAPITEL 2

Doktor Doolittle hatte doch recht

Wir, die wir die Welt seit Äonen beherrschen, begannen vor Hunderttausenden Jahren mit der Domestizierung des Menschen. Sicher, es war nicht immer einfach, aber am Ende war es eine gute Idee, damals die Wölfe zu den ersten Menschen ans Lagerfeuer zu schicken. Seitdem haben wir Tiere viel erreicht. Die Menschen bauten für uns Behausungen mit Heizungen, denn ehrlich, kalte Winternächte im Freien sind manchmal ganz schön belastend. Ein kuscheliges Bett mit einer menschlichen Wärmequelle ist da ungleich besser. Natürlich sind die Menschen manchmal etwas schwer von Begriff. Sie sind halt die Jüngsten der Evolution, aber sie machen sehr gute Fortschritte, denn meistens verstehen sie doch sehr schnell, was sie tun sollen.

Dann ist da noch die Futterversorgung: Klar kann eine kleine Jagd zwischendurch auch mal ganz nett sein, aber fairerweise müssen wir zugeben, dass es doch sehr komfortabel ist, seinem Futter

Natürlich sind die Menschen manchmal etwas schwer von Begriff. Sie sind halt die Jüngsten der Evolution, aber sie machen sehr gute Fortschritte, denn meistens verstehen sie doch sehr schnell, was sie tun sollen.

nicht immer nachzulaufen, sondern es pünktlich serviert zu bekommen. Es war also langfristig gesehen eine gute Idee, den Menschen zu verschiedenen Tätigkeiten zu dressieren. Komisch, die denken doch tatsächlich, sie seien die Herrscher der Welt. Lassen wir sie in diesem Glauben!

STREUNER

Ein Leben auf der Straße ist nicht immer einfach. Aber ich kannte es nicht anders. Seit meiner Jugend war ich ungebunden und machte nur, wozu ich Lust hatte.

Durch meinen natürlichen Charme hatte ich eine ganze Reihe von Verehrerinnen klargemacht, die gegen ein bisschen zärtliche Zuwendung für die Erfüllung meiner Bedürfnisse sorgte. So brauchte ich mir um Nahrung oder einen Schlafplatz nie Gedanken machen.

Essen war schließlich der Grund, warum ich, der seinen Lebtag nie einen Arzt zu Gesicht bekommen hatte, schließlich bei einem Weißkittel landete.

Ich hatte mich mit Käthe, einer pensionierten Musiklehrerin, im Park getroffen. Sie fütterte mich mit Wurstscheiben, während sie mich ausgiebig unter dem Kinn kraulte. Ich konnte meinen Blick derweil nicht von den Fleischpastetendosen in ihrer Tasche wenden, die hoffentlich meine Hauptmahlzeit werden sollten.

Nur so war es möglich, dass dieser völlig übergeschnappte Schäferhund, der sich von seinem Besitzer losgerissen hatte, wie aus dem Nichts über mich herfiel und sich in meine Schulter verbiss.

Käthe kreischte Zeter und Mordio und ich fuhr meine Krallen aus, um der Töle die Nase zu zerkratzen, damit sie mich losließ. Aber Fehlanzeige. Der Bursche versuchte mich hin und her zu schütteln, als sei ich eins seiner dämlich piepsenden Gummihühner.

Aber auf Käthe war Verlass. Sie versetzte dem Hund einen ordentlichen Schlag mit ihrer Handtasche - was für ein Glück, dass ich die Pastetendosen noch nicht leer gefressen hatte - und ich zog ihm mit letzter Kraft noch ein paar anständige Furchen über die Nase, sodass er endlich von mir abließ. Der Schmerz in meiner Schulter raubte mir den Atem und ich merkte, wie mir langsam schwarz vor Augen wurde.

Ich hörte noch, wie Käthe etwas von Tierarzt und Taxi schrie. Als Nächstes fühlte ich, wie ich hochgehoben wurde. Dann fiel ich tiefer und immer tiefer.

Ich erwachte von einem beißend scharfen Geruch nach Desinfektionsmittel und vergammeltem Käse. Als ich die Augen mühsam öffnete, saß eine dürre Ratte vor mir und betrachtete mich.

»Hallo, Frühstück«, sagte ich lahm, denn ich fühlte mich, als wäre ich unter eine Dampfwalze geraten.

»Vorsssicht Katssse, unsere Doc hat dich ersst sssusammengeflickt, du mussst dich ausssruhen«, lispelte die Ratte.

Tatsächlich, jetzt realisierte ich, dass ich in einer Art Wanne lag, eine Plastikkrause um den Hals trug und dass meine Schulter heftig schmerzte, als ich die Pfote bewegen wollte, um nach der Ratte zu greifen.

»Na, da ist ja jemand wach geworden«, hörte ich eine Frauenstimme sagen und eine weiche Hand streichelte mir sanft über den Rücken. »Du musst noch ein bisschen liegen bleiben, der Hund hat dich böse erwischt. Unseren Keks hast du ja schon kennengelernt, der gehört zum Inventar. Krümel lass ich später zu dir. Jetzt ruh dich erst mal aus und ich bring dir etwas Wasser.«

»Keks? Die Ratte heißt Keks? Wenigstens ein angemessener Name für einen vierbeinigen Snack«, dachte ich laut.

»Sminks dir ab, Alter, ich bin eine gerettete Laborratte. Nur einmal an mir gelutssst und du kriegs Pessst und Dünnpfiff.«

Keks ringelte seinen nackten, rosafarbenen Schwanz um sich und schaute recht ungehalten.

»Pfff, ich bin hart im Nehmen. Dünnpfiff schreckt mich nicht. Aber solange ich aussehe wie 'ne beplüschte Nachttischlampe, steht Magerratte wohl nicht auf meinem Speisezettel. Wer zum Teufel ist denn Krümel? Ein Goldhamster etwa?«

Aber solange ich aussehe wie 'ne beplüschte Nachttischlampe, steht Magerratte wohl nicht auf meinem Speisezettel.

»Nee, issn Hund. Haben Leute wohl ausgesssetst, weil er ssso klein war. Unsere Doc hat ihn gefunden und er durfte bei ihr bleiben.«

»Ein Hund, na super, von denen habe ich jetzt grad die Schnauze voll. Aber gut, bei so einem Handtaschen-Fiffi muss ich ja nur einmal stark einatmen, dann habe ich ihn quer unter der Nase hängen. Den werd ich schon noch ertragen, bis ich wieder weiter kann.«

Ich erholte mich in den nächsten Tagen schnell und konnte die Krankenstation bald verlassen. Vor allem war ich erleichtert, den entwürdigenden Trichter loszuwerden. Die Tierärztin, die von Keks nur Doc genannt wurde, hieß Jana. Eigentlich hätte sie mich an das Tierheim weitergeben müssen, aber sie behielt mich, da ich meine rechte Vorderpfote nicht belasten konnte und noch humpelte.

Keks, der mir oft Gesellschaft leistete, erzählte mir gern die heldenhafte Story, wie Jana ihn aus den Fängen verrückter Wissenschaftler befreit hatte. Von der Nachbarskatze, die wegen Zahnsteinentfernung einen Tag Wanne an Wanne mit mir lag, erfuhr ich allerdings, dass Keks das ungewollte Überbleibsel der kurzen Punkerkarriere eines Nachbarkinds und einfach ins Freie entsorgt worden war. Jana hatte Keks dann zu sich genommen, da er mit seinem weißen Fell in der Freiheit kaum Überlebenschancen gehabt hätte.

Doc Jana hatte also ein Herz für die Ungewollten und Gestrandeten. Nun gehörte ich erst einmal auch zu diesem erlesenen Kreis. Heute sollte ich die Fußhupe namens Krümel kennenlernen. Bisher hatte mich Doc Jana ja noch mit dem Bodenfrostmelder verschont, da sie sich wohl gedacht hatte, dass Hunde gerade nicht zu meinen Lieblingskumpanen zählten, aber nun war es so weit. Doc Jana öffnete die Tür, die die Praxis von ihrem Wohnbereich trennte, und ich humpelte elegant in ihren Flur.

Und da verdunkelte sich der Horizont.

Was daran lag, dass Krümel doch ein ziemlich irreführender Name für einen ausgewachsenen Neufundländer ist, der mal locker achtzig Kilo auf die Waage bringt.

Vor Schreck vergaß ich glatt zu fauchen und starrte nur auf das große Maul, das sich direkt über mir öffnete. Eine riesige Zunge schlappte mir über den Kopf und die Hundespucke tropfte mir das Kinn hinunter. Pfui Zecke!

Diese riesige Parasitenarche brummte dagegen zufrieden ein »Tach, ich bin Krümel. Scheiß Name, ich weiß, aber ich war mal echt klein und nun hab ich mich dran gewöhnt« und legte sich in den Flur.

Doc Jana war begeistert, wie großartig wir miteinander auskamen, fütterte Krümel und mich und verschwand dann wieder in der Praxis.

Was für mich außerdem gar nicht infrage kam, war, den ganzen Tag nur mit Keks und Krümel in der Wohnung herumzuhängen. So schmuggelte ich mich bei der nächsten Gelegenheit ins Wartezimmer der Praxis und bezog Stellung auf der Hutablage. Von hier aus hatte ich einen guten Überblick.

Etwa auf den Mann, der einen Karton hereinschleppte, in dem ein gigantischer Kuhfladen lag. Während der Typ mit Jana redete, schlich ich mich zum Karton, um das Teil genauer zu betrachten. Komischerweise roch der Haufen eher nach Fisch. Kaum war ich mit der Nase näher gekommen, bewegte er sich und ein faltiger, nackter Kopf erschien, der nach mir schnappte. Ich machte einen Satz rückwärts und fauchte. Jana kam und nahm mich auf den Arm.

»Was haben wir denn da?«, fragte sie. »Sieh an, eine Rotwangenschildkröte! Haben sie dich ausgesetzt, weil du das Aquarium gesprengt hast, was?«

Die Schildkröte scharrte nur mürrisch guckend ein bisschen mit ihren knubbeligen Beinchen, während Jana erklärte, dass diese seltsamen Viecher oft ins Land geschmuggelt werden, wenn sie in Hühnereigröße noch niedlich klein sind. Näherten sie sich dann ihrer tatsächlichen Größe, würden sie meist schnell im nächstbesten Gewässer entsorgt. Auch hätten Rotwangenschildkröten bei uns als Neozoten keine natürlichen Fressfeinde und seien selbst Allesfresser, die im Badesee einen Kinderzeh durchaus für einen leckeren Snack halten könnten. Nicht einmal Vögel verschmähten sie.

Doc Jana versuchte alles, diese vermoderte Tellermine unterzubringen. Nur, dass niemand Interesse hatte. Bleiben konnte sie aber auch nicht. Also fuhr Jana die wandelnde Frisbeescheibe in einer nächtlichen Aktion in den Wald und entließ die Schildkröte klammheimlich in einen abgelegenen, brackigen Teich, wo sie keinen Schaden anrichten, keine Kinderzehen oder andere wertvolle Körperteile anknabbern und glücklich leben konnte.

Die Hutablage im Wartezimmer wurde mein zweites Zuhause. Von hier aus hatte ich einen guten Ausblick auf die täglichen Patienten. Wobei mir mit der Zeit auffiel, dass gerade Hunde oft mit Durchfallerkrankungen kamen. Kein Wunder, wenn man mitbekam, was diese Dösbaddel alles in sich hineinstopf-ten. Eine besonders kreative Vertreterin dieser Hardware-Vertilger war Änni, ein Wanderflokati, den ihr Besitzer als Bobtail bezeichnete.

Eine besonders krea-tive Vertreterin dieser Hardware-Vertilger war Änni, ein Wanderflokati, den ihr Besitzer als Bobtail bezeichnete.

Annis Herrchen hatte sich ein Frauchen angelacht, das nur schlecht verbergen konnte, dass es den Hund nicht mochte. Ausgerechnet dieses musste den Hundesitter spielen, wenn Ännis Herrchen auf Geschäftsreise war. Und nun stand die Dame zitternd vor Empörung vor Jana und kreischte, dass ihre Cartier-Perlenkette verschwunden sei und sie Änni in Verdacht habe.

Prompt zeigte die folgende Röntgenaufnahme, dass sich das kostbare Stück wirklich in Ännis Darm tummelte. Allerdings säuberlich in mehrere Teile zerkaut.

»Sie müssen den Hund sofort aufschneiden und meine Kette retten!«, giftete das Frauchen.

»Tja«, sagte Jana, »den ganzen Darm aufschneiden ist ein zu großes Risiko für Änni. Sie würde so einen Eingriff nicht überleben. Ihr Herrchen würde das mit Sicherheit auch nicht erlauben. Und ich würde es nicht machen!« Ännis Aufpasserin dampfte vor Wut. Jana redete unbeeindruckt weiter. »Aber es gibt eine sozusagen minimalinvasive Lösung für ihr Problem. Sie bekommen ihre kostbare Kette wieder und der Hund bleibt auch in einem Stück.«

Jana ging und kam mit einer Schaufel und ein paar Tüten zurück. Die Perlenkettenfrau guckte verblüfft.

»Immer, wenn Änni ein Häufchen macht, sammeln Sie den Kot auf«, erklärte Doc. »Dann müssen Sie das zu Hause nur noch in eine Schüssel geben und ein bisschen auf Schatzsuche gehen.«

Jana überreichte der sprachlosen Frau freundlich lächelnd Schaufel, Tüten plus Rechnung und schob sie aus der Tür.

Ich hätte schwören mögen, dass Änni breit grinste, als sie die Praxis verließ.

Eigentlich war ich inzwischen ja wieder fit und hätte mich problemlos auf den Weg machen können. Aber irgendwie fand ich die ganze Sache mit Jana und der Tierarztpraxis ganz unterhaltsam. Ohne mich groß vom Fleck bewegen zu müssen, kam ich sozusagen ziemlich herum. Lernte andere Katzen kennen und alles, was so kreucht und fleucht. Dazu gab es stresslos jeden Tag was zu futtern. Krümel ging mir nicht allzu sehr auf den Keks und sogar die angebliche Pestratte benahm sich manierlich. Meistens.

Also blieb ich noch ein Weilchen und machte mich bei Jana nach Katzenart unentbehrlich. Menschen sind ja so leicht zu lenken! Ein bisschen schnurren hier, ein wenig um die Beine streichen da und schon gehören sie der Katz. Und nebenbei gesagt war es in ihrem Bett auch warm und gemütlich.

Menschen sind ja so leicht zu lenken! Ein bisschen schnurren hier, ein wenig um die Beine streichen da und schon gehören sie der Katz.

Ich sagte also nichts und Jana hatte sowieso viel zu tun. Zum Beispiel mit dem sehr großen, dürren Mann, der seinen kleinen, fetten Perserkater bei uns anschleppte. Was mit der Fellrolle passieren sollte, kann ich eigentlich kaum schreiben. Jedenfalls ging es um das böse K-Wort, bei dem ich immer automatisch ein heftiges Ziehen in der Leistengegend bekomme. Jana nahm sich dann den Perser vor.

»Ich habe eine gute Nachricht für Sie«, sagte sie lächelnd zu dem Mann. »Oder eigentlich zwei.«

»Gleich zwei?«, staunte er.

»Aber ja!«, sagte Jana begeistert. »Zum einen: Ihr Kater muss nicht kastriert werden. Weil er ein Mädchen ist. Diese Kosten haben Sie also schon mal fürs Erste gespart. Und zweitens: Ihre Katze ist trächtig. Ich fühle mindestens drei Kätzchen, die unterwegs sind.«

Der Mann erbleichte. Und ich kugelte mich inzwischen unauffällig im Hintergrund vor Lachen.

Mal ehrlich: Wenn einem täglich so viel Programm geboten wird – soll man da gleich wieder abhauen? Und außerdem zwinkerte mir das Persermädchen noch verführerisch zu. Wir verabredeten uns für einen hübschen Sommertag in vier Monaten.

Jana wurde aber auch zu actionreichen Außeneinsätzen gerufen, weil sie mal mit einem Zoo zusammengearbeitet hatte und sich mit gefährlichen Tieren auskannte. Sie konnte problemlos per Blasrohr Nilpferd, Panther & Co. flachlegen, wenn sie wollte. Und so bekam sie einmal einen dringenden Notruf von der Polizeizentrale. Ein wildes Tier habe es sich auf einer Straßenkreuzung gemütlich gemacht, weswegen die Polizei schon die halbe Stadt weiträumig abgeriegelt und den Verkehr umgeleitet habe. Genaues wisse man auch nicht, sie solle halt mal nachschauen. Jana packte ihr Großwildequipment aus früheren Tagen ein und ich sprang in den Fußraum ihres Wagens. Das wollte ich mir auf keinen Fall entgehen lassen! Da sich auf dem Weg zum Einsatzort der Verkehr staute, wurden wir von einer Polizeistreife hingeführt.

Das »wilde Tier« hatte wirklich Platz um sich geschaffen.

»Schließlich«, erklärte ein Polizist mit bebender Unterlippe, »wenn so ein Schwan mit'm Flügel zuschlägt, dann brechen schon mal Knochen!«

»Aha«, sagte Jana trocken.

Unter uns: Schwäne sind alle verrückt, besonders wenn sie ihren Nachwuchs großziehen. Das weiß jede Katze. Aber dass der »gefährliche« Vogel es durch bloßes Herumsitzen geschafft hatte, über Stunden den ganzen Verkehr in der Stadt zum Erliegen zu bringen, war schon beeindruckend.

Jana blieb dagegen cool. Sie ging gemächlich zu ihrem Auto, nahm eine Decke von der Rückbank, schmiss sie über den zischenden Vogel, klemmte ihn sich unter den Arm und trug ihn dann zum Straßenrand. Von da aus hatte er noch zwei Meter zum See, die er watschelnd in aller Ruhe zurücklegte.

»Hätten wir eigentlich auch drauf kommen können, der war ja ganz friedlich«, meinte der Polizist, sichtlich von sich selbst enttäuscht.

Manche Zweibeiner sind tatsächlich ein bisschen ängstlich im Umgang mit Tieren, wie auch die hysterische Frau bewies, die nebst ihrem bedröppelt dreinschauenden Sohn ein geheimnisvolles Tier in einem Karton mitgebracht hatte. Zusammenhanglos bekräftigte sie lautstark, dass sie das Ungeheuer unter gar keinen Umständen im Hause dulde, auch wenn ihr zwölfjähriger Sohn dafür fünfundzwanzig Euro und neunzig Cent –

inklusive Versand - ausgegeben habe. Der guckte nur mit sehnsüchtigem Blick auf die Schachtel. Bestimmt hätte er gern die Mutter dagelassen und das Tier wieder mitgenommen. Die Mutter klang so vorwurfsvoll, als hätte Jana persönlich ihrem Sohn das Tier verkauft. Mit Letzterem, gebe ich allerdings zu, hätte ich mich auch nicht angefreundet, nachdem ich einen Blick auf es hatte werfen können.

Aber: Leben und leben lassen. Bloß, wohin jetzt mit einem großen und stolzen Vogelspinnenweibchen? Das kam mir im Übrigen selbst auch schon halb hysterisch vor. So hielt ich lieber Abstand und fauchte nur

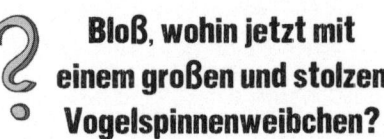

Bloß, wohin jetzt mit einem großen und stolzen Vogelspinnenweibchen?

ein bisschen. Jana fauchte nicht. Sie überlegte nur, was sie mit dem Achtbeiner anstellen sollte. Doch zum Glück kennen Tierärzte ja Tierbesitzer jeder Art. Und so hatte sie schon am Abend eine neue Unterkunft für die Vogelspinne gefunden. Ich war auch erleichtert, als das Krabbelmonster wieder weg war, nachdem es Jana irgendwann friedlich über den Arm gelaufen war, während es von ihr gestreichelt wurde. Igitt. Aber ist wohl alles Geschmackssache. Und ich versuche ja, so tolerant wie möglich zu sein. Bloß einem gegenüber konnte ich das nicht - und das war der Schäferhund, der mich gebissen hatte und der eine Woche nach der Vogelspinne bei uns hereinschneite.

Sauer war er sowieso schon, Tierarztpraxen sind halt nicht die beliebtesten Ausflugsziele von Hunden. Außerdem hatte er einen eitrigen Abszess am Hintern, was wohl auch nicht zu seinem natürlichen Frohsinn beitrug. Und dann ... sah er mich. Und schoss sofort auf mich los, schneller, als ich gucken konnte. Vielleicht hätte er mich sogar wieder erwischt. Bloß war da jemand noch schneller als er und baute sich ziemlich imposant zwischen mir und ihm auf.

»Tach«, sagte dieser Jemand. »Ich heiße Krümel. Scheiß Name, ich weiß, aber du musst nur einmal lachen oder dich an dem Flohzirkus hinter mir vergreifen und du bist Geschichte.«

Keks schickte noch ein drohendes »Aber sssowas von!« hinterher.

Und so hatte ich wenig später das Vergnügen, eine Schäferhund-Abszessbehandlung zu beobachten. Und das völlig gefahrlos! Ausgleichende Gerechtigkeit nenne ich so was. Und in Zukunft überschlug sich mein spezieller Freund fast vor Höflichkeit, wenn wir uns trafen. Ich weiß nicht, ob wegen Krümel oder weil ihm die Behandlung so peinlich war.

Doch am selben Abend geschah noch etwas anderes und das war viel wichtiger. Jana saß am Abendbrottisch und schaute mich sehr nachdenklich an.

»Tja«, sagte sie schließlich, »für dich müssen wir uns so langsam ja wohl auch etwas einfallen lassen, oder?«

Ich zuckte ein bisschen zusammen. Irgendwie war alles so normal geworden, die Praxis, die Tiere und ihre Menschen, Krümel und Keks. Plötzlich wurde mir klar, dass ich gar nicht mehr weg wollte. Doch Jana klang, als ob sie genau das vorhätte - mich weggeben. Ich war so erschrocken, dass ich die üblichen Taktiken darüber vergaß - schnelles Schnurren, Köpfchen geben, was man eben so macht. Ich starrte sie bloß an.

»Jedenfalls«, fuhr Jana dann fort, »hast du ja schon bewiesen, wie tapfer du bist. Da kommt so ein Name wie Keks oder Krümel wohl kaum in Frage. Nicht für einen so stolzen Kater. Findest du doch bestimmt auch, oder?«

FIX UND (P)FERTIG

Schnaub! Ich sehe sie. Ich sehe sie genau. Wie sie da vor dem Stall stehen und die Köpfe zusammenstecken. Ria, mein Reitmensch, und ER, Doktorwagner – der Tierarzt. Meister der Spritzen und Tastbefunde, der Herr über Leben und Tod. Und heute wird er meinen beschließen. Jetzt ist es so weit, ich sehe es an ihren Blicken, die sie zu meiner Koppel herüberwerfen. Diese Mischung aus Anspannung und schlechtem Gewissen in ihren Augen. Doktorwagner und Ria haben sich extra in den Stalleingang verzogen, damit ich nichts mitbekomme von ihrem Plan. Aber sie unterschätzen mal wieder die Intuition eines Pferdes, seine Feinfühligkeit und Fähigkeit, die Gedanken seines Reitmenschen zu lesen. Ich hatte immerhin zwanzig Pferdelebensjahre lang Gelegenheit, Ria zu studieren und inzwischen kenne ich sie sehr gut – mit all ihren guten und schlechten Eigenschaften. Die guten sind ihre Freundlichkeit, ihre Fürsorge und ihre Weigerung, Sporen oder Gebisse zu verwenden, die mir Schmerzen bereiten. Sie achtet gut auf mich. Manchmal neigt sie zur Verschwendungssucht und kauft sich zu häufig eine neue Reithose, aber da für mich bei jedem Besuch im Reitsportladen auch immer ein Sack Leckerli herausspringt, will ich ihr das nachsehen. Welche Eigenschaft mir aber an ihr wirklich missfällt, ist ihre Sturheit. Wenn sie sich etwas in den Kopf gesetzt hat, muss jeder nach ihrer Pfeife tanzen, auch ich. Da hilft kein bittender Blick, kein tiefes Seufzen, kein mitleiderregendes Wiehern.

»Komm schon, Molly, altes Mädchen, so ein frühmorgendlicher Ritt durch Wald und Feld wird dich schon nicht umbringen!«

Nein, das vielleicht nicht, aber könnte ich nicht vielleicht einfach auf der Weide stehen und in Ruhe zu Ende fressen?

Ein letztes Mal, ehe Doktorwagner mein Ableben besiegeln wird, senke ich die Nase in das saftig  **Aber könnte ich nicht vielleicht einfach auf der Weide stehen und in Ruhe zu Ende fressen?**

grüne Gras. Ich werde den würzigen Geruch vermissen, die Halme, die meine Nüstern kitzeln, ehe ich sie mit meinen kräftigen Zähnen abrupfe, um dann beim Kauen den herbbitteren Geschmack zu genießen. Stundenlang kann ich bedächtig einen Huf vor den anderen setzen und Schritt für Schritt die Weide ablaufen, in dem stetigen Ablauf des Schnoberns, Grasens und Kauens. Pferdemeditation. Aber heute frage ich mich währenddessen, ob es ein Leben nach dem Tod gibt?

Aus. Vorbei. Ich habe im vergangenen Sommer zwei Mädchen mit bunten, viereckigen Satteltaschen auf dem Rücken darüber reden hören. Sie hatten es sich am Rande meiner Weide mit ein paar bunten Heften wie denen, in die Ria immer ihre Reittage einträgt, bequem gemacht. Immer wieder hatten die beiden über ihre Arbeit geseufzt, die sie »Hausaufgaben« nannten, obwohl sie doch draußen saßen.

»Ich muss ein Referat über die Bedeutung des ewigen Lebens halten«, hatte das eine Mädchen, eine kleine Dunkelhaarige mit Zöpfen, erklärt und die andere, die blonde, kurze Haare trug, hatte sich über die farbige Kladde gebeugt.

»Das Leben nach dem Tod oder die Auferstehung?«

Ich war langsam nähergekommen, denn dieses Thema hatte mich brennend interessiert. Bedeutete »Auferstehung«, nach dem Tod einfach wieder vom Boden aufzustehen, so wie Ria, nachdem ich sie das erste und einzige Mal abgeworfen hatte, weil sie wollte, dass ich über einen blauweiß-gestreiften Holzbalken springe? Ob Pferde so etwas auch konnten? Oder durfte ich mir aussuchen, wo ich nach meinem Tod weiterleben würde? Wenn ja, dann wünschte ich mir eine endlose Wiese mit weichem, schmackhaftem Gras und ein paar Bäumen, die im Sommer Schatten spenden. Wenn ich es mir recht überlegte, bräuchte ich überhaupt keinen Winter mehr. Eis unter meinen Hufen, das die Straßen und Wege in tückische Rutschbahnen verwandelte, samt der Kälte, die Ria oft veranlasste, mich sogar tagsüber in eine kratzige Decke einzuhüllen, waren wirklich nicht so mein Ding.

Leider hatte ich nicht mehr über Möglichkeiten nach dem Ableben erfahren können, denn sobald die beiden Mädchen mich entdeckt hatten, war es mit ihrem Arbeitseifer schlagartig vorbei gewesen.

»Oooh, guck mal, ein Pferd! Ist das toll!«, rief die Dunkelhaarige und kramte in ihrer Satteltasche. Sie fand einen Apfel, den sie mir nun herüberreichte. Mir lief das Wasser im Maul zusammen, aber nachdem ich von Ria in meiner ungestümen Zeit als Jungpferd ein paar Mal eins auf die Nase bekommen hatte, weil ich den einen oder anderen Leckerbissen so schnell verschlingen wollte, dass ich beinahe ihre Hand mitgefressen hätte, nahm ich den dargebotenen Apfel mit zierlich gespitzten Lippen behutsam aus der kleinen Mädchenhand.

»Hast du das gesehen? Wie süß! Er mag mich!«, jubelte das Zopfmädchen.

Er? Ich war eine Stute, hatten die beiden Zweibeiner Tomaten auf den Augen? Ich schnaubte gereizt und schüttelte den Kopf, dass meine dunkelbraune Mähne nur so flog. Die zwei wichen einen Schritt zurück.

»Ich glaube, er hat schlechte Laune. Oder er will noch mehr Äpfel und springt gleich über den Zaun«, fiepte die Blonde, woraufhin die Mädchen hastig ihre Taschen vom Boden aufklaubten und sich im Zweibeiner-Trab entfernten. Schade, ich hätte damals gern noch mehr darüber erfahren, wo tier hinkommt, wenn es gestorben ist.

Niemals hätte ich mir träumen lassen, dass mir so vorzeitig mein letztes Stündlein schlagen sollte!

Nie, niemals hätte ich mir träumen lassen, dass mir so vorzeitig mein letztes Stündlein schlagen sollte. Ich hätte mir noch gut zehn Jahre Lebenszeit auf der Weide und in meinem Stall vorstellen können. Na gut, Doktorwagner musste im vergangenen Frühjahr, als gerade die Weide für uns Bewohner des Pferdehofes wieder geöffnet war und hellgrüne Grasspitzen lockten, zu mir kommen, weil ich ein bisschen zu viel von dem verlockenden Grünzeug in mich hineingeschlungen hatte. Woraufhin sich mein Bauch angefühlt hat, als hätte ich den nahe gelegenen Teich ausgesoffen, die Forke in der Sattelkammer verschluckt und mich anschließend ein halbes Dutzend Mal im Sand gewälzt. Es hat in meinen Eingeweiden rumort und mir war ganz elend gewesen. Ria war nicht müde geworden, mich stundenlang am Halfter auf dem Reitplatz im Kreis zu führen, obwohl ich mich am liebsten hingelegt hätte. Aber schon beim ersten Versuch schrie Ria mich an und gab mir sogar mit der Gerte derart eins aufs Hinterteil, dass ich vor Schreck losgetrabt bin. Und als Doktorwagner endlich kam, hat dieser Barbar Ria dafür sogar noch gelobt!

»Wenn sich Pferde bei einer Kolik erst einmal wälzen, verschlingt sich der Darm und dann: gute Nacht«, sagte er. Während ich durch den grauen Schmerznebel noch dachte, dass das ein ziemlich doofer Spruch war, denn es war doch noch heller Tag, zog er einen länglichen Gegenstand aus Glas aus seiner Tasche und was er dann mit den Worten »zuerst müssen wir Fiebermessen« tat, möchte ich hier nicht wiederholen. Es kam aber noch schlimmer. In einer äußerst demütigenden Prozedur untersuchte er, »ob sich Gase im Darm gebildet haben«, wie er Ria erklärte, während sein halber

Arm, den er vorher noch rasch in einen Gummihandschuh gezwängt hatte, in einem Körperteil von mir steckte, das normalerweise dazu dient, meine Pferdeäpfel loszuwerden. Gemeinerweise hatte er den Stallbesitzer zu Hilfe geholt, der mich mit einer Nasenbremse ruhig hielt, sonst wäre an diesem Tag aber die Kuh geflogen! Vor lauter Demütigung schluckte ich zum Schluss sogar willenlos die widerwärtig schmeckende Paste, die er mir ins Maul drückte. Wenigstens hat es geholfen. Zwei Stunden später ging es mir gut und ich hatte schon wieder Appetit, auch wenn das Futter mit Wasser vermischt und daher eine ziemliche Pampe war. Nur Ria, die heulend an meinem Hals hing, erschwerte das Fressen beträchtlich.

»Ich bin so froh, dass du wieder gesund bist, meine Süße«, schluchzte sie immer wieder und weil mich ihre Sorge rührte, fuhr ich ihr mit meinem breiverschmierten Maul liebevoll durchs Gesicht und dann quer über ihre frisch gewaschene Reitweste. Sogar das hat sie mir in diesem Moment verziehen.

Ebenso, dass sie meinetwegen im Spätsommer schon wieder nach Doktorwagner rufen musste. Diesmal bereitete ihr mein Humpeln Sorge. Als der groß gewachsene Tierarzt, dessen Schläfen wie das Fell unseres stallältesten Rapp-Wallachs Winnetou in silbrigem Grau gefärbt sind, endlich eintraf, erzählte Ria ihm aufgeregt, dass ich »plötzlich« in der Reitbahn angefangen habe, mein linkes Vorderbein zu schonen.

»Sie ist weder gestolpert noch hat sie sich das Bein vertreten können. Immerhin hatte ich sie an der Longe und auf ihrem Rücken saß eins der Kinder.«

Genau – und zwar Tommy, dieser rothaarige Satansbraten und Sohn von Rias Freundin Bille. Tommy ist acht und somit in einem Alter, in dem Pferde bereits auf Turniere gehen oder sich wenigstens nicht mehr benehmen wie die Fohlen. Nicht so dieser Menschenjunge. Fast zehn Minuten hatte er schon auf meinem Rücken herumgehampelt, sich in die Steigbügel gestellt, ehe er sich mit vollem Gewicht in den Sattel hatte fallen lassen ... kurzum: Er hatte den Cowboy gespielt und mir das Leben schwer gemacht. »Tommy braucht einen Ausgleich zur Schule«, hatte Bille erklärt. »Seine Lehrerin glaubt auch, dass wir so sein ADS besser in den Griff kriegen.«

Ich wusste nicht, was das hieß, tippte aber auf »Alles drangsalieren, was sich bewegt«, denn das passte zu diesem Jungen. Ria aber hielt es für eine tolle Idee, den missratenen Sohn ihrer guten Freundin reiten zu lassen.

»Das machst du schon ganz prima, Tommy. Nur nicht so hart im Trab in den Sattel plumpsen, okay?«, flötete sie nun, nachdem der kleine Quälgeist mir seit zehn Minuten im Sattel das Leben zur Hölle machte. In diesem Moment wusste ich, dass ich auf sie in dieser Hinsicht nicht zu zählen brauchte.

Statt ihrer Bitte Folge zu leisten, rammte Tommy mir seine spitzen Fersen in die Seiten. »Komm schon, du lahme Ente«, zischte er. Ich musste mich schwer beherrschen, um ihn nicht umgehend mit der ältesten Methode der Welt loszuwerden: abrupt bremsen, Kopf zwischen die Vorderbeine stecken und dabei mit beiden Hinterbeinen gleichzeitig ausschlagen. Ich kenne kaum einen Menschen, der bei diesem Manöver im Sattel bleibt, vor allem, wenn es aus dem Galopp erfolgt. Aber weil ich genau wusste, dass ich nur tierisch Ärger mit Ria und wahrscheinlich keine Möhren, vielleicht sogar kein Abendheu bekommen hätte, ging ich stoisch weiter im Kreis. Zwei Minuten lang, ehe ich anfing, erbärmlich zu hinken. Sofort kam von Ria das Kommando »Steh«, dem ich nur zu gern nachkam.

»Tommy, steig ab. Molly humpelt!«, befahl mein Reitmensch und maulend rutschte das nervige Kind endlich von mir herunter. Er stellte sich dabei so dämlich an, dass ich sogar noch Gelegenheit fand, den Kopf zu drehen, um ihn rasch und verstohlen in den Hintern zu zwicken.

Natürlich führte das zu viel Geschrei, aber Ria würgte Tommys Geheul und die lautstarken Proteste von Bille, die herbeigerannt gekommen war, mit den Worten ab: »Mein Pferd hat Schmerzen und ich kann mich jetzt wirklich nicht um alles kümmern.« Tief befriedigt beobachtete ich, wie Rias Freundin mitsamt ihrem Sprössling abzog. Tommy würde ich garantiert nie wieder auf meinem Rücken ertragen müssen. Dafür hatte sich das bisschen Theaterspielen doch gelohnt.

Während Ria mein Vorderbein abtastete, ließ ich den Kopf hängen und bemühte mich um den jämmerlichsten Blick, zu dem ich fähig war. Wie erhofft brachte sie mich schnurstracks in meine Box und tröstete mich mit einem saftigen Apfel. Dummerweise war ihre Sorge jedoch so groß, dass sie den Tierarzt anrief, der prompt erschien.

Zum zweiten Mal innerhalb kurzer Zeit wurde ich also nach draußen geführt und Doktorwagner drückte an meiner linken Fessel herum, was ich jedoch still über mich ergehen ließ.

»Ich kann keine Anzeichen für eine Verletzung finden. Das Bein ist weder geschwollen noch heiß.«

Ich wieherte in mich hinein, als ich die beiden ratlosen Gesichter der Menschen sah. Vergnügt kaute ich auf den Resten meines Apfels herum und genoss meinen stillen Triumph. Zwar bemerkte ich Rias prüfenden Blick und ihr nachdenkliches Gesicht, schob es aber auf die Tatsache, dass sie über meine angebliche Verletzung rätselte.

»Ich werde Ihnen eine kühlende Salbe für Molly verschreiben«, sagte Doktorwagner und griff nach seinem Block, auf den er immer alles Mögliche kritzelte. Währenddessen war Ria in der Stallkammer verschwunden und ich hörte, wie die Futterkiste aufgeklappt wurde. Kurz darauf drang das verlockende Geräusch köstlicher Pellets, die in die Futterschüssel geschüttet wurden, an meine gespitzten Ohren.

»Molly! Leckerli!«, rief Ria und prompt konnte ich nicht widerstehen und strebte eilends zum Stalleingang, um möglichst schnell an die Köstlichkeit zu kommen. Doch statt der Pellets empfing mich meine Besitzerin mit einer Miene, die der unserer Leitstute auf der Koppel gleicht, wenn sie kurz davor ist, nach allen Seiten auszukeilen, um ein paar vorwitzige Jungpferde zur Räson zu bringen. Bei Ria fehlten zwar die angelegten Ohren, dennoch wurde mir ganz blümerant.

»Aha!«, donnerte sie und ich vernahm beunruhigt den drohenden Ton in ihrer Stimme. »Hab ich's mir doch gedacht! Du bist gar nicht verletzt, du alte Schwindlerin! Du hast nur markiert, weil du zu faul warst, noch länger an der Longe zu gehen!«

Mist! Vor lauter Futtergier hatte ich völlig vergessen zu humpeln. Ich schnaubte kleinlaut. Es blieb mir nur übrig, meinen Charme spielen zu lassen. Zärtlich stupste ich Ria mit der Nase an und schenkte ihr meinen schönsten Augenaufschlag, der sonst immer ihr Herz erweichte. Diesmal leider nicht. Unwirsch schob sie meinen Kopf beiseite und würdigte mich keines Blickes mehr.

Ich konnte aber aus den Augenwinkeln sehen, wie Doktorwagner den Mund zu einem Lächeln verzog, das seine großen, gelben Zähne entblößte. Beim ersten Besuch des Tierarztes in meinem Stall vor mehr als zehn Jahren hatte ich mich gefragt, ob er sich

 **Beim ersten Besuch des Tierarztes in meinem Stall vor mehr als zehn Jahren hatte ich mich gefragt, ob er sich das Gebiss seines Pferdes ausgeliehen und in seinen eigenen Mund gesteckt hatte, so riesig waren seine Beißer.**

das Gebiss seines Pferdes ausgeliehen und in seinen eigenen Mund gesteckt hatte, so riesig waren seine Beißer. Aber er hat ein freundliches Gesicht und eine tiefe, beruhigende Stimme, mit der er jetzt versuchte, die wütende Ria zu besänftigen.

»Vielleicht hatte sie ja wirklich kurzzeitig Schmerzen. Seien Sie nachsichtig mit dem alten Mädchen, sie ist schließlich nicht mehr die Jüngste.«

Damals maß ich seinen Worten keine Bedeutung bei und auch nicht Rias Antwort: »Das mag ja sein, aber diesmal hat sie den Bogen überspannt!«

Zwar ließ sie mich auch den Rest des Tages links liegen, aber ich war damals einfach nur froh, dass Rias Ambitionen, den Kindern ihrer Freundinnen Reitunterricht zu geben, damit erledigt waren. Dass sie mir mein Verhalten so übel nehmen würde, dass sie mich jetzt, am Ende der Weidesaison, einschläfern lassen würde, hätte ich nicht gedacht. Aber wahrscheinlich war sie meiner schon länger überdrüssig geworden. Seit einiger Zeit hatte sie es zudem aufgeben müssen, mit mir die traditionellen Jagden im Herbst zu reiten, weil ich einfach nicht mehr mithalten konnte. Die jüngeren Pferde drängten inzwischen ungestüm an mir vorbei und so manche Stute, die bei meiner ersten Hubertusjagd vor vielen Jahren noch nicht einmal auf der Welt gewesen war, keilte jetzt zickig aus, wenn ich ihr nicht schnell genug Platz machte. Stets hatte ich versucht, mir nichts anmerken zu lassen, aber von Jahr zu Jahr war es mir schwerer gefallen und ich war immer weiter zurückgeblieben. Im Herbst vergangenen Jahres hatte Ria mir, nachdem wir seit geraumer Zeit schon im Nichtspringer-Feld geritten waren, während des Halali den schweißnassen Hals geklopft und sich beim Schlusspikör, der stets am Ende der Gruppe reitet und das sogenannte Jagdfeld zusammenhält, bedankt, weil er auf uns gewartet hatte. »Ich glaube, jetzt geht Molly in ihren verdienten Ruhestand«, waren ihre Worte gewesen.

Jetzt erst wird mir klar, was sie damit gemeint hat. Ruhestand bedeutet nicht, meinen Lebensabend gemächlich schlendernd auf der Weide zu verbringen und mit Ria vielleicht ab und zu einen gemütlichen Ausritt im Schritt oder Trab zu absolvieren. Kein Gnadenbrot, sondern der Gnadenschuss.

Dass ich es meinem Reitmenschen nicht einmal mehr wert bin, die paar Jahre in Würde und Ruhe alt zu werden, stimmt mich traurig, obwohl ich eigentlich eher wütend sein müsste.

Warum kann ich nicht Fury sein? Natürlich kenne ich die vielen Geschichten um dieses Wunderpferd. Ich habe häufig genug im Reitstall Mädchen gesehen, die bunte Bücher voller Pferdegeschichten mitgebracht hatten und sich nur davon trennen konnten, wenn die Reitstunde anfing. Beim Putzen und Satteln der Schulgäule, die in den Boxen gegenüber meiner stehen, hörte ich sie oft über die Erzählungen reden, die von mutigen Mädchen und ihren treuen Pferden handelten. Meistens mussten Tier und Reiterin haarsträubende Abenteuer bestehen, wobei die Pferde mit einer Intelligenz gesegnet waren, die im echten Leben nur wenigen ausgewählten Vierhufern gegeben ist. Ich habe mich immer zu diesen Ausnahme-exemplaren gezählt. Zwar klingt Molly nicht so hochtrabend wie Black Beauty, aber hey, Fury ist nun auch kein Name, der automatisch für Furore sorgen würde, oder? Und eins ist sicher: Auch ich hätte Ria vor allen Gefahren beschützt und wäre schnell wie der Wind mit ihr davon-galoppiert, wenn diese Schurken meinem Reit-menschen auf den Fersen

Zwar klingt Molly nicht so hochtrabend wie Black Beauty, aber hey, Fury ist nun auch kein Name, der automatisch für Furore sorgen würde, oder?

gewesen wären! Schade, dass Ria das nie erfahren hat. Und nun ist es zu spät. Ich bin zu alt, um noch schnell rennen zu können. Und der einzige Bösewicht, den ich zur Strecke gebracht habe, war dieser kleine Giftzwerg Tommy und darüber war Ria mehr erzürnt als entzückt. Keine gute Bilanz für ein Pferd, das mit seinen Verdiensten dem Schlachter ent- und in die Annalen eingehen will!

Plötzlich überkommt mich der große Jammer. Ach, wäre ich doch auch ein Held! Wäre ich in meinem Pferdeleben nur mutiger, schneller, treuer und fleißiger gewesen! Hätte ich Ria nur Tag für Tag bewiesen, was für ein guter, verlässlicher und wertvoller Kamerad ich bin! Vorbei! Was sie wohl mit meinem Körper tun werden, wenn der Tierarzt seine letzte Amtshand-lung an mir vollzogen haben wird? Überlassen sie meinen Leib den Krähen, die oft in großen Scharen auf den Bäumen rund um unsere Koppel sitzen und die Herde mit ihrem Gekrächze schon so manchen Nerv gekostet haben, wenn wir Pferde einfach nur in Ruhe fressen wollten? Ab und zu segelt einer von den schwarzen Vögeln im Tiefflug über unsere Köpfe hinweg und auch ich habe schon das eine oder andere Mal ob dieser Unverschämtheit kräftig nach dieser gefiederten Frechheit ausgeschlagen. Wird sich das nun rächen? War es das, worauf sie die ganze Zeit gewartet haben: einem von uns das Fleisch von den Knochen zu picken, bis nur noch die blanken Knochen übrig sind? Mit grimmiger Genugtuung stelle ich mir meinen weißen Schädel mit den toten Augenhöhlen vor. Und daneben Ria, von Selbstvorwürfen geplagt.

Da fällt mir auf einmal die Geschichte von einem sprechenden Pferdekopf ein, die eine ältere Frau ihrem Enkelkind, das bei uns Reitstunden nahm, erzählt hatte. »Märchen« hatte die alte Frau es genannt. Das Pferd war gegen den Willen seiner Besitzerin getötet worden und sie hatte sich, so erinnere ich mich vage, aus Trauer und zum Andenken den Kopf an die Wand gehängt. Schlimm genug, doch mein Artgenosse konnte wie durch ein Wunder sogar mit ihr sprechen. Falada war sein Name und immer, wenn seine Reiterin an ihm vorbeiging, seufzte sie: »Ach, Falada, der du da hangest!« Und er sagte sein Sprüchlein auf, das mit den Worten endete: »Wenn das deine Mutter wüsst, das Herz im Leib tät ihr zerspringen.«

Rias Mutter hingegen interessiert sich keinen Deut für Pferde. Für sie stinken wir und sind außerdem »reine

Geldschlucker«, wie sie es einmal taktloserweise in meiner Gegenwart formuliert hat. Diese Frau in ihren immer sauberen Hosen, den lackierten Krallen, deren Rot zu ihrem Lippenstift passt, und dem viel zu süßen Parfüm, das mir die Nüstern verstopft hat, als sie einmal im Stall war, wird ihre Tochter natürlich zu ihrem Entschluss beglückwünschen, mich alte Mähre endlich losgeworden zu sein.

Aber warum es Ria nach all den Jahren, die wir gemeinsam verbracht haben, angesichts ihres Entschlusses anscheinend nicht das Herz bricht, ist und bleibt mir unverständlich. Waren ihre lieben Worte und Streicheleinheiten, die Sorgfalt, mit der sie mein Futter gemischt hat, alles Lüge? Hat sie nicht gewusst, wie gern ich sie auf meinem Rücken durch all die Jahre und Jahreszeiten getragen habe? Ob es die stürmischen Frühlingstage waren, die bereits den Duft der Knospen um unsere Nasen wehen ließen, die langsam abklingende Hitze eines Sommernachmittags oder die nach nassem Laub duftenden Morgenstunden im September – wir haben so vieles gemeinsam erlebt.

Doch das alles scheint vergessen, denn nun sehe ich sie langsam mit Doktorwagner zusammen auf mich zukommen. Ich bringe ein leises, klägliches Wiehern hervor, eine letzte Bitte um Gnade.

Vergebens. Ria nickt dem Arzt zu.

»Bringen wir es hinter uns.«

Ich schließe die Augen, weil ich nicht sehen will, wie er das Instrument aus der Tasche zieht, mit dem er meinem Leben hier und jetzt ein Ende setzen wird.

Da spüre ich seine kräftige Hand, die mir den Hals klopft.

»So, ich sehe schon, unsere gute Molly zieht wieder ihre ›Mein-letztes-Stündlein-hat-geschlagen-Show‹ ab«, meint er lachend.

Ich öffne ein Auge und sehe Rias breites Grinsen.

Der Doktor schüttelt den Kopf. »Dabei gibt es wahrlich Schlimmeres als eine Wurmkur. Aber Molly ist und bleibt eben eine Dramaqueen!«

Ich schließe ergeben die Augen. *Wenn das meine Mutter wüsst, das Herz im Leib tät ihr zerspringen ...*

VERRÜCKTES AUS DER PRAXIS:
»SIE HABEN WAAAS GEFRESSEN?«

Wenn Haustiere nicht nur das für sie vorgesehene Futter verputzen, sondern außerdem auch Nägel, Golfbälle oder Plastikspielzeug, kann das zu allerhand Komplikationen führen – und zu äußerst skurrilen Röntgenbildern. Damit diese nicht nur den behandelnden Veterinär, sondern die ganze Branche erheitern, schreibt die US-amerikanische Tierarztzeitschrift *Veterinary Practice News* seit 2006 jährlich den einzigartigen Wettbewerb »Sie haben WAAAS gefressen?« (»They Ate WHAT?«) aus, zu dem es jeweils zigtausende von Einsendungen gibt. 2014 gewann ein Frosch aus Texas, der dreißig kleine Steine vom Boden seines Aquariums vertilgt hatte. Und das war noch lange nicht der verrückteste Fund der letzten Jahre … Die spektakulären Röntgenbilder sind auf www. veterinarypracticenews.com/2014-X-Ray-Contest-Winners/ zu sehen. Und hier unsere Favoriten:

Dogge völlig von den Socken!

So leicht ist eine 65-Kilo-Dogge wohl nicht satt zu kriegen. Ein Exemplar aus Oregon gönnte sich ein unverdauliches Dessert, das auf dem Röntgenbild

Nach einer zweistündigen Operation entpuppte er sich als Socken. Genauer gesagt: dreiundvierzig Socken.

wie ein riesiger Klumpen aussah. Nach einer zweistündigen Operation entpuppte er sich als Socken. Genauer gesagt: dreiundvierzig Socken. Warum eigentlich keine kompletten Paare?

Katzenmusik?

Man sollte Katzen nicht mit Gitarrensaiten aus Stahl allein im Zimmer lassen, auch nicht für kurze Zeit – diese Erfahrung machte ein Tier- und Musikfreund aus Chicago. Wie die zweijährige Katze es geschafft hat, die Saite zu verspeisen, bleibt ein Rätsel. Bekannt ist, dass es ihr nach der operativen Entfernung wieder gut ging.

Guten Appetit!

Golden Retriever sind ja berühmt, um nicht zu sagen berüchtigt für ihren **In seinem Magen wurden zehn Babyfläschchen-Sauger gefunden.**

ausgeprägten Appetit. Ein vier Monate junger Golden-Retriever-Welpe aus Massachusetts fand das, was das »andere Baby« im Haus bekam, offenbar extrem verlockend. In seinem Magen wurden zehn Babyfläschchen-Sauger gefunden.

Erbschleicher auf frischer Tat ertappt!

Mit künstlichen Eiern kann man Hühner zum Eierlegen motivieren. Vielleicht sollte man dazu nicht eben ein wertvolles

Familienerbstück verwenden ... Einer Erdnatter aus Florida erschien bei ihrem Jagdgang in den Stall dieses besondere Ei noch appetitlicher als die echten. Zum Glück konnten beide gerettet werden – Schlange und Kunstei.

Kraftvoll zubeißen!

New Yorker Bulldoggen sind Feinschmecker – einem Becher voll leckerer Eiscreme können sie kaum widerstehen. Doch was, wenn sich darin ein Gebiss befindet, genauer gesagt das der Hundebesitzerin? Darauf konnte der neunjährige Prince Edward leider keine Rücksicht nehmen ... Womit er sich einen ärztlichen Eingriff einhandelte.

POKALE SIND WAS FÜR ZWEIBEINER

Der Morgenspaziergang war wundervoll! Nicht nur, dass ich mich auf gefrorenem Gras erleichtern konnte, das dann so lustig dampfte, nein, es lag auch Nebel über dem Wiesental und ich liebe es über alles, darin Verstecken mit meinem Zweibeiner zu spielen.

»Connery, wo bist du?!«, brüllte er mit leiser Verzweiflung in der Stimme. Als ob ich freiwillig hier draußen bleiben und mein Futter selbst jagen würde, statt es mir in der warmen Zweibeinerhöhle bequem servieren zu lassen.

Und dann noch mal: »Cooooonnery!«

Ich wurde nach einem schottischen Schauspieler benannt, hat er mir einmal bei einem unserer ausgedehnten Spaziergänge erzählt. Er wird immer sehr redselig dabei. Dieses Geplapper und dieser ausgeprägte Bewegungsdrang sind wohl typisch Mensch. Genauso wie die unbegreifliche Bewunderung für Schauspieler, ob schottisch oder nicht.

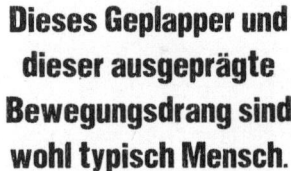

Dieses Geplapper und dieser ausgeprägte Bewegungsdrang sind wohl typisch Mensch.

Die Morgenrunden sind zum Glück meist kurz. Vor längeren Märschen muss der Zweibeiner etwas essen und eine dunkle Kochbrühe namens Kaffee zu sich nehmen.

»Connery, wo bist du?«, rief er mit einem Anflug von Panik.

»Wuff«, antwortete ich, nachdem ich ihn lange genug hatte zappeln lassen. Seine Erleichterung war mehrere hundert Meter weit zu riechen. Ist es nicht irrsinnig amüsant, dass der Mensch, der sich ja angeblich für die Krone der Schöpfung hält, so wenig mit seinen Sinnesorganen anzufangen weiß? Statt mich durch den Nebel hindurch mit den Ohren oder der Nase zu orten, verlässt er sich fast ausschließlich auf seine Sehkraft, die oft schon im Jugendalter nachlässt, spätestens jedoch, wenn seine Welpen aus dem Haus sind und er über einen Zweithund nachdenkt, um seine Freizeit sinnvoll zu gestalten. Unsereins würde sich ja gemütlich hinlegen und ruhen. Was, bitte, soll daran nicht sinnvoll sein? Die Zweibeiner sind da irgendwie anders gestrickt. Sie quälen sich mit allerlei anstrengenden Aktivitäten, nur um danach völlig ausgepowert aufs Sofa sinken zu können und zu seufzen, sie müssten jetzt dringend mal alle Viere von sich strecken. Dabei hätten sie genau das schon von Anfang an haben können.

Mir könnte das ja egal sein – wenn es nicht auch mein Problem wäre. Jedenfalls hin und wieder. An diesem Sonntagmorgen war es wieder soweit. Zunächst wiegte ich mich noch in Sicherheit. Wie gesagt, die Morgenrunde lag hinter uns. Mein Zweibeiner war gerade dabei, meinen Napf zu richten, da tauchte sein Alpha-Weibchen auf und wies ihn zurecht: »Nicht doch – sonst ist er zu träge und so schwer zu motivieren.«

Mir entfuhr ein Stöhnen. Alles klar. Vorbei der Traum von einem gemütlichen Tag auf dem Kuschelkissen im Wohnzimmer, während das Herrchen die Flimmerkiste anmacht und andere, jüngere Zweibeiner dabei beobachtet, wie sie einem Bällchen hinterherlaufen (das würde mich ja auch mal reizen!).

So aber würde dieser Sonntag nicht verlaufen. Kein Frühstück, das konnte nur eins bedeuten. Zumal die Zweibeinerin die Hose mit den großen Taschen darauf angezogen hatte. Die aus dem Stoff, der so raschelt.

Die Turnierhose.

»Kann spät werden«, rief sie dem Zweibeiner zu, der es sich gerade in seinem Flimmerkisten-Sessel bequem machte. Wie ich ihn beneidete!

»Los, Connery, auf geht's!«, jubelte sie mir zu. Ich warf ihr einen flehenden Blick zu und gähnte besänftigend, was sie jedoch gründlich missverstand. Wie sie überhaupt fast alles missverstand, was ich ihr mitzuteilen versuchte.

»Ja, ich weiß, du freust dich schon!«

Oh nein. Das tat ich ganz gewiss nicht.

Die Fahrt verschaffte mir etwas Aufschub. Weil ich leider sehr genau wusste, was mir bevorstand, nutzte ich die Zeit für ein Nickerchen. Dass die Zweibeinerin vorn am Steuer ein ohrenbetäubendes Gejaule von sich gab (Was in aller Welt bedeutete *We are the Champions*?), störte mich nur minimal. Ich döste vor mich hin und hätte mich sehr gern damit begnügt, den ganzen Tag im Kofferraum zu verbringen, doch dann wurde der Wagen langsamer, hoppelte über unebenes Gelände und kam schließlich zum Stehen. Noch bevor die Zweibeinerin den Kofferraum öffnete und mir eine Quadrillion Duftbotschaften meiner Artgenossen in die Nase strömte, hörte ich schon die typischen Turniergeräusche: Kommandos, Startsignale und jede Menge Gebell. Einige Gerüche und Stimmen kamen mir bekannt vor. Spontan erkannte ich die flinke Ronja, den struppigen Finley, die elegante Amy und den wendigen Buster.

»Hi Leute«, wuffte ich beim Aussteigen, »habt ihr auch so wenig Bock auf diesen Schmu wie ich?«

»Noch viel weniger«, kläffte Finley zurück.

»Bei diesem feuchten Wetter sollte so was drinnen stattfinden«, winselte Amy entnervt.

»Nun seid doch keine Spielverderber«, bellte Buster und Ronja war ganz seiner Meinung: »Wie kann man nur so faul sein? Ihr seid eine Schande für die ganze Hundheit.«

Die Zweibeinerin schloss den Kofferraumdeckel schwungvoll, so als wäre das bereits die erste Disziplin des Turniers, und steuerte mit mir an der Leine ein Zelt an, das erfahrungsgemäß der Anmeldung zu diesem vermeintlichen Hundespaß diente. Ich zog an der Leine und bellte.

»Bitte nicht, lass uns weiterfahren, nur dieses eine Mal, ich will da nicht mitmachen müssen!« Doch einmal mehr verstand die Zweibeinerin das genaue Gegenteil. »Jahaaa, ich weiß, du kannst es kaum erwarten«, rief sie aus. »Bin gleich zurück.« Mit diesen Worten verschwand sie im Zelt. Ich wartete draußen, so wie einige meiner Kumpels auch.

»Heute muss ich einen Pokal gewinnen, sonst dreht mein Herrchen durch!«, klagte Bandit, der immer ein bisschen zu aufgeregt war und deshalb Flüchtigkeitsfehler machte.

»Ich kann dir einen von meinen abgeben«, knurrte ich genervt. »So was braucht doch kein Hund! Soll ich euch was sagen? Am liebsten würde ich heute streiken.«

In dem Moment, in dem ich das äußerte, wurde mir bewusst, dass genau das die Lösung wäre.

»Pah, trauste dich ja doch nicht«, wuffte Buster.

»Also, ich hätte auch nicht übel Lust, einfach mal den Gehorsam zu verweigern«, schlug sich Finley auf meine Seite. »Aber dann bekomme ich womöglich kein Fresschen heute Abend. Und keinen Knochen. Ach, ich weiß nicht ...«

Ich blieb stur. »Ihr werdet's ja sehen. Ich zieh das durch«, kündigte ich großmäulig an. Auch wenn es mir etwas flau in der Bauchhöhle wurde, als ich die Zweibeinerin fröhlich auf mich zulaufen sah. Voller Erwartung auf Höchstleistung, Siegerehrung und Pokal.

Bloß nicht weich werden, dachte ich. Wenn ich jetzt nachgebe, werde ich bis zum bitteren Ende Slalom laufen, über Wippen balancieren und durch Tunnel kriechen müssen. Dabei bin ich erst vier. Im besten Rüdenalter. Noch viele Jahre schmerzfreien Faulenzens könnten vor mir liegen. Das durfte ich mir nicht kaputtmachen lassen!

»Wir haben die Startnummer zwölf«, verkündete die Zweibeinerin mit leichtem Bedauern in der Stimme. Ich wette, sie wäre am liebsten als Erste gestartet. Aus allen Poren roch sie nach Ungeduld und Ehrgeiz. Ich dagegen folgte nur allzu gern ihrem Kommando »Platz!« und ließ mich zu Boden sinken, um ein bisschen vor mich hinzudämmern.

»Connerys Pokale füllen schon ein ganzes Regal«, berichtete die Zweibeinerin einem anderen Hundebesitzer, der - wenn mich nicht alles täuschte - in keinster Weise danach gefragt hatte.

»Soso«, antwortete er entsprechend unbeteiligt.

»Er liebt diese Turniere, unser Connery. Wissen Sie, Border Collies brauchen dringend Beschäftigung. Ein Turniersieg macht ihn immer ganz glücklich.«

Unfug, dachte ich. Ich hasste Turniere - schon immer. Ob wir danach eine Blechschüssel mit nach Hause nahmen oder nicht, ließ mich völlig kalt.

»Wie schön für Sie«, sagte der Zweibeiner.

»Sind Sie schon öfter gestartet?«, bohrte die Zweibeinerin nach.

»Nein, es ist Bonnies erstes Turnier. Aber ich bin mir nicht ganz sicher, ob das was für uns ist. Dieser Leistungsdruck ist für meinen Geschmack eher nervig.«

Vernünftiger Mann! Warum ist die Zweibeinerin nicht so klug?

»Also ich hab voll Bock auf den Parcours«, meldete sich Bonnie, eine hübsche Golden-Retriever-Hündin, zu Wort. »Mir macht das Spaß. Hüpfen, rennen, schleichen und am Ende auch noch Leckerli zur Belohnung bekommen. Super Sache!«

Tsss. Da sah man mal wieder. Diese Retriever mit ihrer Verfressenheit. Mit ein paar Leckerlis kann man sie einfach zu allem überreden – womöglich auch dazu, ein Katzenklo zu benutzen. Wundern würde es mich jedenfalls nicht.

Diese Retriever mit ihrer Verfressenheit. Mit ein paar Leckerlis kann man sie einfach zu allem überreden – womöglich auch dazu, ein Katzenklo zu benutzen.

»Dann viel Erfolg«, knurrte ich träge. »Ich jedenfalls lasse mich heute nicht herumscheuchen.«

»Wie meinst du das?«

»Wirst ja sehen!«

Dann war es so weit. Wir waren an der Reihe. Die Zweibeinerin und ich standen nebeneinander am Start, vor uns lag der Parcours mit seinen Hindernissen, das Erste davon die Wippe. Ich hasste die Wippe. Jedes Mal, wenn sie umschwang, erschrak ich maßlos – und das, obwohl ich ja wusste, dass genau das geschehen würde. Hunde sind nun mal nicht geboren, um über Wippen zu balancieren. Wippen gehören auf Zweibeinerwelpen-Spielplätze! Die Zweibeinerin schwitzte, roch nach Nervosität und Anspannung. Ich war froh, dass der Parcours laut Turnierregeln ohne Leine absolviert werden musste, sonst hätte sie bestimmt längst hektisch daran gezerrt und mich halb erwürgt ...

Das Startsignal ertönte.

»Auf geht's, Connery«, rief sie und hechtete los. Ich trabte gemächlich ein paar Schritte auf die Wippe zu, dann machte ich davor Sitz.

»Auf, drauf, drüber!«, feuerte sie mich an.

Ich machte Platz.

»Na los, wird's bald!«, bettelte sie, die Fassung verlierend. Ich drehte mich auf den Rücken und wälzte mich genüsslich im Gras.

»Abbruch!«, krächzte die Zweibeinerin. Sofort stand ich bei Fuß, ließ mir die Leine anlegen und folgte ihr dann brav, wie sie fluchtartig das Gelände verließ.

»War wohl nix mit dem Pokal«, grinste der Zweibeiner, der zu Bonnie gehörte, als wir an ihnen vorbeikamen. Die Zweibeinerin kniff böse die Lippen zusammen, verströmte Wut-Duft und schwieg.

»Ich drück dir die Pfoten«, wuffte ich Bonnie zu.

Ob es geholfen hatte? Keine Ahnung. Noch bevor das Golden-Retriever-Mädchen an der Reihe war, lag ich schon wieder zufrieden im Kofferraum. Die Zweibeinerin parkte mit quietschenden Reifen aus und fuhr nach Hause. Diesmal sang sie nicht, sondern schimpfte leise vor sich hin. Ich gab mich ganz dem Müßiggang hin und träumte von einer großen Blumenwiese mit ein paar Schäfchen darauf und davon, wie ich sie bellend umkreiste – aus purer Lebensfreude, nicht wegen irgendeines blöden Pokals.

»Connery hat verweigert!«, klagte die Zweibeinerin, als wir zu Hause ankamen. Diese Nachricht verblüffte sogar den Zweibeiner so sehr, dass er seinen Blick von der Flimmerkiste und den jungen Männern, die dem Ball hinterherrannten, abwandte.

»Wieso denn das?«

»Was weiß denn ich? Vermutlich ist er krank. Am besten, Lisa Wohlrabe schaut ihn sich mal an.«

Typisch meine Zweibeinerin. Wenn etwas nicht so lief, wie sie es sich in den Kopf gesetzt hatte, musste es einen triftigen Grund geben. Dass jemand einfach sturer war als sie, auf den Gedanken kam sie nicht. Ich dehnte mich genüsslich und ließ mich dann auf meinem Kuschelkissen nieder, ohne darüber nachzugrübeln, wer diese Lisa wohl war.

»Er sieht mir nicht besonders krank aus«, stellte der Zweibeiner fest.

»Das wird sich morgen ja zeigen.«

Ich hob abrupt den Kopf. Was hatte die Zweibeinerin mit mir vor?

Aber morgen lag in ferner Zukunft, ich vergaß ganz schnell wieder, dass mir womöglich etwas Unangenehmes bevorstand, und widmete mich dem Dösen.

Am nächsten Morgen dachte ich an nichts Böses, als die Zweibeinerin mich erneut in den Kofferraum verfrachtete. Vielleicht hatte sie einen Ausflug mit mir vor? Womöglich trafen wir Jamie, meine Hundefreundin, zum gemeinsamen Toben. Diese ominöse Lisa hatte ich längst vergessen.

Als wir jedoch schon nach wenigen Minuten anhielten und das mitten in einem Wohngebiet, schwante mir Übles.

Ich kannte dieses Haus. Und ich kannte den Geruch, der aus jeder Ritze des Gebäudes quoll – es war der Geruch der Angst.

»Doktor Wohlrabe wird dich bestimmt heilen – zum nächsten Turnier am kommenden Wochenende bist du wieder fit«, flüsterte die Zweibeinerin mir zu, so als würde sie mir einen besonders köstlichen Knochen ankündigen.

Na toll. Als wüsste ich nicht mehr, dass die Doc-Zweibeinerin mir beim letzten Besuch eine spitze Nadel ins Hinterteil gerammt hatte! Ich bin zwar kein Elefant, aber so etwas vergisst auch ein Hund nicht.

Das Wartezimmer war ziemlich leer. Ein Mensch mit Schildkröte und einer mit Kater saßen da. Der Kater kam zum Glück gleich dran, sodass ich mir seine arrogante Visage nicht länger anschauen musste.

Viel zu schnell kamen aber auch wir an die Reihe.

»Frau Doktor Wohlrabe, ich mache mir solche Sorgen um Connery!«, kam das Frauchen sofort zur Sache.

Doktor Wohlrabe – das musste diese Lisa sein, von der die Zweibeinerin gesprochen hatte!

Die Ärztin lächelte mich an, sichtbar bemüht, mein Vertrauen zu gewinnen. Ich gähnte. Die sollte bloß nicht glauben, dass ich vor ihrer spitzen Nadel Angst hatte.

»Wo liegt denn das Problem?«

Ausführlich schilderte die Zweibeinerin die gestrigen Ereignisse auf dem Turnier, vor allem das, was sie als »den Vorfall« bezeichnete. Meinen Streik.

»Connery muss schwer erkrankt sein. Er liebt diese Turniere über alles, vor allem, wenn er sie gewinnt.«

Von wegen. Ich legte die Ohren an.

Hoffentlich glaubte die Ärztin ihr nicht.

»Hm«, machte die und runzelte die Stirn. »Da wären umfangreiche Tests nötig.« Sie warf einen Blick auf mich. Ich gähnte jetzt quasi ununterbrochen. Das tue ich immer, wenn ich die Zweibeiner besänftigen will. Funktioniert nur leider selten.

»Ich habe Zeit«, erklärte die Zweibeinerin.

»Nun, eigentlich würde ich Connery gern über Nacht hierbehalten und genauer beobachten. Am besten, Sie holen ihn morgen füh gegen neun wieder ab.«

Nach kurzem Zögern stimmte die Zweibeinerin zu und zog dann allein ab.

»Okay, Connery. Dann wollen wir doch mal schauen, wie krank du bist – und wie sehr du Pokale wirklich liebst«, murmelte Doc Lisa.

»Wuff!«, machte ich und schöpfte Hoffnung.

Zuerst musste ich eine Reihe von Untersuchungen über mich ergehen lassen. Die Ärztin leuchtete mir in die Augen, tastete mich ab, schaute mir in den Hals und steckte mir etwas in den Po, das sie dann später wieder hervorzog und begutachtete. »Temperatur normal, alles andere auch«, stellte sie fest und machte ein paar Notizen.

Dann schloss Doc Lisa die Praxis ab und ließ mich in den Kofferraum ihrer Karosse hüpfen. Wir fuhren ein Stück und spazierten dann durch ein Wiesental, das ich noch nicht kannte. Es gab so viel zu sehen! Ponyweiden und Ameisenhügel und ein Bächlein, über das ich auf ihr Kommando »Hopp!« hüpfte. Dann zog sie ein Bällchen aus ihrer Tasche – ein Bällchen! Ich konnte mein Glück kaum fassen. Sie warf es, ich holte es, sie warf es, ich holte es, sie warf es … Und wenn sie nicht irgendwann damit aufgehört hätte, würde ich auch jetzt noch weiterspielen. Bällchen sind das Tollste auf der Welt!

Bei ihr zu Hause entzündete sie ein Feuer im Kamin und füllte meinen Napf. Ich fraß genüsslich, dann machte ich es mir vor dem Ofen gemütlich und döste.

»Du bist alles andere als krank, du Schauspieler!«, murmelte Doc Lisa, während sie mich kraulte.

»Wuff«, gab ich zu. Schließlich hieß ich ja wie einer.

Nun ja, der Trick hatte nicht geklappt, dachte ich, denn sie hatte mich durchschaut. Schade. Künftig würde ich wohl wieder über Wippen balancieren und Hindernisse überspringen müssen.

Umso erstaunter war ich, als Doc Lisa meine Zweibeinerin am nächsten Morgen mit sehr, sehr ernster Miene begrüßte.

»Wie lange hat er noch?«, fragte die Zweibeinerin mit bebender Stimme.

»Das hängt ganz stark von Ihnen ab«, eröffnete Doc Lisa. »Connery hat eine stressbedingte Phobie entwickelt und wenn wir nicht aufpassen, wird daraus eine neurotische Angststörung. Und die könnte wirklich gefährlich werden.«

Was redete die da?

»Ich verstehe nicht«, hauchte die Zweibeinerin.

»Um es kurz zu machen: Ihr Hund leidet unter Turnierpanik. Der Leistungsdruck macht ihn krank.«

»Aber er liebt die Turniere doch so ...«

»Tue ich nicht«, blaffte ich.

»Um es kurz zu machen: Ihr Hund leidet unter Turnierpanik.«

»So leid es mir tut – da müssen Sie eine Alternative finden. Bewegung und Spiel ohne Wettkampfsituation.«

»Sie meinen – toben mit anderen Hunden und mit Bällchen spielen?«, fragte die Zweibeinerin zögernd.

»Genau, genau, genau!«, bestätigte ich begeistert und wedelte aufgeregt mit dem Schwanz.

»So etwas in der Art würde ich empfehlen«, sagte Doc Lisa und zwinkerte mir zu.

»Und vielleicht bringen Sie ihm ein paar Tricks bei. Ich schätze, er hat großes Show-Talent. Oder, Connery?«

»Wuff!«, machte ich und kratzte mich verlegen mit der Hinterpfote am Ohr.

Die beiden Zweibeinerinnen lachten. Ich lachte mit.

»Ach übrigens - bei Connery wird es bald Zeit für die Tollwut-Impfung«, sagte Doc Lisa dann.

»Gute Idee - wenn wir schon mal da sind.«

Moment! Ich fuhr zusammen. Ist das die Sache mit der Nadel? Oh nein. Schlechte Idee! Gaaaanz schlechte Idee ...

DRUM PRÜFE, WER SICH VERBINDEN LÄSST!

Die Auswahl des richtigen Tierarztes ist Vertrauenssache. Daher sind bei der Auswahl der Fachkraft, der Sie Ihren Liebling anvertrauen, einige wichtige Punkte zu beachten. Es beginnt damit, dass man sich um einen Tierarzt kümmert, *bevor* man ihn braucht. Hat der Hund die Legosteine erst gefressen, dann muss es schnell gehen und meistens herrscht dann ohnehin Panik in der Familie. An den Tierarzt sollte man die gleichen Anforderungen stellen wie an seinen Zahnarzt – leicht angepasst, natürlich.

Hat der Hund die Legosteine erst gefressen, dann muss es schnell gehen und meistens herrscht dann ohnehin Panik in der Familie.

1. Tierliebe: Wer Tiere liebt, engagiert sich auch für sie.

2. Kompetenz: Was für Humanärzte gilt, ist auch ohne Einschränkung auf Veterinäre anwendbar. Es gibt Koryphäen und es gibt Pfuscher! Darum sollte man sich vorab bei Freunden, Bekannten und im Internet über den Tierarzt oder die Tierklinik informieren. Aktuelle Weiterbildungs- und Fortbildungsurkunden sollten gut sichtbar in den Praxisräumen ausgestellt sein.

3. Erstes Gespräch: Findet statt, bevor das Tier überhaupt auf den Tisch gehoben werden muss. Der Tierarzt und seine

Helferinnen reden während der Behandlung ruhig und freundlich mit den Tieren und ihren Besitzern.

4. Erklärungen: Der Arzt hat jahrelang studiert und kann locker mit lateinischen Fachbegriffen um sich werfen. Der Patient und sein Herrchen haben das nicht. Ein kompetenter Arzt sollte in der Lage sein, auch dem Laien Zusammenhänge so zu erklären, dass er sie versteht. Der Tierarzt kann verständlich erläutern, welche Behandlung er vorschlägt und warum diese notwendig ist.

5. Das Wohl des Tieres kommt an allererster Stelle, der Umsatz an letzter: Das klingt eigentlich selbstverständlich, aber diesbezüglich treten auch bei Humanärzten Probleme auf.

6. Sorgfalt: Der Tierarzt »doktert« nicht an dem Tier herum, sondern nimmt sich Zeit für eine gründliche Untersuchung, stellt eine Diagnose, bevor er Medikamente verabreicht oder verschreibt.

7. Erreichbarkeit: Sollte ein Tier stationär untergebracht werden müssen, kann man jederzeit in der Praxis oder der Klinik anrufen, um sich nach seinem Befinden zu erkundigen. Erfreulicher ist natürlich, wenn der Tierarzt den Besitzer von sich aus kontaktiert und über alle Eingriffe und gegebenenfalls Probleme informiert. Für Notfälle sollte der behandelnde Tierarzt auf jeden Fall eine Handynummer angegeben haben und jederzeit telefonisch erreichbar sein.

WIE ICH DER TOUGHSTE HAMSTER DER WELT WURDE

Ich heiße Mimi. Mimi Malone. Ich bin ein Zwerghamster. Einer von der harten Sorte, denn ich habe schon so einiges gesehen in meinem Leben. Mich kann nichts mehr schrecken. Das gilt auch für dich, du grünäugiges Katzenviech, wie du da vor meinem gläsernen Zuhause lauerst. Sieh dich vor: Wer mir zu nahe kommt, dem lasse ich die Eier abschneiden.

Du glaubst mir nicht? Pah. Grins du nur blöde – ich weiß schon, was ich in deinen Augen bin: vorlaut und verloren! Eine Zwerghamsterdame, die selbst mit prall gefüllten Backen locker in dein Maul passt. Da hast du schon ganz andere Kaliber verschlungen, denkst du, ein ausgewachsenes Teddyhamstermännchen zum Beispiel. Ja, wenn ich noch bei meinen ersten Menschen wäre … Damals war ich das perfekte Opfer. Aber heute? Ich bin ein Tierheimhamster. Mit allen Wassern gewaschen. Ich kann Blut spritzen sehen, bleibe bei Schreien cool und ertrage den Geruch des Todes, ohne mit einem Barthaar zu zucken. Und ich bin es, die dich ans Messer liefern kann. Also, pass auf!

Alles begann mit einem Streit zu unmöglicher Zeit: mitten am Tag. Ein Jahr lang hatten meine beiden Menschen meistens nur gesäuselt – miteinander und mit mir, die sie »unser Baby«

nannten. Wir waren ein gutes Team gewesen. Doch eines Nachmittags – als ich gerade süßen Träumen von riesigen Maisfeldern nachhing – wurde es laut. Die Stimme meines Frauchens ließ mich aus dem Traum aufschrecken und die Wände erzittern.

»Du Riesendeppl«, brüllte sie in Richtung meines Herrchens. »Ich verfluche den Tag, an dem ich dir begegnet bin! Verschwinde aus meinem Leben!«

»Nein, du aus meinem!«, gab mein Herrchen zurück. »Du bist doch selbst schuld an dem ganzen Schlamassel! Mit dir hält es keiner aus!« Sie keifte zurück, er brüllte lauter, Türen wurden geknallt, Glas klirrte. Am Abend saß mein Frauchen heulend vor meinem Zuhause, allein.

Mein Herrchen sah ich Tage später noch mal wieder, kurz: Er schleppte Kisten und Koffer an mir vorbei und verschwand. Grußlos. Als kurz darauf auch mein Frauchen Koffer und Kisten packte, hätte mich das alarmieren müssen. Kurze Zeit später hob sie mein Zuhause hoch und trug mich nach draußen. Hinaus aus der vertrauten Wohnung, hinein in ein Auto. Dann ging es über holprige Wege in eine Gegend, in der ich noch nie zuvor gewesen war.

Obwohl es beste Hamster-Schlafenszeit war, bekam ich kein Auge zu – so aufregend war alles. Wir hielten an. Ich sah ein umzäuntes Gelände und in mein Sichtfeld schoben sich mehrere kleine Häuser, Zwinger und viele, viele Katzen.

Gleichzeitig umfing mich ein neuer Geruch: Es duftete nach Gras, Erde und Tieren. Jeder Menge Tieren! Mein Herz machte einen Hüpfer. Warteten hier etwa Freunde auf mich?

Erst mal erwarteten mich fremde, kalte Menschenhände, die mich hochnahmen, abtasteten, auf den Boden meines Zuhauses zurücksetzten.

»Sie sieht gesund aus«, kommentierte eine Männerstimme. »Nachher kommt die Tierärztin, die schaut sie sich an. Aber warum geben Sie Ihren Hamster überhaupt ab?«

»Mein Freund und ich haben uns getrennt und ich konnte die Wohnung nicht halten«, erklärte mein Frauchen. »Nun ziehe ich in eine Wohngemeinschaft – und meine Mitbewohnerin hat eine Tierhaarallergie. Seien Sie gut zu Mimi, ja? Sie hat's verdient. Ist eine Gute. Die Allerbeste ...« Mein Frauchen schniefte hörbar.

Etwas später schaute sie noch zu mir herein, mit roten Augen wie ein Albino. »Mach's gut, meine Süße«, flüsterte sie. »Ich wünsche dir bald ein neues, liebes Frauchen.« Dann wandte sie sich ab und ging.

Ich grübelte noch darüber nach, was »neues Frauchen« konkret für mich bedeutete, da erschallte auf einmal ein Bellen, das mir fast die Trommelfelle platzen ließ. Prompt baute sich ein fetter, zotteliger Hund vor mir auf.

»Aus, Sina, ruhig!«, schimpfte die Männerstimme von vorhin – offenbar mein neues Herrchen. Er hob mich samt meinem Zuhause hoch und trug mich in eines der Häuschen.

»Du bist hier in Quarantäne. Das ist ganz normal, das machen sie mit allen Neuen«, erklärte mir das weiße Kaninchen, das mitsamt Käfig neben mir stand. »Die Menschen isolieren euch von den anderen. Das machen sie mit jedem, der eventuell jemanden anstecken könnte – bis die Tierärztin kommt und sagt, was Sache ist.«

»Was macht so eine Tierärztin eigentlich genau?«, fragte ich die Kaninchendame naiv. Sie schien mir ganz vertrauenswürdig. Und sie antwortete auch höflich.

»Erst mal untersucht sie alle. Mit alle meine ich wirklich alle: Riesenhunde, kleine Katzen, uns Nager, Vögel ... Wir sind hundertfünfzig Tiere hier! Dann muss die Tierärztin natürlich impfen – das bedeutet, dass man Spritzen bekommt, die vor bestimmten häufigen Krankheiten schützen. Tut ein bisschen weh. Aber keine Angst, ich hab noch nie gehört, dass man Hamster impft. Uns Kaninchen aber schon, Katzen und Hunde ebenso. Drittens kastriert die Tierärztin – das bedeutet, sie operiert ein Tier, sodass es keine Babys mehr zeugen oder bekommen kann. Das passiert vor allem den Rammlern, Hunden und Katzen. Ja, und dann kümmert sich die Ärztin noch um Notfälle: Bisswunden, Unfallverletzungen, Tumore, Fieber, Erkältungen, Durchfall ...«

»Was fehlt dir eigentlich?«, wollte ich wissen.

»Ich habe wieder eine Augenentzündung. Wenn nachher alles in Ordnung ist, darf ich zurück ins Nagerhaus. Ich heiße übrigens Flockina.«

»Mimi, angenehm.«

Dann begann Flockina vor sich hin zu mümmeln und ich sah mich ein wenig in Raum um. Alles war in Weiß gehalten, der große Schrank links, die Liege rechts, auch die Kommode, auf der wir beiden standen. Nebenan befand sich eine zweite Kommode, obenauf ein Riesenkäfig – ein fetter, schwarzweißer Kater schnarchte darin. Urplötzlich riss er die Augen auf – und musterte mich sogleich voller Interesse.

»Das ist aber erfreulich«, hörte ich ihn schließlich säuseln.

»Die Freude ist ganz meinerseits«, gab ich also zurück. »Mein Name ist Mimi. Und deiner?«

»Der braucht dich nicht zu interessieren«, entgegnete der Kater und sein Blick wurde giftig. »Dich nenne ich Früh- **»Dich nenne ich Frühstück. Ich maaag Hamster!«** stück. Ich maaag Hamster!« Er leckte sich das Maul. Mir wurde ganz anders.

»Keine Panik, Mimi«, kam es leise von Flockina, »der Aurelio plustert sich immer so auf. Aber zuerst müsste er an dich herankommen, das schafft er nie.«

Aurelio fauchte zwar, wie um der Kaninchendame zu widersprechen – doch weiter kam er nicht. Die Tür flog auf und eine Frau in Weiß kam herein. Dazu mein neues Herrchen, in jeder Hand eine Transportbox. Aus beiden Behältnissen erklang leises Maunzen.

»Das ist die Tierärztin«, erklärte Flockina.

»Was steht heute noch so an?«, fragte die Tierärztin mein Herrchen. »Also, das Übliche natürlich ...«

»Ja, das Übliche, und zwar mal sechs«, erklärte mein Herrchen. »Wenn die Kater kastriert sind, kommen noch drei Katzen, die Sie sich mal anschauen sollten. Das entzündete Auge von letzter Woche ist noch schlimmer geworden. Zwei haben Fieber und geschwollene Bäuche – ich befürchte FIP. Später dann noch die Hunde: ein Tumor, eine Bisswunde, ein verschorftes Ohr. Und wie Sie sehen, haben wir einen Neuzugang, einen Dsungarischen Zwerghamster. Dazu das Kaninchen mit dem Auge ...«

»Gut, legen wir los«, sagte die Tierärztin resolut und ging zu Aurelios Käfig. Die Frau öffnete den Käfig, nahm Aurelio auf den Arm, der wagte einen Satz und sprang mir nichts, dir nichts über die Schulter der Ärztin auf den Gitterdeckel meines Zuhauses. Da saß er nun und streckte seine Krallen in meine Richtung. Nun war er mir schon bedrohlich nahegekommen und schaute mich aus seinen grünen Augen gierig an. Mir wurde eiskalt. Da schnappte die Tierärztin Aurelio am Nacken und er erstarrte. Sah plötzlich aus wie festgefroren. Sie setzte ihn auf die weiße Liege, wo mein Herrchen ihn festhielt. Mein Puls beruhigte sich. Auf diese Frau war offenbar Verlass, sie hatte den vorlauten Kater im wahrsten Sinne des Wortes im Griff. Als sie nun auch noch eine Spritze aufzog, wusste ich, dass sie auf meiner Seite war. Denn die war für Aurelio bestimmt! Der Kater maunzte kläglich, als die Nadel in seinem

Fell verschwand, dann sackte er auf der Liege zusammen und war still.

»Nun ist er für eine Weile in Narkose«, kommentierte Flockina. »Du glaubst ja nicht, wie oft ich das schon miterlebt habe.«

Ich beobachtete gebannt, was da passierte. Nun holte das Herrchen den nächsten Kater aus dem Transportkorb, setzte ihn neben den schlafenden Aurelio und meine neue Freundin zog die nächste Spritze auf. Kurz danach schlief auch er, Seit' an Seit' mit dem vorlauten Aurelio. Mit dem Kater aus der zweiten Transportbox geschah dasselbe. Die Tür ging auf, zwei junge Leute trugen drei neue Boxen herein und ein vierter, fünfter und sechster Stubentiger gingen denselben Weg.

Da lagen sie nebeneinander – reglos und zusammengekrümmt wie die Mehlwürmer früher in meinem Fressnapf, nur mit Fell. Wertlos waren nun ihre scharfen Krallen und spitzen Zähne. Ich frohlockte innerlich.

Und dann nahm die Tierärztin ein silbrig schimmerndes Ding zur Hand und schnitt erst meinem Widersacher Aurelio und dann den anderen fünfen die Eier ab.

Und dann nahm die Tierärztin ein silbrig schimmerndes Ding zur Hand und schnitt erst meinem Widersacher Aurelio und dann den anderen fünfen die Eier ab.

Aurelio war nach seiner Operation deutlich weniger aggressiv, aber immer noch eingebildet. Er hielt sich für den coolsten Kater weit und breit. Darum war er im Katzenzwinger äußerst unbeliebt und wurde von allen geschnitten, wie mir einer der Hunde berichtete, der jeden Tag an meinem Nagerhaus vorbei Gassi geführt wurde. Flockina war inzwischen nicht mehr bei uns – eine Familie hatte sie mitgenommen. Sie wirkte nett. Ich war sicher, dass es die Hasendame nun gut hatte.

Ein paar Tage später befand ich mich leider mal wieder im Behandlungsraum. Das Herrchen sagte, das läge daran, dass wir hier so viele Vierbeiner waren.

»Da werden alle paar Tage neue Krankheitserreger einge-schleppt«, erklärte er neulich. Außerdem bedeutet jeder Umzug Stress und der ist schlecht fürs Immunsystem, wie ich von der Tierärztin gelernt hatte. Aus diesem Grunde erkältete ich mich immer mal wieder, bekam Probleme mit den Augen oder Durchfall.

»Das Beste für sie«, sagte die Tierärztin gestern, »wäre ein neues Zuhause. Da würde sie rasch wieder fit. Ich hoffe, sie findet bald jemanden. Sie hat ja bestimmt noch mehr als ein Jahr zu leben.«

»Aber demnächst sind Schulferien, da holt sich keiner ein neues Tier ins Haus«, gab mein Herrchen zu bedenken. Dann seufzte er. »Ich hoffe nur, dass wir diesen Sommer nicht zu viele Neuzugänge bekommen.« Anschließend hörte ich viele schlimme Dinge über die Menschen. Offenbar gibt es welche, die sich ein Tier anschaffen und nicht darüber nachdenken, dass man für uns Zeit und Geld investieren muss. In meinem Falle etwa zwei Jahre lang – bei einem Hund mehr als zehn, bei einer Katze bis zu zwanzig Jahre. Es gibt sogar Eltern, die ihren Kindern zum Geburtstag oder zu Weihnachten ein Kätzchen oder Kaninchen schenken und dann, wenn die Ferienzeit kommt, nicht wissen, wohin damit. Und Katzenpensionen oder Ferienbetreuer fürs Eigenheim sind ihnen zu teuer, da fiele ja der Urlaub kürzer aus. So wird das eben noch geliebte Haustier ausgesetzt oder direkt ins Tierheim gebracht.

Blöd ist auch, wenn ein Kind nach zwei, drei Monaten das Interesse am Tier verliert und die Eltern es ganz eilig haben, es loszuwerden. Oder Leute, die Hunde als Wachhunde und Katzen als Mäusefänger ausbeuten und sich kein bisschen kümmern, wenn es ihnen schlecht geht. Wer Glück hat, bei dem rufen die Nachbarn den Tierschutz und die so geretteten Vierbeiner landen als Notfälle bei uns.

Schließlich gibt es dann noch die tragischen Fälle – so wie bei meinem früheren Frauchen. Sie wollen gut für uns sorgen, müssen aber irgendwann ihre Wohnung verlassen und können in der neuen keine Tiere mehr halten. Oder sie finden eine Arbeit, bei der sie zu viel unterwegs sind, entwickeln eine Allergie, müssen lange in ein Krankenhaus oder sogar für immer in ein Heim. Oder sie sterben. Und unsereins bleibt übrig.

Mein Herrchen und die Tierärztin waren sich einig, dass man einen Teil des Elends verhindern kann. Indem man Kater und Katzen kastriert, zum Beispiel. Schließlich laufen die meisten Stubentiger draußen unbewacht herum und man muss davon ausgehen, dass jede geschlechtsreife Katze zweimal im Jahr drei bis fünf Junge bekommt. Die können im Jahr darauf ebenfalls jeweils sechs bis zehn Junge zur Welt bringen, die dann ihrerseits ... und so weiter. Im Laufe von zehn Jahren, haben Menschen mal ausgerechnet, können aus einem Katzenpaar achtzig Millionen Nachkommen hervorgehen. Und die jagen alle kleine Nager und Vögel! Ein Gedanke, bei dem es mir persönlich ganz übel wurde. Gut, dass die vom Tierheim ganz genau prüfen, wem sie ein Tier vermitteln.

Neulich hörte ich im Behandlungszimmer eine Frau herumkreischen, weil man ihr den Hund, den sie wollte, nicht sofort mitgab.

»Ich dachte, Sie freuen sich über einen Esser weniger!«, rief diese Frau böse.

Das Herrchen blieb ruhig: »Wir freuen uns, wenn unsere Tiere ein Zuhause finden, wo sie mehr Aufmerksamkeit und Ruhe finden als bei uns. Aber Sie sind ständig auf Dienstreise und meinen, der Hund könnte zwei Tage allein bleiben. Das geht überhaupt nicht! Da hat es Gino hier besser.«

»Pah«, gab die Frau zurück, »suche ich mir halt einen Züchter, bei dem ich bekomme, was ich will.« Und weg war sie.

Hoffentlich, dachte ich, findet sie keinen! Und auch die Trulla nicht, die vor meinem Käfig stehend laut darüber nachdachte, mich ihrer Schlange als Festmahl mitzubringen. Oder der Mann mit der teuren Kleidung und dem neuesten Handy, der sich vor meinem Herrchen darüber aufregte, dass man für Tierheimtiere Geld bezahlen muss.

Oder der Mann mit der teuren Kleidung und dem neuesten Handy, der sich vor meinem Herrchen darüber aufregte, dass man für Tierheimtiere Geld bezahlen muss.

»Ja, was denken Sie denn, wovon die Tierärztin lebt, die die Katzen untersucht, impft und kastriert?«, meinte mein Herrchen nur. »Und wovon wir die Tiere ernähren? Von Luft und Liebe etwa?«

»Keine Ahnung. Zahlt das nicht die Stadt?« Da erklärte ihm mein Herrchen, dass alle Tiere und er selbst, der rund um die Uhr für uns da ist, von den Spenden der Tierfreunde in der Region leben. Davon wird außerdem die Tierärztin bezahlt. Der Mann wurde dann ganz kleinlaut und machte schnell einen Abgang. Ich habe ihn nie wieder gesehen.

Im Nagerhaus war es meistens fad. Kaninchen und Meerschweinchen sind keine sehr gesprächigen Mitbewohner und rumpelten außerdem immer zur falschen Zeit in ihren

Behausungen herum. Auch die Besucher kamen oft mitten am Tag. Vermutlich machte ich einen zu müden Eindruck, niemand wollte mich.

Kaninchen und Meerschweinchen sind keine sehr gesprächigen Mitbewohner und rumpelten außerdem immer zur falschen Zeit in ihren Behausungen herum.

Nur wenn es mal wieder eine Katze zu uns hinein schaffte, wurde es aufregend. Neulich kam so ein weißer Feger und schrie Zeter und Mordio in meine Richtung. Erneut war mein Herrchen schnell genug zur Stelle, trotzdem dachte ich: Der wünsche ich was Böses. Und ratet, was geschah.

Richtig. Beim nächsten Einsatz der Tierärztin saß ich wieder auf meinem Beobachtungsposten in Quarantäne. Ich erholte mich von einem Magen-Darm-Infekt. Trotz aller Schwäche war ich aufgeregt, denn es gab viel zu sehen. Einen Wurf Findelkatzen, den die Freundin meines Herrchens mit der Flasche aufzog. Einen verletzten Wildvogel, den das Herrchen aufzupäppeln versprach. Meine Freundin Lula, der Cockerspaniel, kam zum letzten Mal zur Untersuchung – sie hatte einen Menschen gefunden, der sie später abholen würde. Dann ertastete die Ärztin bei einem Irish Setter einen Tumor und machte gleich einen OP-Termin für die folgende Woche aus. Anschließend brachte ein Helfer eine weiße Katze, den aggressiven Feger, der mich kurz zuvor heimgesucht hatte.

»Verdacht auf FIP«, hörte ich und ahnte: Meine Rache hatte mal wieder funktioniert. FIP, so viel wusste ich inzwischen, ist die Abkürzung für Feline Infektiöse Peritonitis und lässt sich auch übersetzen mit: der Tod. Wenn die ausbricht, hat man als Mieze keine Chance.

Die Ärztin hatte diesmal eine neue junge Helferin des Tierheims dabei, der sie Schritt für Schritt zeigte, wie sie zu einer Diagnose kommt. »Diese Katze hat Fieber und frisst nichts - das sind meistens die ersten Symptome, die auffallen«, erklärte sie der jungen Frau. Das Fiebermessen ergab: »39,5. Das ist mehr als ein halbes Grad zu hoch.«

Die Helferin nickte. Dann fragte sie nach: »Aber ... aber ihr Fell glänzt und die Augen wirken klar. Kann sie wirklich so schwer krank sein?«

»Durchaus. Am Anfang sieht man es den Tieren kaum an. Bei manchen findet man Entzündungen der Augen oder sie magern rasch ab. Diese hier wirkt noch relativ gesund. Doch taste mal ihren Bauch ab.«

Das tat die Helferin. Und runzelte die Stirn: »Oh, ganz schön dick.«

Die Tierärztin nickte. »Das kann darauf hinweisen, dass sich der Bauchraum der Katze mit Flüssigkeit gefüllt hat. Dann ist sie definitiv an FIP erkrankt und wir können nichts mehr für sie tun.«

»Aber wie finden Sie das heraus?«

»Wir punktieren.« Sie zog eine Spritze auf und betäubte die Katze. Darauf folgte ein Pieks mit einer anderen Nadel – in den Bauch der Katze. Eine gelblich-klare Flüssigkeit lief heraus. Die Tierärztin nickte der Helferin zu. Mein Herrchen kam hinzu und erfuhr die Diagnose.

»Tja dann ... erlösen wir sie«, meinte er mit leicht zitternder Stimme.

Ruhe im Raum. Die Tierärztin bereitete eine weitere Spritze vor und ich wusste: Diese weiße Katze würde mich nie wieder belästigen. Das Mittel sickerte in den Körper des weißen Fegers. Der Brustkorb hob sich, senkte sich, hob sich, senkte sich noch einmal ... Dann war es vorbei.

Mein Herrchen trug die tote Katze davon. Die Ärztin und ihre Helferin säuberten und desinfizierten alles.

»Aber was«, fragte die junge Frau irgendwann, »kann man tun, damit das eine Mieze gar nicht erst bekommt? Impfen oder vorher testen lassen?«

»Die Impfungen, die wir bisher haben, sind nicht wirksam genug«, erklärte die Ärztin, »und Tests zeigen nur an, ob eine Katze das Virus, das FIP auslösen kann, in sich trägt. Bei zwei Dritteln aller Katzen wird der Test positiv ausfallen. Übrigens bei Tierheimkatzen ebenso wie bei Familienkatzen, Bauernhofkatzen und auch Züchterkatzen. Aber keine Panik: Dieses Virus mutiert nur bei jeder zehnten bis zwanzigsten betroffenen Katze so, dass sie tatsächlich FIP bekommt. Junge und ganz alte Tiere und solche, die gestresst sind, erkranken eher.«

»Wie war das bei dieser Katze?«

»Sie hat erst vor ein paar Wochen geworfen. Auch eine Geburt bedeutet Stress und schwächt das Immunsystem.«

Auf einmal hob die junge Helferin den Blick und entdeckte mich. Wir sahen uns in die Augen. Sie lächelte.

»Der ist ja süß!«, rief sie. »Was hat er denn?«

»Mimi hat nur ein bisschen Durchfall«, antwortete die Ärztin. »In einem guten Zuhause wäre der sofort weg. Sie haben nicht zufällig Lust und Zeit, einen Zwerghamster zu adoptieren?«

Hatte sie. Und so kam es, dass ich wieder ein liebevolles Zuhause fand. Und das, mein Katerchen, werden wir uns ab jetzt teilen, ob es dir passt oder nicht. Jetzt lebe ich hier in eurem Wohnzimmer und stehle dir einen Teil der Aufmerksamkeit deines Frauchens.

Aber weißt du was? Ich glaube, ihr Herz ist groß genug für uns beide. Außerdem bekommst du doch so viel Futter in deinen Napf – du kannst auf mein rohes Fleisch locker verzichten! Also: Friede? Lassen wir uns gegenseitig in Ruhe? Na also, geht doch!

KAPITEL 3
Planet der Zweibeiner

Zu den typischen Kontaktpersonen der Hausherren (zum Beispiel Hunde und Katzen), die die eigentlichen Herrscher über Frauchen und Herrchen sind, gehören auch Postboten, deren Funktion darin besteht, die Wachsamkeit der Hausherrscher regelmäßig zu testen, und eben auch Tierärzte. Diese Gruppe wollen unsere Herrscher nicht, brauchen sie aber leider doch manchmal. Da es einen Zusammenhang zwischen dem Zustand der Tiere und der Laune der Hausuntertanen gibt, sind unsere Herrscher manchmal gezwungen, gemeinsam mit Frauchen und Herrchen zum Tierarzt zu gehen. Was tut man nicht alles für das seelische Wohl der Menschen? Als Hausherr muss man sich halt auch um seine zweibeinigen Untertanen kümmern!

VON HAMSTERN UND HUNDEN

Ja, es stimmt schon: In Zeiten von Cat-Content auf Facebook und Chihuahua-Content in der Handtasche mutet meine weniger stark ausgeprägte Tierliebe herzlos an.

Zu meiner Verteidigung muss ich betonen, dass ich Tiere ja auch nicht grundsätzlich ablehne. Ich sehe mir Dokus im Fernsehen an, besuche Zoos, beobachte im Winter die Meisen in unserem Vogelhaus und habe eine Sammlung von Schneckenskulpturen in der Vitrine.

Glauben Sie mir, ich liebe die Fauna! Zwischen ihr und mir muss sich nur eine Glasscheibe befinden. Dann quillt mein Herz beim Anblick der drolligen, pelzigen Wesen schier über. Fehlt die Barriere jedoch, fürchte ich mich und suche das Weite. Das ist schon so, seit ich denken kann.

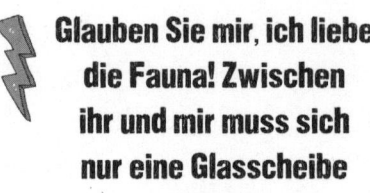

Glauben Sie mir, ich liebe die Fauna! Zwischen ihr und mir muss sich nur eine Glasscheibe befinden.

Die Tiere in meinem Leben – und das muss hier der Fairness halber ebenfalls erwähnt werden – haben auch nie etwas dafür getan, meine Tierangst zu mindern.

Nehmen Sie zum Beispiel Bubi, den Wellensittich eines Grundschulkollegen. Wann immer ich zu Besuch kam, lauerte er mir auf, warf sich im Sturzflug von der Vorhangstange auf meinen Kopf und zog mich an den Haaren. Oder das

Meerschweinchen Joschi im Haushalt meiner Tante, das meiner großen Schwester vor meinen Augen in den Finger biss, was übrigens von der Kleintierhalterin nur mit: »Und du hast dir vorher nicht einmal die Hände gewaschen!« kommentiert wurde.

Im Grunde könnte ich ewig weitererzählen, denn die Liste der Begebenheiten, die mir nahelegten, die meisten Tiere seien wilde Geschöpfe, ist endlos. Als aktuellstes Beispiel will ich noch die Kuh Susi anführen, der ich in diesem Sommer auf der Alm dabei zusehen musste, wie sie mit ihrer Schnauze ein kleines Mädchen so kräftig anrempelte, dass dieses meterweit durch die Luft flog.

Wenn ich so nachdenke, merke ich, dass in nicht seltenen Fällen die Besitzer der Tiere meine Phobie noch befeuern. Sie lieben ihre zwei- bis vierbeinigen Freunde so sehr, dass sie sich nicht vorstellen können, wie viel Respekt diese anderen einflößen. Die jahrelange Erfahrung hat mir gezeigt, dass man Tierbesitzern in Sachen Schutz vor ihren Beutegreifern kaum trauen kann. Es kommt nicht von ungefähr, dass »Der will doch nur spielen!« zum geflügelten Wort geworden ist. Ganz ehrlich? Wenn ein Hund seine Nase meinem Schritt nähert, um mich besser kennenzulernen, finde ich diese Aussage schon eher unpassend. Warum sagen die Herrchen denn immer »Der tut nichts!« zu mir und nie »Die will nicht!« zu ihren Wau-Waus?

Da Sie sich dieses Buch mit Tierarztgeschichten gekauft haben, steht zu vermuten, dass Sie ein Haustier zu Hause haben und es sehr lieben. Wahrscheinlich denken Sie sich: »Heul doch, du Memme!« und finden mich in meiner Rolle als Angsthase (Angst vor Hasen habe ich übrigens auch, weil ich mir nie sicher bin, wie hoch sie springen und wie fest sie beißen können) ziemlich unsympathisch. Wenn Sie nun erfahren, wie vehement und einfallsreich ich mich zuerst gegen ein Haustier gewehrt habe, werden Sie Ihre Meinung über mich bestimmt nicht revidieren.

Spätestens seit meine mittlerweile sieben und zehn Jahre alten Söhne sprechen können, äußern sie in regelmäßigen Abständen den Wunsch nach einem vierbeinigen Gefährten. Angenommen, wir wären jeder dieser Sehnsüchte nachgekommen, dann beherbergten wir bis dato einen Clownfisch, mehrere Katzen, einen Golden Retriever, einige Meerschweinchen, einen Elefanten und eine Boa constrictor. Mein Hauptargument gegen die Anschaffung eines wie immer gearteten tierischen Mitbewohners war stets, dass wir alle ziemlich viel unterwegs sind. Und es stimmt ja auch: Was würde aus unserem Elefanten, wenn wir im Sommer drei Wochen am Stück verreisen? Er hinge nur trübsinnig herum und würde uns nie verzeihen, ihn so lang allein gelassen zu haben. Schließlich weiß jedes Kind, dass Elefanten niemals etwas vergessen.

Diesen Herbst war es dann wieder einmal so weit: Mein zehnjähriger Sohn Leo verliebte sich in den Hamster eines Freundes. Er kam heim und redete nur noch von den kleinen

Nagern und davon, wie sehr er sich einen solchen Gefährten wünsche.

»Tut mir leid, Schatz. Wir können keine Haustiere haben. Wir sind so oft unterwegs. Was soll da aus dem Kerlchen werden? Der wäre ja arm dran bei uns!«, antwortete ich wie üblich.

Normalerweise ist die Sache dann immer schnell erledigt, denn die Kinder mögen unser Leben, das regelmäßige längere Aufenthalte in Bayern beinhaltet.

Offensichtlich hatte sich die Fähigkeit, logisch zu denken und ein Thema von mehreren Seiten her zu beleuchten, seit der letzten derartigen Unterhaltung jedoch einen Riesenschritt weiterentwickelt, denn Leo entgegnete völlig unbeeindruckt: »Hamster leben doch in einem Käfig. Den nehmen wir einfach überallhin mit!«

Perplex starrte ich ihn an. »Einen Hamster nach Bayern mitnehmen? Ist das überhaupt erlaubt? Bestimmt gibt es im Freistaat irgendwelche Quarantänebestimmungen!«

»Was ist das?«, wollte Nils, mein jüngerer Sohn, wissen. »Sind das nicht so Fische? Ich wünsche mir schon lange ein Aquarium!«

Ich versichere Ihnen, dass ich normalerweise eine Mama bin, die ihren Kindern alles geduldig, lieb und wahrheitsgetreu erklärt. Aber in jenem Moment fühlte ich mich der Diskussion irgendwie nicht gewachsen und flüchtete mich deshalb in eine pädagogisch wenig wertvolle Notlüge. »Es geht nicht, weil ... Hamstern im Auto schlecht wird«, erklärte ich und war heilfroh, dass die Söhne diesen hanebüchenen Unsinn nicht infrage stellten.

Da Leo das Thema im Augenblick auch nicht weiterverfolgte, hielt ich die Hamsterinvasion für abgewendet. Aber wer so naiv ist, unterschätzt die Hartnäckigkeit eines Zehnjährigen. Denn dieser recherchierte eine Woche lang alle Daten und Fakten über Dsungarische Zwerghamster. Er hatte nämlich schnell herausgefunden, dass diese Rasse sich aufgrund ihrer Zutraulichkeit am besten für Kinder eignet. Angefangen vom Ernährungsplan über Nagerpsychologie bis hin zu Tiergesundheit, artgerechten Käfigen und orthopädischem Hamsterspielzeug konnte er alsbald ein umfangreiches Wissen vorweisen. Danach telefonierte er mit diversen Freunden und stellte einen Dreistufen-Hamster-Betreuungsplan für den Fall unserer Abwesenheit zusammen. Die Ernsthaftigkeit, mit der er sein Projekt verfolgte, fing an, mir zunehmend zu imponieren. Wann war mein Leo so verantwortungsbewusst und selbstständig geworden? Hatte sich aus dem kleinen Jungen, der mit einem putzigen Kuscheltierchen spielen wollte, ein Jugendlicher entwickelt, der tatsächlich bereit war, sich um einen vierbeinigen Gefährten zu kümmern?

Mein auf der Phobie beruhender innerer Widerstand begann spürbar nachzulassen. Wäre dieses winzige Wesen in unserem Heim denn wirklich so schlimm?

Ich beschloss, Leo noch einige letzte Mama-Killer-Fragen zu stellen. »Ist dir bewusst, dass ein Hamster niemals ein richtiger Spielgefährte sein wird, weil seine Möglichkeiten, auf dich zu reagieren, total eingeschränkt sind?«

Mein Sohn zog eine Augenbraue hoch. »Klar weiß ich das. Und es ist okay. Ich würde mir nur wünschen, dass er irgendwann so zutraulich wird, dass er meinen Arm hinauf auf die Schulter krabbelt, damit wir ein Selfie schießen können. So auf ›best friends‹, weißt du?«

Dem wusste Muttern nichts zu erwidern außer: »Und willst du dich wirklich darauf einlassen, dein Herz an den kleinen Kerl zu hängen, wenn er nicht älter als eineinhalb bis zwei Jahre werden kann?«

»Darüber habe ich schon nachgedacht«, antwortete Leo, die coole Socke. »Ich werde sehr traurig sein, wenn er stirbt. Aber es wäre seltsam, etwas Schönes nicht zu machen, nur weil es irgendwann vorbei ist. Da habe ich lieber eine kurze Zeit mit dem Hamster als gar keine.«

Ich denke, es wird Sie nicht überraschen, dass der Dsungarische Zwerghamster bald tatsächlich angeschafft wurde. Mein konstruktiver Vorschlag, ihn Hulk zu nennen, wurde abgelehnt. Snoopy fand ich aber auch ganz in Ordnung, weil ich daraus den Spitznamen Snoop Doggy Dogg kreieren konnte. Mein jüngerer Sohn Nils schimpfte zwar, dass ich das mit dem neuen Mitbewohner ruhig ein wenig ernster nehmen könne, aber jeder, der ebenfalls unter einer Tierangst leidet, wird verstehen, warum ich die Ironie als für mich gangbaren Weg wählte.

Als Snoopy in Leos Zimmer einzog, beobachtete ich das emsige Treiben rund um die Käfigausstattung aus sicherer Distanz. Der Zwerghamster tat es mir gleich und verkroch sich im Holzhäuschen, woraufhin er einige Tage nicht mehr gesehen ward. Vorerst konnte Leo nur ein in der Zoohandlung aufgenommenes Bild auf seinem Handy herumzeigen, wenn jemand vorbeikam, um unser neues Familienmitglied in Augenschein zu nehmen.

Es dauerte eine knappe Woche, bis sich der kleine Geselle von den Strapazen des Umzugs so weit erholt hatte, um aufzutauchen. Gegen Mitternacht war ich gerade noch einmal in Leos Zimmer gekommen, um meinen Sohn ordentlich zuzudecken. Da sah ich Snoopy auf der oberen Plattform in seinem Käfig hocken und interessiert zu mir herüberschauen.

Wenn Sie jemals einen Zwerghamster gesehen haben, wissen Sie vielleicht, dass diese an Niedlichkeit kaum zu überbieten sind. Ihr hübsch gezeichnetes, seidiges Fell, die schwarzen Knopfäuglein, das rosa Näschen, die winzigen weißen Pfötchen und die Kugelform im Sitzen sind schon schwere Geschütze, wenn man sich eigentlich geschworen hat, dem Tier nicht näher kommen zu wollen.

Vorsichtig kramte ich aus der von Leo bereitgestellten Futterdose ein Maiskorn hervor und hielt es dem Nager durch die Gitterstäbe hin. Gemächlich krabbelte er näher, schnupperte, fasste die angebotene Leckerei mit seinen Zähnchen und ließ sie mit einem Happs in seiner Backentasche verschwinden. Hernach rannte er nicht etwa davon, um sich in seinem Häuschen zu verstecken, sondern blieb entspannt sitzen und sog mit zuckender Schnauze die Gerüche aus meiner Richtung ein. Dann legte er den Kopf schief und sah mich freundlich an.

Es war, als wollte er sagen: »Hi, ich bin Phodopus Sungorus der XXVII. Bist du hier die Chefin?«

»Hi, ich bin Phodopus Sungorus der XXVII. Bist du hier die Chefin?«

»Ja hallo, Schatzileindi!«, hörte ich mich mit säuselnder Stimme, die meiner Kehle seit dem Babyalter der Kinder nicht mehr entkommen war, antworten. »Was bist du denn für ein Lieber? Wie geht's dir, mein Mausi?«

»Spinnst du, Mama?«, lautete die von Leo zu Recht aufgeworfene Frage. Er war von meinem Geflöte munter geworden. »Das ist ein Hamster und keine Maus!«

Wissen Sie, Snoopy weckte das Muttertier in mir. Er tat das bei jenem nächtlichen Kennenlernen und schafft das bis heute. Ich kann einfach nicht an seinem Käfig vorbeigehen, ohne ihn durch eine kleine Köstlichkeit für seine Putzigkeit zu belohnen. Und man glaubt kaum, wie oft ich über den Tag verteilt in Leos Zimmer zu tun habe! Da ist immer irgendein Kleidungsstück zusammenzulegen, ein Buch auf dem Nachttisch von rechts nach links zu schieben oder zum siebten Mal zu kontrollieren, ob das Fenster geschlossen ist.

Und weil ich nicht die Einzige in der Familie bin, die ihn süß findet und mit ihm interagieren will, dauerte es nicht lange, bis aus dem zierlichen Zwerghamster ein Supersize-Nager wurde.

»Mama, so geht das nicht weiter!«, stellte Leo eines Tages fest. »Was, wenn Snoopy durch das ständige Füttern krank wird? Der kriegt einen Herzinfarkt! Wir müssen mit ihm zum Tierarzt und ihn wiegen lassen, damit wir erfahren, ob er Übergewicht hat!«

»Ja, er ist sicher schon ein Adoptiv-Hamster!«, mischte Nils sich ein. Auf meine Frage hin, was das sei, erhielt ich: »Na, extrem fett halt« zur Antwort.

Es war also beschlossene Sache: Der adipöse Hamster sollte zum Tierarzt. Vielleicht können Sie sich vorstellen, was die Aussicht, gemeinsam mit vielen verschiedenen Tieren in einem geschlossenen Raum sein zu müssen, mit einer Tierängstlichen anstellt.

In der Nacht vor unserem Termin bei Dr. Stutenegger träumte ich, dass ich zusammen mit vier rosa Pudeln in einen Käfig gesperrt wurde. Der Wellensittich Bubi, das Meerschwein Joschi, die Kuh Susi und zahlreiche andere Tiere meines bisherigen Lebens standen außerhalb der Gitterstäbe und reichten uns mit Schokolade überzogene Hundekekse, die ich in mich hineinstopfte, während die Hunde nach meinen Waden schnappten. Schweißgebadet wachte ich auf.

Ein Tierarztbesuch? Ich?

Meine Anspannung stieg von Stunde zu Stunde und spitzte sich dramatisch zu, als Leo Snoopy mit einem getrockneten Mehlwurm in die kleine Transportbox lockte. Dabei quiekte der Hamster entrüstet, weil der Leckerbissen ihm immer vor der Nase weggezogen wurde. So einen Futterfopp kannte er von uns ja schließlich nicht.

Ich war heilfroh, bei diesem Arztbesuch nur als Begleitung zu fungieren. Im Endeffekt würde ich, außer mich vor den anderen Patienten zu fürchten, nicht viel zu tun haben. Nicht auszudenken, wenn ich mit Snoopy herumhantieren müsste! So sehr er mir ans Herz gewachsen war, so viel Respekt flößten mir seine langen Schneidezähne nach wie vor ein. Richtig berühren wollte ich ihn noch immer nicht.

Wir schlüpften gerade in unsere Schuhe, da läutete es an der Tür. Draußen standen drei Nachbarsjungen: »Leo, kommst du mit? Lukas' Vier-Kilo-Nerf-Gun wurde geliefert! Das schauen wir uns jetzt an.«

»Echt? Ist ja krass!«, jubelte mein Sohn. »Mama, du kannst auch allein zu Dr. Stutenegger fahren, oder?« Ohne die Antwort abzuwarten, stürmte er mit seinen Freunden davon.

Fassungslos starrten Snoopy und ich einander durch die Plexiglasabdeckung der Transportbox an.

So kam es, dass ich ohne Begleitung, dafür mit rasendem Herzen und feuchten Händen die Tierarztpraxis betrat. Schon am Eingang sondierte ich die Lage: Aquarium neben der Empfangstheke – keine Gefahr; Katze in Korb auf Frauchenschoß – kann nicht heraus; undefinierbarer Bewohner in Schuhkarton – wahrscheinlich harmlos. Ich atmete auf. Das konnte ich schaffen.

»Sind Sie die Hamster-Gesundenuntersuchung von vierzehn Uhr dreißig?«, fragte mich die Sprechstundenhilfe überlaut.

Ich muss zugeben, so etwas Originelles war ich noch nie zuvor gewesen! Was waren Sie denn in Ihrer Laufbahn als Tierhalterin schon alles? Was Fieses wie die Katzenkastration von acht Uhr zwanzig oder das Hundepfoten-Furunkel von zehn vor vier?

»Es dauert noch ein wenig. Bitte setzen Sie sich doch hin und füllen schon einmal dieses Anmeldeformular aus«, bat mich die Dame hinter der Theke und überreichte mir ein Klemmbrett mit einem Datenblatt.

Ich nahm unter einem Bild Platz, das ein Huhn zeigte und die Aufschrift: »Ich lege keine Eier« trug, weil ich fand, dass dies gut zu Snoopy und mir passte, und begann, brav den Zettel auszufüllen. Mir gefiel, dass ich gleich in der ersten Zeile klarstellen durfte, wer ich außerhalb dieser Arztpraxis war. Auch die anschließend folgenden Fragen zu Tierart, Name und Rasse des Patienten fielen mir noch relativ leicht. Doch dann ging es los: Geschlecht des Tieres? Wenn Sie schon einmal einen umgedrehten Zwerghamster gesehen haben, werden Sie wissen, dass der sich nicht gern mit der Lupe unter den Pelz schauen lässt. Ich schrieb daher wahrheitsgemäß: »Männchen oder Weibchen.« Auch was Dr. Stutenegger sonst so abprüfen wollte, fand ich eindeutig zu schwierig. Aber ich bemühte mich trotzdem um Antworten. Geburtsdatum: »Dieses Jahr?« Kastriert: »Unwahrscheinlich, weil Langzeitsingle.« Letzte Läufigkeit oder Rolligkeit: »Zu Beginn Läufigkeit im Hamsterrad, in letzter Zeit wegen starker Gewichtszunahme nur mehr Rolligkeit.« Chronische Krankheiten: »Akute Fettleibigkeit.«

Gerade als ich mit dem Formular fertig geworden war, öffnete sich die Tür und eine ältere Frau stürmte herein. In Sachen Gesundheitszustand hatte sie eindeutig ähnliche Probleme wie unser Snoopy. Aber sie war wohl wegen etwas anderem hier, denn ein riesiger Schäferhund zog sie an der Leine in meine Richtung. Ich erstarrte zur Salzsäule.

»Gertrud hat schon wieder ein eitriges Auge!«, brüllte die Großtierhalterin. »Kann Dr. Stutenegger mich einschieben?«

»Da müssen Sie eben warten, Frau Stein!«, meldete die Sprechstundenhilfe unbeeindruckt.

»Gut, dann gehe ich jetzt zuerst einmal das Kackilein wegwerfen«, kündigte das Schäferhund-Frauchen an und hielt triumphierend einen Hundekotbeutel in die Luft. »Gertrud, mach schön Platz! Die Mama kommt gleich wieder!«, säuselte sie anschließend in einer ähnlichen hohen Stimmlage, wie ich sie mitunter für Snoopy verwende, wenn niemand dabei ist. »Hier, halten Sie einmal«, ergänzte sie im Befehlston zwei Oktaven tiefer und drückte mir die Leine in die Hand.

Ich wollte antworten: »Ich habe Hundeangst, bitte fragen Sie die Dame mit dem Schuhkarton!«, doch heraus kam nur ein panisches Japsen.

Kaum war die Besitzerin verschwunden, sprang Gertrud auf, kam zu mir und begann, meine Beine zu beschnüffeln.

Die Leine rutschte mir aus den Fingern, während ich mich in meinem Stuhl so weit wie möglich zurücklehnte. Wenn es mir nur gelänge, in der Wand zu verschwinden, dann müsste ich mich von dem Hund nicht berühren lassen. Die Hamstertransportbox drückte ich fest gegen meine Brust.

»Aus!«, krächzte ich.

Gertrud sah mich aus eitertriefendem Auge zähnefletschend an, als dächte sie: »Hm, leckere Zwischenmahlzeit!«

»Platz!«, flüsterte ich. »Die Strumpf-  hose ist aus unverdaulichem Nylon.«

»Platz!«, flüsterte ich. »Die Strumpfhose ist aus unverdaulichem Nylon.«

Doch offensichtlich hatte es Gertrud, anders als die Pudel aus meinem Traum, nicht auf meine Waden abgesehen, sondern auf Snoopy. Mit einem Satz hopste sie mit den Vorderpfoten auf meinen Schoß, schlug ihre Beißer in die Plastiktransportbox, entriss sie mir und rannte damit in die andere Ecke des Raumes. Ich stand unter Schock und konnte mich nicht rühren.

In diesem Augenblick kehrte Frau Stein vom stillen Örtchen zurück. Ich war erleichtert, denn nun würde die Box schnell aus den Lefzen des Raubtieres befreit werden und Snoopy käme mit dem Schrecken davon. Doch Frau Stein checkte nur mit einem Blick die Lage und kommentierte: »So etwas hat sie ja noch nie gemacht!« Anstalten, unserem armen Hamster zu helfen, machte sie leider nicht.

Einige Sekunden starrte ich perplex in die Runde, weil ich es nicht glauben konnte, dass drei Tierliebhaber und eine Sprechstundenhilfe untätig zuschauten, wie einem unschuldigen Nager so böse mitgespielt wurde.

Ich kann Ihnen nicht sagen, was genau in mir vorging und wie es psychologisch zu erklären ist, aber irgendwie müssen in diesem Augenblick mein Ärger über die Leute und meine Zuneigung zu Snoopy den inneren Kampf gegen die Phobie gewonnen haben.

Ohne weiter zu zögern, stand ich auf, baute mich vor Gertrud auf und brüllte sie an: »Böser Hund!« Dann griff ich energisch an ihr Halsband, zog sie von der mittlerweile am Boden gelandeten Transportbox zurück und führte sie zu Frau Stein, die als Fels in der Brandung so wenig taugte. Als der Hund sich dort mit gesenktem Kopf und eingezogenem Schwanz gegen ihre Beine drückte, öffnete ich die Plexiglasabdeckung, fasste hinein und nahm Snoopy vorsichtig heraus.

»Geht's dir gut, mein Mausi?«, fragte ich ihn.

Das war das allererste Mal, dass der Hamster in meiner Handfläche saß.

DIE PATIN

Zwei Wochen Ägyptenurlaub neigten sich dem Ende entgegen. Meine Frau, ich und unsere drei Kinder Karim, Lars und Antonia hatten dieses Jahr an Weihnachten etwas Besonders machen wollen. Mir war der einzigartige Gedanke gekommen, den Heiligabend einmal im Land am Nil zu feiern. Zum einen ist die Region Schauplatz der ein oder anderen Bibelgeschichte. Zum anderem stammt meine halbe Familie aus Ägypten und im Winter waren wir noch nie hier gewesen. In meinem Kopf klang das wie eine ziemlich gute Idee. Die Wirklichkeit hatte sich daran allerdings nicht halten wollen. Es war ganz einfach lausig kalt und die Laune der Kinder hatte sich der Umgebungstemperatur durchaus angepasst. Im Dezember war ans Baden im Roten Meer einfach nicht zu denken. Also mussten andere Unterhaltungsmöglichkeiten gefunden werden. Viel bot die Region im Winter allerdings nicht. Außerdem wurde es schon ab 17 Uhr dunkel. Wir hatten uns also darauf beschränkt, einen nahegelegenen Wasserpark mit beheizten Pools zu besuchen. Unsere Söhne waren davon durchaus angetan. Antonia, unsere achtjährige Tochter, hingegen konnte Schwimmbäder nicht besonders leiden und zog ein entsprechendes Gesicht.

Um sie aufzumuntern, hatte ich entschieden, kurz vor dem Urlaubsende einen Ausflug zu machen. Seit dem Moment, in dem sie ägyptischen Boden betreten hatte, quengelte sie herum. Im Heimatland ihres Opas vermisste sie nämlich etwas ganz entschieden, ohne das sie meinte, nicht leben zu können: Pferde. Antonia hängt so sehr an ihnen, dass man manchmal meinen könnte, sie würde lieber auf einer der vielen Pferdeweiden bei uns am Niederrhein grasen als in unserem kleinen Haus leben.

Nun, da die Zahl von Pferden in der Wüste eher begrenzt ist, hatten wir uns für den Besuch einer Kamelzucht entschieden. Die Höckertiere sind zwar nicht so elegant wie Pferde, aber sie haben vier Beine und einen Rücken, auf dem man reiten kann. Mir reichte das. Unsere Tochter aber sah ziemlich missmutig aus, als wir im eiskalten Morgengrauen an der menschenleeren Schnellstraße am Rand der Wüste standen. Meine Frau und unsere Söhne wollten nicht mitkommen und schliefen noch. Kein Wunder, es war deutlich vor sechs Uhr. So warteten Antonia und ich mutterseelenallein im Nirgendwo auf den Cousin eines Bekannten meines Freundes Hisham, der uns den Besuch der Kamelzucht vermittelt hatte. Eine halbe Stunde nach der verabredeten Zeit, für ägyptische Verhältnisse also überpünktlich, hielt ein rostiger, laut klappernder Pick-up direkt vor uns. Ein Mann um die Vierzig begrüßte uns freundlich und stellte sich vor.

»Er heißt Ahmed«, übersetzte ich meiner Tochter, »und ist einer der beiden Chefs der Kamelzucht.« Ahmed und sein Bruder waren eigentlich Mechaniker beim Militär gewesen, hatten sich jedoch vor einem Jahr entschieden, dorthin zurückzukehren, wo ihre Familie einst hergekommen war und die Tradition der Kamelzucht wieder aufzunehmen. Er winkte uns ins Innere des Vehikels, das bei jedem TÜV-Prüfer Schnappatmung hervorgerufen hätte. Sicherheitsgurte fehlten ebenso wie eine funktionierende Türverriegelung. Meine Beifahrertür wurde mittels einer abgeschnittenen Wäscheleine verschlossen. Ich war jedoch zu durchgefroren, um mir Gedanken über die Fahrtauglichkeit des Gefährts zu machen. Unser Chauffeur tippte lässig das wild blinkende Autoradio an und arabische Popmusik dröhnte so laut aus den Lautsprechern, dass sie jedes Klappern der Schrottlaube gnädig überdeckte.

Es ging eine ganze Weile geradeaus über die einsame Wüstenstraße und ich versank in einer Art meditativen Trance. Gelegentliches Gegrummel von der Rückbank darüber, dass Kamele nicht halb so toll seien wie Pferde, überhörte ich geflissentlich. Irgendwann erschien vor uns mitten im Nichts eine brüchige Mauer, in die ein altes mattrotes Tor eingefügt war. Ein Mann, der Ahmed ähnelte, vermutlich war es sein Bruder, öffnete uns. Und wir waren im Nu umringt von Kamelen.

Noch nie hatte ich so viele auf einmal gesehen. Es war ein seltsamer Anblick. Ich kenne die Tiere nur aus dem Zoo oder als Touristenattraktion bei den Pyramiden von Gizeh. Doch selbst dort stehen nie mehr als fünf oder sechs zusammen. Hier waren sie deutlich in der Überzahl und mir wurde ehrlich gesagt etwas mulmig zumute. Auch unserer Tochter schien es die Sprache verschlagen zu haben. Auf ihrem Gesicht zeichnete sich ein Ausdruck verblüffter Faszination ab. Offenbar waren Kamele doch nicht ganz so blöd.

Als wir das rappelige Gefährt verließen, wehte mir ein strenger Kamelduft entgegen und schlug mir ziemlich auf den nüchternen Magen. Doch unsere Tochter inhalierte ihn so intensiv, als trüge dieser alles Glück der Welt in sich. Als eines der Kamele gemächlich an uns vorbeitrabte und ihr mit seinem Schwanz dabei durch das Gesicht wedelte, begannen ihre Augen zu leuchten, als hätte sie gerade Aladins Wunderlampe aus dem Sand gegraben. Vier Beine und ein Rücken zum Reiten. Ich hatte recht. Sie war glücklich.

Hisham hatte mit Ahmed ausgemacht, dass wir bis zum frühen Mittag hierblieben, ehe er uns zum Ferienhaus zurückbrächte. Doch die plötzlich entfachte Begeisterung unserer Tochter für Kamele machte eine so frühe Abreise unmöglich. Wir streiften geduldig durch die Herde aus insgesamt vierundfünfzig Tieren. Antonia schien bestrebt, jedes einzelne persönlich kennenzulernen. Dreiundfünfzig Kamele hatte ich bislang gezählt, als wir zuletzt in den hintersten Winkel der Zuchtfarm gelangten. Ahmed wollte uns bereits fortwinken, um unserer Tochter einen unvergesslichen Kamelritt zu ermöglichen. Doch das Blöken des letzten Kamels hielt uns zurück. Ehrlich, für mich sahen sie alle gleich aus. Unsere Tochter hingegen meinte in ihren Gesichtern deutliche Unterschiede ausmachen zu können und hatte bereits alle Namen auswendig gelernt. Sie wiederholte sie unentwegt, als würde sie für eine Klausur lernen. Ich war beeindruckt und überlegte mir, ob man sie damit für eine Fernsehshow anmelden könnte, während wir das vierundfünfzigste Kamel trafen.

Was nun kam, kann man nur als schicksalhaft bezeichnen. Stellen Sie sich Geigenmusik vor. Solche, die man in alten Filmen hört, wenn sich ein schneidiger Held und eine schöne junge Frau begegnen. In diesem Fall handelte es sich allerdings nur um ein Mädchen mit vor Aufregung glühenden Wangen und ein mürrisches Kamel, das angebunden an der Mauer stand und auf einem Büschel Heu herumkaute.

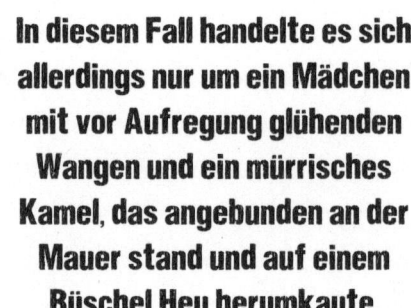

In diesem Fall handelte es sich allerdings nur um ein Mädchen mit vor Aufregung glühenden Wangen und ein mürrisches Kamel, das angebunden an der Mauer stand und auf einem Büschel Heu herumkaute.

»Das ist Sahira«, stellte uns Ahmed die Kamelstute vor. »Die Hexe«, schob er grinsend nach.

Der Name schien nach dem, was uns Ahmed dann erzählte, Programm zu sein. Sahira sei schon immer bissig und dominant gewesen, doch in den letzten Wochen hatte sich ihr schwieriges Wesen noch verstärkt. Den Grund dafür kannte keiner.

»Seid vorsichtig«, warnte uns Ahmed. Sahira habe ihm einmal beinahe einen Finger abgebissen. Ich wollte gerade übersetzen, was er gesagt hatte, doch Antonia hatte sich bereits freudig der Kamelstute genähert, die daraufhin ihren tückischen Blick auf unsere Tochter richtete. Schweiß brach auf meiner Stirn aus. In Gedanken sah ich bereits, wie der blutrünstige Paarhufer ihr den Kopf abbiss. Doch zur Überraschung aller beugte Sahira ihr Haupt und ließ sich von Antonia seelenruhig streicheln. Das Tier wirkte plötzlich lammfromm und schien die Berührung zu genießen.

»Sie ist wunderschön«, rief Antonia entzückt. »Und wie süß sie lächelt.«

Ich sah auf das Maul mit den gelben Zähnen. Ein Lächeln konnte ich darin nicht erkennen. Aber im Angesicht unserer überglücklichen Tochter nickte ich nur stumm.

»Unfassbar«, entfuhr es Ahmed verblüfft. »Deine Tochter hat offenbar das Blut einer Kamelzüchterin in sich. Will sie einmal versuchen, auf Sahira zu reiten?«

Ehe ich in väterlicher Fürsorge dankend ablehnen konnte, hatte Ahmed bereits an Sahiras Zügeln gezogen, woraufhin sich das Kamel auf dem Boden zusammenfaltete. Es bedurfte keiner Aufforderung für Antonia, sich auf dem Rücken der durchgeknallten Stute niederzulassen. Geführt von Ahmed drehte Antonia eine Runde auf dem ehemals bissigen Kamel und lockte damit Ahmeds Bruder, der sich als Yusuf vorstellte, und Abdul, den Mitarbeiter der Kamelzucht, herbei, die ihr mit offenen Mündern zusahen. Ich folgte dem Untier, das unsere Tochter über das Gelände trug, in einer Mischung aus Panik und Sorge. Die Stute ließ sich jedoch irgendwann majestätisch

nieder und Antonia hüpfte  **Ich folgte dem Untier,**
mir strahlend entgegen. **das unsere Tochter**
Pferde waren in diesem **über das Gelände trug,**
Moment völlig vergessen. **in einer Mischung aus**
Es zählten nur noch Kamele. **Panik und Sorge.**
Und besonders eines.

Als wir am Abend schließlich wieder in unserem Ferienhaus waren und Antonia uns allen die Geschichten des Tages
immer und immer wieder erzählt hatte, rang sie mir unter
Tränen das Versprechen ab, ihre Stute noch einmal sehen zu
dürfen, ehe wir abfliegen würden. Noch am selben Abend rief
ich Hisham an, der für uns einen Abschiedstermin bei Sahira
vereinbarte.

Am übernächsten Morgen ging es los. Wieder holte
uns Ahmed ab und erzählte während der Fahrt, dass die
launige Kameldame nach Antonias Abreise noch schwieriger
geworden sei.

Kaum dass der Pick-up angehalten hatte, sprang meine
Tochter in freudiger Erwartung aus dem altersschwachen Auto
und lief auf ihre vierbeinige Seelenverwandte zu. Als ich sie
endlich eingeholt hatte, fand ich sie jedoch völlig erstarrt neben
der Kamelstute knien, die wie ein Häufchen Elend in derselben
Ecke kauerte, in der wir sie bereits beim ersten Mal getroffen
hatten.

»Was hat sie?«, frage Antonia, tapfer mit den Tränen kämp-
fend, und ich übersetzte.

»Könnte vieles sein«, meinte Ahmed und tippte die Stute vorsichtig an. Die hob nur müde den Kopf, um ihn sofort darauf wieder sinken zu lassen. Wenigstens ein Blöken brachte sie zustande, als sie Antonia registrierte.

Ich erinnerte mich an den schicksalhaften Moment vor zwei Jahren, an dem Hubsi, der kugelige Hamster unserer Tochter, in die ewigen Jagdgründe eingegangen war. Zugegeben, meine emotionale Bindung zu dem kleinen Fellknäuel war nie besonders eng gewesen. Doch die Tränen in Antonias Augen hatten mir beinahe das Herz gebrochen. In Gedanken potenzierte ich die Trauer vom Hamster auf das Kamel. Nein, entschied ich. Das wollte ich nicht noch einmal durchmachen.

»Es gibt sicherlich eine Medizin, oder?«, unternahm ich einen engagierten Versuch, Zuversicht bei unserer Tochter zu säen.

Ahmed sah mich skeptisch an. »Wenn man nicht weiß, was sie hat, nicht.«

»Also müsst ihr den Tierarzt holen«, schloss ich fachmännisch und dachte an die Fernsehserie *Der Doktor und das liebe Vieh*. Die Tierärzte dort fuhren ständig in England herum und kurieren ganze Bauernhöfe. Warum sollte es in der Wüste anders sein? Ich teilte unserer Tochter die Idee mit und auf ihrem Gesicht sah ich die Traurigkeit verschwinden und kindlicher Hoffnung Platz machen. Ich fühlte mich wie ein guter Vater. Das Problem scharf analysiert, es gelöst und unsere Tochter glücklich gemacht. Gerade wollte ich vorschlagen, dass wir uns zurückziehen und der indisponierten Kamelstute die Gelegenheit geben sollten, Kraft zu sammeln, als Ahmed mein gutes Gefühl kurzerhand auflöste.

»Weißt du, wie lange es dauern würde, bis der hier draußen wäre?«, meinte er kopfschüttelnd. »Und dann müsste Sahira etwas haben, das man wirklich mit Medizin behandeln kann. Aber wenn man sie vielleicht operieren muss, dann ...«

Er ließ den Satz im Nichts enden und ich übersetzte pflichtbewusst.

»Sie wird sterben, nicht wahr?«, flüsterte Antonia.

Aus dem Mund einer Achtjährigen klingt *sterben* gleich noch einmal so schlimm.

»Am besten wäre es, sie in die Tierklinik in Hurghada zu bringen. Dort können so große Tiere behandelt werden.«

Hurghada. Der größte Badeort am Roten Meer. Weit war es nicht. Doch mit einem Kamel stellte ich mir die Tour wenig unterhaltsam vor. »Und wie werdet ihr das Kamel nach Hurghada bringen?«, fragte ich, um das Thema zum Abschluss zu bringen.

Ahmed zuckte mit den Schultern. »Keine Ahnung«, murmelte er besorgt. »Unser großer Transporter ist in der Reparatur. Wird noch eine Weile dauern, bis der wieder läuft. Und auf ihren Beinen wird sie es wahrscheinlich nicht schaffen.«

»Und der Pick-up?«, fragte ich in der Hoffnung, einen zielführenden Beitrag leisten zu können.

Ahmed warf dem Gefährt einen nachdenklichen Blick zu. »Ist nicht in bestem Zustand«, meinte er. »Vom Gewicht her müsste es aber gehen. Der Wagen kann knapp neunhundert Kilogramm bewegen. Und die Stute wiegt nicht mal halb so viel.«

»Dann ist doch alles wunderbar«, rief ich, um ein wenig Optimismus in die tränenschwere Wüstenluft zu mischen. »Du fährst sie nach Hurghada und sie wird wieder gesund.« Es war nichts anderes, als mit Hubsi zum Tierarzt zu fahren.

»Fahren könnte ich sie«, meinte Ahmed. »Aber jemand müsste hinten bei ihr sitzen und sie im Notfall festhalten. Sonst springt sie noch herunter und bricht sich ein Bein.«

Ich sah mich um. Außer Ahmed, Yusuf und Abdul war keiner da.

»Die beiden müssen hierbleiben«, erklärte Ahmed, der meinem Blick gefolgt war. »Einer allein kann nicht auf so viele Tiere aufpassen.«

Antonia zog mich am Arm. »Wir werden auf sie aufpassen. Wir kommen mit.«

Ich sah meine Tochter an, als hätte ein Dschinn Besitz von ihr ergriffen. Wir passen auf sie auf? Auf ein mehrere hundert Kilogramm schweres, bissiges Kamel? Wir?

»Nein, meine kleine Wüstenblume«, sagt Ahmed gerührt, »du kannst nicht bei ihr sitzen. Zu gefährlich.«

»Aber du, Papi«, rief sie nach meiner Übersetzung im Brustton der Überzeugung und deutete auf mich. »Du sitzt hinten bei ihr und ich vorne. Durch das Fenster spreche ich mit Sahira. Das wird sie beruhigen.«

Ich runzelte die Stirn. Ich hinten bei der Bestie? Nie. Ich übersetzte Ahmed die Idee meiner Tochter und wollte ihr gerade mitteilen, dass daraus nichts werde, als unser Fahrer nachsichtig lächelnd einen Satz sagte, der wie ein Pfeil in mein Selbstverständnis fuhr: »Nein, nein. Hinten sitzen ist eine Aufgabe für Männer.«

Was dann geschah, erscheint mir rückblickend wie ein Traum. Oder wie etwas, das ein anderer getan hat, der völlig den Verstand verloren haben musste.

Ich straffte mich, sah erst meine Tochter und dann das Kamel an und sagte: »Wir machen es wie meine Tochter sagt. Ich habe Erfahrung damit, Tiere zum Arzt zu bringen.«

In Gedanken sah ich den Hamster vor mir. Hubsi war auch nicht immer nett zu mir gewesen.

In Gedanken sah ich den Hamster vor mir. Hubsi war auch nicht immer nett zu mir gewesen.

Die Küsse meiner Tochter waren Balsam für meine Seele.

Eine halbe Stunde später stieg ich zu dem Kamel auf die Ladefläche, während meine Tochter zu Ahmed ins Auto kletterte. Die Stute war festgebunden. Wirklich sicher fühlte ich mich dadurch allerdings nicht. Den morschen Strick, der um die Fessel des Kamels gebunden war, hätte auch Hubsi mit etwas Engagement zerbeißen können. Ich versuchte, so viel Raum wie möglich zwischen mich und das Kamel zu bringen. Auf der Ladefläche waren das in etwa zwei Handbreit. Durch

Ich versuchte, so viel Raum wie möglich zwischen mich und das Kamel zu bringen. Auf der Ladefläche waren das in etwa zwei Handbreit.

das Fenster der Fahrerkabine sah ich meine Tochter an, die abwechselnd mich anstrahlte und dann dem Kamel sorgenvolle Blicke zuwarf.

Wir fuhren los. Ohne das Dröhnen des Autoradios klang das Klappern des Pick-ups viel bedrohlicher. Und es schien, als werde es lauter. Das sind die Nerven, versuchte ich mich zu beruhigen und musterte das Gesicht der Kamelstute, die angefangen hatte zu dösen. Wenigstens etwas. Mein wild schlagendes Herz beruhigte sich ein wenig. Wir waren schrecklich langsam unterwegs. Die Einöde der Wüste wurde nur durch eine kleine Gruppe Soldaten in einem gepanzerten Fahrzeug unterbrochen.

Vermutlich waren sie zur Sicherung der Touristenzentren im Sinai unterwegs. Als Kind habe ich Soldaten immer zugewunken, wenn ich sie auf Autofahrten gesehen hatte. In diesem Fall verkniff ich es mir. Der hintere Teil des Panzerfahrzeugs besaß kein Dach, sodass die Köpfe der Insassen oben herauslugten. Sie starrten mich und Sahira so misstrauisch an, als planten wir einen Überfall. Wenigstens waren die Soldaten noch langsamer als wir und so überholten wir sie schließlich.

Nach einer Weile zog ich mein Handy aus der Jacke. Mir war, während ich die Kamelstute immer im Blick behielt, eingefallen, dass meine Frau noch gar nichts von der Mission wusste, auf die uns Antonia geschickt hatte. Ich wählte ihre Nummer und wartete auf das Freizeichen, während ich das Rote Meer bestaunte, das sich plötzlich direkt links neben uns erstreckte.

»*Wo* bist du?«, fragte meine Frau, in einem Ton, den sie nur in ganz besonderen Momenten für mich übrig hat.

Ich erklärte ihr, dass wir zum Tierarzt mussten.

»Mit einem Kamel?«

»Es wird nicht lange dauern«, versprach ich hastig.

Die Antwort meiner Frau hörte ich nicht mehr, denn mir fiel vor Überraschung das Handy aus der Hand. Aus den Augenwinkeln sah ich nämlich einen Autoreifen mit einem Affenzahn an uns vorbei in Richtung Meer rollen. Während ich das Handy aufhob, fragte ich mich, woher der wohl gekommen sein mochte. Einen Sekundenbruchteil später neigte sich unser vollbeladener Pick-up nach links hinten. Sahira gefiel das gar nicht. Die Stute öffnete die Augen, sah mich böse an und schnappte ärgerlich mit ihren gelben Zähnen.

Wir hielten und Ahmed sprang aus der Fahrerkabine. »Der Reifen«, rief er aufgebracht, während er ein paar Schritte in Richtung Meer lief und dem Rad nachblickte.

»Es dürfte unserer sein«, warf ich hilfreich ein und erntete von Ahmed dafür einen vorwurfsvollen Blick, als sei der erbärmliche Zustand seines Gefährts meine Schuld.

»Während du ihn holst, bereite ich alles vor«, meinte er kurzerhand, ging zum Führerhaus und begann damit, allerlei Werkzeug herauszukramen. Für einen Moment wechselte mein Blick zwischen dem Kamel, Ahmed und dem Meer hin und her. Der Reifen war schon kaum mehr zu sehen.

»Schnell, Papi«, trieb mich Antonia an, die nun ebenfalls ausgestiegen war. »Sonst landet er im Wasser.«

Ich sprang in James-Bond-Manier von der Ladefläche und lief los. Nach etwa vierzig Metern ging mir die Luft aus. Ich verfiel in einen leichten Trab und kam zu spät. Der Reifen war ins Meer gerollt und trieb nun in Richtung Saudi-Arabien. Ich blieb schwer atmend am Ufer stehen und blickte in das trübe Wasser. Da hinein zerrten mich keine zehn Kamele. Hilfe war auch nicht zu erwarten.

»Wo ist der Reifen?«, fragte Ahmed, als ich schließlich wieder an der Straße angekommen war.

Ich erklärte erst ihm und dann Antonia, was geschehen war. Beide warfen mir denselben vorwurfsvollen Blick zu.

»Und wie kommen wir nun weiter?«, fragte Antonia verzweifelt und sah zu Sahira hinüber, die noch immer missmutig auf der Ladefläche kauerte. »Wir brauchen einen neuen Reifen.«

»Was ist mit dem Erdsatzrad?«, fragte ich Ahmed. »Bis Hurghada müssten wir doch damit kommen.«

»Das war das Ersatzrad«, meinte der Kamelzüchter trocken. Ahmed schien nicht sonderlich beunruhigt. Sein Gesicht nahm einen seltsamen Ausdruck an, als er ein paar Palmenüberreste am Strand liegen sah. Er bedeutete mir, mitzukommen.

»Der dort ist gut«, meinte er entschieden und deutete auf einen dicken, abgebrochenen Stamm. Ich verstand nicht. Gut wofür? Wollte er das Kamel mit dem Ding vielleicht erschlagen? »Komm, hilf mit.« Ahmed griff das eine Ende des hölzernen Ungetüms und sah mich auffordernd an. Dann trugen wir den Stamm zum Auto.

»Was ist das?«, fragte Antonia. Ich hatte ganz vergessen, mich um sie zu sorgen, während ich sie allein mit dem Kamel gelassen hatte. Sie saß unerschrocken neben Sahira und streichelte sie.

»Keine Ahnung«, murmelte ich und sah dem ehemaligen Militärmechaniker dabei zu, wie er anfing, mit den Händen irgendetwas auszumessen. Die arabische Geschicklichkeit im Reparieren von Autos ist unerreicht. Wüstenmenschen sind zu Dingen fähig, die Gottlieb Daimler zum Staunen gebracht hätten. Dennoch wusste ich nicht, wie uns der Palmstamm helfen sollte.

Wüstenmenschen sind zu Dingen fähig, die Gottlieb Daimler zum Staunen gebracht hätten.

»Wir müssen den Wagen anheben. Das Kamel muss runter«, meinte Ahmed schließlich.

Wir lösten den Strick und versuchten es. Wir versuchten es wirklich. Doch nicht einmal Antonia schaffte es, ihr störrisches Kuscheltier von der Ladefläche zu bewegen. Da rollte das gepanzerte Fahrzeug von vorhin langsam die Straße entlang. Ahmed lief darauf zu und tatsächlich stoppten die Soldaten. Es folgten einige Worte, die ich nicht verstand, dann stiegen zehn Uniformierte aus. Ihre Mienen blieben unbewegt, ganz so, als sei ein gestrandeter, improvisierter Kameltransporter mitten in der Wüste das Normalste der Welt. Die Männer hatten Ahmed offenbar als einen der ihren anerkannt. Hilfsbereit quetschten sie sich an der linken Seite aneinander, griffen an die untere Kante der Fahrerkabine und hoben den in Schieflage geratenen Wagen samt der Kamelstute an. Mir war noch immer nicht klar, wie Ahmed nun den Wagen reparieren wollte.

Erstaunt sah ich, wie er den abgebrochenen Stamm so unter das Fahrgestell stemmte, dass das Auto auf ihm zum Stehen kam. Die Männer ließen den Wagen los, der nun wieder völlig gerade stand. Während sie wieder in ihr Panzerfahrzeug einstiegen und losfuhren, verschwand Ahmed unter dem Pick-up und begann, zu hämmern und zu schrauben. Mir blieb der Mund offen stehen. Ich hatte in vielen Jahren Ägyptenurlaub schon so einige … fantasievolle Autoreparaturen erlebt. Aber das hier war wirklich die Krönung. Irgendwie gelang es ihm, den Stamm unter dem Auto zu verkeilen.

Schließlich tauchte er wieder auf und meinte lässig: »Weiter geht's.«

»Weiter?« Ich sah auf das improvisierteste Ersatzrad der Welt. »Damit?«

»Keine Angst, das hält. Habe ich schon mal gesehen.«

Gesehen? Ich war fassungslos. Aber es half nichts. Antonia sprang abenteuerlustig zu Ahmed ins Auto und ich kletterte zu Sahira, die mich musterte, als sei ich hier äußerst unerwünscht. Dann fuhr Ahmed an. Ich wagte nicht mehr zu atmen. Das Geräusch war schwer zu beschreiben. Eine Mischung aus erbärmlichem Quietschen und Schaben. Das befürchtete Brechen des Stamms aber blieb aus. Es war kaum zu glauben, aber wir fuhren und schlitterten tatsächlich voran.

Ich kauerte mich so weit weg von Sahira wie möglich, ohne den Stamm aus den Augen zu lassen. Wir fuhren zwar gemächlich, aber wir fuhren. Nach einiger Zeit kamen die Soldaten wieder in Sicht. Sie hatten am Straßenrand angehalten und machten offenbar eine Pause. Einem plötzlichen Reflex folgend winkte ich unseren Helfern diesmal zu. Keiner der Uniformierten erwiderte jedoch meinen freundlichen Gruß. So uncool war keiner von ihnen. Ich ließ beschämt die Hand sinken und sah weg.

Die Schilder, die nun gelegentlich am Rand der verlassenen Wüstenstraße auftauchten, zeigten, dass Hurghada langsam in Reichweite kam. Das vierte gab an, dass es keine zwanzig Kilometer mehr waren, bis wir die Reise endlich hinter uns gebracht hatten.

Ich hatte den Gedanken kaum zu Ende gedacht, als ein hässliches Geräusch direkt unter mir ertönte. Eine Art lautes Quietschen, das in Katastrophenfilmen anzeigt, dass eine Brücke oder ein Haus kurz vor der totalen Zerstörung steht. Selbst Ahmed schien es über den immensen Klangteppich, den sein Autoradio zauberte, hinweg gehört zu haben. Er fuhr den Pick-up an den Straßenrand und stieg aus. Ich vermutete den Stamm als Auslöser unserer neuerlichen Panne, doch der schien noch immer völlig intakt. Wortlos legte sich Ahmed unter das Auto. »Achsbruch«, fluchte er schließlich, während er sich suchend umsah, als läge irgendwo ein passendes Ersatzteil in der Wüste herum. Diesmal aber gab es nichts, aus dem selbst der talentierteste Schrauber etwas hätte basteln können.

Der Wagen war hin.

»Nichts zu machen«, meinte Ahmed. »Wir müssen sie auf ihren Beinen in die Stadt bringen.«

Ich warf Sahira einen Blick zu. Das störrisch-lethargische Verhalten der Kameldame ließ in mir massive Zweifel aufkommen, dass wir sie auch nur einen Meter weit würden bewegen können.

Nun, die Situation war nicht nur für Sahira bedenklich. Immerhin befanden auch wir uns rund zwanzig Kilometer weit von der nächsten Stadt entfernt mitten in der Wüste. Ich wollte schon versuchen, einen Leihwagenservice per Handy zu erreichen, als am Horizont erneut der Panzerwagen der Soldaten auftauchte und auf uns zuruckelte, das Geschütz unangenehmerweise auf uns gerichtet. Als sie anhielten und der Anführer der kleinen Armee ausstieg, fürchtete ich, wir würden nun vom Fleck weg verhaftet. Wegen andauernder Störung, Kamelschmuggels oder irgendetwas anderem. Tatsächlich sah uns der Mann im Tarnanzug ziemlich genervt an. Doch als er Ahmeds ausufernde Erklärung hörte, dass das Leben seiner Spitzenstute, deren Verkauf einmal seine ganze Familie vor dem Hungertod bewahren sollte, in ernster Gefahr sei, schaffte es der Soldat, ein bisschen weniger verkniffen zu gucken. Es wurde nun eine ganze Weile hin und her diskutiert. Die von mir befürchtete Verhaftung blieb aus. Auf den Befehl des Kommandanten, der mir von Minute zu Minute sympathischer wurde, mussten die Soldaten die Heckklappe des Fahrzeugs öffnen und es verlassen. Dort, so sagte der Kommandant, sollte nun die Kamelstute Platz nehmen.

Die wird sich nie bewegen, schoss es mir durch den Kopf, doch Sahira schien einen sehr guten Instinkt für bequeme Fortbewegungsmöglichkeiten zu haben. Majestätisch erhob sich die Patientin und stolzierte über die Rampe des Pick-ups völlig selbstverständlich von dem einen Fahrzeug herunter und in das andere hinein. Antonia jubelte, die Soldaten sahen ziemlich schlecht gelaunt aus und Ahmed strahlte. Auf Geheiß des Kommandanten quetschten wir drei uns in die Fahrerkabine und das Panzerfahrzeug setzte sich gemächlich in Bewegung, während die Soldaten im Dauerlauf folgen mussten.

Kurz vor Hurghada gerieten wir in etwas, das man in Ägypten so sicher findet wie Sand und Pyramiden: einen Stau. Er schien bereits ein geradezu biblisches Ausmaß erreicht zu haben. Zumindest hatten die Verkäufer von Erfrischungen und Taschentüchern hier offenbar einen lukrativen Absatzmarkt gewittert und belagerten die stehenden Fahrzeuge wie Geier eine Herde dem Tode geweihter Antilopen. Für mich war der Stau ein Segen, doch dem Kamel ging das alles enorm gegen den Strich. Es warf seine Lethargie ab und begann angesichts des Trubels um uns herum in dem Panzerfahrzeug zu rebellieren. Nicht einmal meine Tochter vermochte Sahira noch zu beruhigen. Der flehentliche Blick, den sie mir zuwarf, war mir mehr Befehl als alle Anweisungen des Kommandanten. Ich fragte einen Taxifahrer nach dem Weg zur Tierklinik und lief los. Der Tierarzt musste herkommen. Sicher würde er herausfinden können, was mit Sahira nicht stimmte und etwas in seiner Arzttasche haben, was sie ruhigstellen konnte. Nachdem ich mich dreimal verlaufen hatte, erreichte ich tatsächlich die Tierklinik von Hurghada.

»Sie haben ein Kamel dabei?«, fragte die diensthabende Ärztin, nachdem ich ihr berichtet hatte, weswegen ich Hilfe brauchte. Sie sah mich an, als hätte ich den Verstand verloren.

»Sie haben ein Kamel dabei?«, fragte die diensthabende Ärztin, nachdem ich ihr berichtet hatte, weswegen ich Hilfe brauchte. Sie sah mich an, als hätte ich den Verstand verloren.

»Nein«, wehrte ich ab. »Es ist im Panzerfahrzeug.«

Vermutlich ging die Tierärztin davon aus, dass ich besser in eine psychiatrische als in eine veterinärmedizinische Klinik gelaufen wäre. Doch offensichtlich gab es auch unter Tierärzten eine Art Eid des Hippokrates. Mit einer vollgepackten Arzttasche in der Hand folgte sie mir.

Wir kämpften uns durch den noch immer andauernden Stau zum Panzerfahrzeug mit der mittlerweile außer Rand und Band geratenden Sahira. Ich entdeckte Antonia zu meiner Erleichterung außerhalb des Fahrzeugs beim Kommandanten.

Die Tierärztin bahnte sich den Weg durch die Menge und stieg todesmutig zu Sahira auf das Fahrzeug, wo es ihr schließlich gelang, das Kamel zu beruhigen. Dann begann die improvisierte Untersuchung.

»Es liegt falsch«, rief sie schließlich und winkte mich zu sich. »Aber es muss raus. Sofort. Wir können nicht länger warten.«

»Was liegt falsch?«, fragte ich verwirrt. »Das Kamel steht doch.«

»Das Junge«, erwiderte sie. »Sie müssen sie halten, sonst kann ich es nicht drehen.«

Das Junge? Sahira war also nicht krank, sondern trächtig? Ahmed war wirklich ein Amateur  **Ahmed war wirklich ein Amateur als Kamelzüchter.** als Kamelzüchter. So was hätte er doch erkennen müssen! Die Augen aller Umstehenden waren plötzlich auf mich gerichtet.

Besonders der Blick einer ganz bestimmten Achtjährigen fixierte mich unablässig. Ich seufzte resigniert und gehorchte.

Es waren lange Minuten, die nun folgten. Und blutig waren sie auch. Ich hatte bereits den Geburten meiner Kinder beigewohnt, die glücklicherweise alle völlig problemlos verlaufen waren. Aber da hatte es auch eine Hebamme gegeben, die zusammen mit der Ärztin gewusst hatte, was zu tun war. Hier war ich die Hebamme. Und ich hatte keine Ahnung, was wir da taten. Ich gab mein Bestes, den Anweisungen der Veterinärin zu folgen. So zog ich, tupfte und wischte, brach in Schweiß aus und zog wieder. Alles kam mir wie ein Film vor, in den ich versehentlich hineingeraten war.

Irgendwann hielt ich ein kleines Kamel in den Händen. Genauer gesagt: Ich versuchte, den einen Meter großen und knapp fünfzig Kilo schweren Brocken von meinem Bauch zu bugsieren, auf den er (weich) gefallen war.

Erst dann hatte ich so etwas wie einen Moment der Besinnlichkeit. Da  **Nach einer Kamelgeburt dürfte jeder die Welt mit anderen Augen ansehen.** lag es. Ein Neugeborenes. Ich seufzte, diesmal vor Erschöpfung. Die Niederkunft war ... wirklich intensiv gewesen. Nach einer Kamelgeburt dürfte jeder die Welt mit anderen Augen ansehen. Doch der Blick meiner Tochter, die schließlich neben mir und dem neugeborenen Kamel kniete und die Nabelschnur durchschneiden durfte, war das alles wert gewesen.

Die Menge klatschte noch, als Ahmed, der sich anscheinend elegant im Hintergrund gehalten hatte, zu uns trat. Er streichelte dem Kamelbaby zärtlich über den Kopf und sah dann Antonia verzückt an. Mit feierlichen Worten ernannte er Antonia großzügig zur Kamelpatin und erlaubte ihr, dem fünfundfünfzigsten Tier seiner Zucht einen Namen zu geben.

Und was glauben Sie, wie es nun heißt? Es konnte nur einen Namen geben, der dem Nachwuchs von Sahira gerecht werden konnte. Hubsi, natürlich.

KOMISCHE TYPEN, DIESE TIERBESITZER

Ein Tierarzt kommt nicht umhin, sich gelegentlich zu fragen, wer von den beiden, die da im Wartezimmer sitzen, eigentlich der Patient ist: das befellte, gefiederte oder geschuppte Tier? Oder doch der Mensch, der mit diesem Lebewesen eine Art symbiotische Beziehung eingegangen ist?

Hier ein paar Kostproben, nach deren Genuss Sie ganz bestimmt wissen, wen Tierärzte meinen, wenn sie von »Patienten« sprechen.

Die Supermamas

Der Typ Supermama kann ein Mann oder eine Frau sein: Er oder sie bevorzugt aber in jedem Fall kleine Hunderassen wie Chihuahuas oder Pekinesen oder edle Katzenrassen wie Siam- oder Perserkatzen. Wichtig ist in jedem Fall, dass das geliebte Tier einen einwandfreien Stammbaum hat, damit diese vornehme Abstammung bei jeder Gelegenheit erwähnt werden kann.

Die Hunde heißen Loulou oder Nelson, schließlich ist die Supermama nicht mit einem Allerweltsnamen zufrieden. Die Vierbeiner bekommen Kleidung umgeschnallt, die an die Jahreszeiten und die neuesten Trends auf dem Hundemodemarkt angepasst ist. Wichtig ist das Halsband, das gern mit Glitzersteinchen verziert sein darf.

Katzen bekommen französische Namen wie Aimée oder Antoine, tragen ebenfalls Halsbänder und werden –

genau wie die Hunde – mehrfach am Tag gestriegelt und gekämmt.

Ihr Leben verbringen diese Tiere auf dem Schoß der Supermamas, wo sie geherzt, getätschelt und verwöhnt werden. Auch werden sie ununterbrochen angesprochen: »Guck mal, Loulou, was die Mama dir da Feines mitgebracht hat, ist das nicht leckerleckerlecker?!«

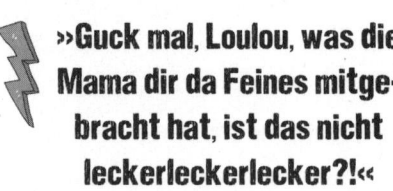

»Guck mal, Loulou, was die Mama dir da Feines mitgebracht hat, ist das nicht leckerleckerlecker?!«

Freies Gassi gehen ist bei den Hunden der Supermamas eher eine Seltenheit, der kleine Fiffi könnte ja dreckig werden oder gar Kontakt zu einem der grässlichen anderen Köter aufnehmen. Supermamas Katze ist selbstverständlich ein reiner Stubentiger.

Auf Reisen gehen die Vierbeiner natürlich nur standesgemäß in passenden Dog- oder Catbags von Louis Vuitton – schließlich hat Frauchen schon beim Welpenkauf darauf geachtet, dass das ausgewachsene Tier mit an Bord eines Flugzeugs genommen werden darf. So steht dem gemeinsamen Shopping-Trip nach Paris oder dem Wellness-Wochenende an der Côte d'Azur nichts im Wege.

Die Exotenbesitzer

Hund, Katze, Maus – das sind die Haustiere des Pöbels. Wer als Tierfreund wirklich etwas auf sich hält, hat zu Hause einen Axolotl – ein Tier, bei dem selbst so mancher Tierarzt überlegen muss, ob es sich um einen Fisch, ein Reptil oder doch eher um eine Amphibie handelt.

Warane sind auch sehr begehrt bei Menschen, die das Besondere lieben. Dass größere Warane ziemlich kräftig beißen können, bleibt da gern unbeachtet. »Isses nicht niedlich?«, lautet dann eine rein rhetorische Frage. Besonders spannend wird es, wenn ein Tierarzt auf Hausbesuch diese Frage beim Anblick eines ungefütterten Sumpfkrokodils, das im Wohnzimmer lauert, beantworten soll.

Denn leider sehen sich die wenigsten Exotenbesitzer schon **Warane sind auch sehr begehrt bei Menschen, die das Besondere lieben.** beim Kauf ihrer tierischen Sensation nach einem Tierarzt um, der sich mit diesen speziellen Arten auskennt. Sie kommen stattdessen in die Kleintierpraxis um die Ecke und erwarten selbstverständlich, dass der Tiermediziner alle Exoten – artübergreifend vom Zwergkänguru über die Albino-Anakonda bis hin zum Atabapo-Schmetterlingsharnischwels – kompetent behandeln kann. Viech ist schließlich Viech!

Die »Der tut nix«-Sager

Diesem Tierbesitzer-Typ haben viele Tierärzte Biss- und Kratzwunden zu verdanken – denn das ist das Resultat, wenn man in dieser Berufsgruppe auf die Ansage »Der tut nix« hereinfällt. Ungeklärt ist, woran das liegt: an den Tieren, die sich in einer Tierarztpraxis unerklärlicherweise und völlig überraschend in reißende, unkontrollierbare Bestien verwandeln? Oder vielleicht doch an den Herrchen und Frauchen, die einfach nicht wahrhaben wollen, was für ein unerzogenes Monster sie da an ihrer Seite haben? »Der tut nix« ist in jedem Fall der ultimative Satz, der jeden Tierarzt die imaginäre Ritterrüstung aus dem Schrank holen lässt.

Die Hunde von »Der tut nix«-Sagern fallen dadurch auf, dass sie anfallartig von vollkommener Taubheit ergriffen werden. Herrchen oder Frauchen sagen

»Der tut nix« ist in jedem Fall der ultimative Satz, der jeden Tierarzt die imaginäre Ritterrüstung aus dem Schrank holen lässt.

»Sitz« zu ihrem geliebten Mitbewohner – und der guckt gelangweilt auf den Boden. Auf »Platz« erfolgt ebenfalls keine Reaktion. Erst ein Hinweis auf ein Leckerchen oder Gassi gehen lässt die so Angesprochenen in wilde Wedel- und Hüpforgien ausbrechen.

Die Barfer

Tierfutter aus der Dose? Nie im Leben! Die Barfer stellen das Futter exklusiv für ihr Tier zusammen. Hunde bekommen eine Mischung aus rohem Fleisch, Knochen und Gemüse, die sich an dem orientiert, was Wildhunde oder Wölfe in freier Wildbahn fressen – eben *BARF: Biologisches und*

Artgerechtes Rohes Futter. Die Barfer investieren viel Zeit in die Ernährung ihres Tieres – was ja erst mal eine lobenswerte Sache ist!

Wenn da nicht ihre Neigung zum Missionieren und Predigen wäre: Stundenlang können Barfer über die Nachteile konventioneller Tierfuttersorten philosophieren und pragmatisch veranlagten Tierärzten oder auch Besitzern von Dosen- oder Trockenfuttertieren ein richtig schlechtes Gewissen machen. Mit ihrer Ausdauer und dem dazugehörigen Oberlehrerton sind sie manchmal so nervend, dass das Öffnen der nächsten Hundefutterdose für Nicht-Barfer zum echten Racheerlebnis wird: »Pah, meiner Fellnase geht's auch mit konventionellem Futter gut!«

Die Kümmerer

Eine liebevolle, aufopferungsbereite Tierbesitzer-Art. Die Kümmerer haben ein Herz für die Schwachen und Kranken sowie für die »Wegwerftiere«, die unsere Gesellschaft leider zuhauf produziert. Bei ihnen ist der dreibeinige Hund glücklich, die blinde Katze bekommt ein liebevolles Zuhause und die Nacktmaus aus dem Versuchslabor wird in einem extragroßen, sonnengeschützten Terrarium gehalten.

Meist haben die Kümmerer sich auf eine Tierart spezialisiert und sind echte Experten in Sachen Nagerpflege, Wellensittich-Ernährung oder artgerechter Guppy-Haltung. Diese Menschen geben ihr letztes Hemd für ihre tierischen Zöglinge und stoßen dabei leider bei ihren Mitmenschen nicht immer auf Verständnis.

Die Kümmerer sind absolut liebenswert – außer in den Fällen, in denen sie sich selbst überfordern. Dann wächst das Rudel oder der Schwarm ins Unermessliche, die Futter- und Pflegekosten sind nicht mehr bezahlbar und in der Folge wird die Pflege der Tiere vernachlässigt. In diesen Fällen muss dann das Veterinäramt einschreiten und die außer Kontrolle geratene Tierschar beschlagnahmen.

Die »Was? So teuer?«-Fraktion

Eine Tierhaltergruppe, die Tierärzte entweder zur Verzweiflung bringt oder in eine Zwickmühle treibt. Die Vertreter der ersten Kategorie brechen bei jeder Tierarztrechnung in lautes Wehklagen aus: »Oh, muss das wirklich so teuer sein? Ich meine – das ist doch nur ein Hund/eine Katze/ein Hase/ein Fisch!« Sie jammern, obwohl sie sich die medizinische Behandlung ihrer Tiere ohne Probleme leisten könnten. Aber sie sehen nicht ein, dass sie dafür mehr als nur ein Taschengeld zahlen müssen.

Die Tierhalter der zweiten Kategorie sind finanziell nicht gut gestellt, möchten dem befellten, geschuppten oder gefiederten Liebling aber trotzdem die bestmögliche Behandlung zukommen lassen. Nach einem ersten Schreckensausruf überlegen sie sofort, wie sie das Geld auftreiben können. In solchen Fällen zeigen sich Tierärzte oft kompromiss- oder verhandlungsbereit, schließlich steht hier das Tierwohl im Mittelpunkt. Doch an dieser Stelle geraten sie in eine Zwickmühle – denn schließlich müssen auch Tierärzte von ihrem Beruf leben.

Die Enthusiasten unter den Veterinären führen ihre Praxis deshalb nach dem Prinzip der gesunden Mischkalkulation: Diejenigen, die es sich leisten können, zahlen etwas mehr, damit diejenigen, die es sich eigentlich nicht leisten können, etwas weniger zahlen dürfen. So ist allen geholfen.

Die Homöopathen

»Nein, meine Katze braucht keine Chemie gegen die Flöhe, gibt's da nicht Kügelchen?« »Waaas? Gegen Tollwut impfen? Durch die Impfung sterben jedes Jahr ganz viele Hunde, das weiß doch jedes Kind!« »Der Wellensittich der Nachbarin hörte auf, sich das Gefieder zu zupfen, als er Bachblüten bekam – der war gar nicht einsam. Ich will das auch für meinen Hansi, damit der wieder schick aussieht!« So oder so ähnlich beginnt praktisch jede Diskussion mit diesem sehr speziellen Tierhaltertypus. Im Gespräch mit ihm wird gern auf nicht validierte Studienergebnisse hingewiesen, die die Tierbesitzer auf halbseidenen Webseiten gefunden haben – alles natürlich nur im Sinne des Tiers.

Viele Tierärzte schicken in solchen Fällen gern ein kleines Stoßgebet gen Himmel, denn in derartigen Diskussionen geht es um Glaubensfragen, denen man mit harten fachwissenschaftlichen Fakten nicht wirklich begegnen kann.

Geschäftstüchtige Tierärzte springen deshalb gern auf den Zug auf und verordnen Kügelchen oder Bachblüten. Denn schaden kann's ja bekanntlich nicht, doch die Verordnung ist in jedem Fall gut für die eigene Geldbörse. Schließlich kann Herrchen oder Frauchen beruhigt nach Hause gehen – es wurde alles erreicht, was dem kleinen Liebling ganz bestimmt gut tut. Und das auch noch chemiefrei und ganz bestimmt wirksam!

Die Superherrchen

Die Superherrchen sind tatsächlich fast immer männlichen Geschlechts. Ihre trainierten Hunde gehorchen zu hundert Prozent. Die Superherrchen bevorzugen Wach- und Schutz-hund-Rassen wie Schäferhunde, Rottweiler oder Dobermänner. Die aktiven Mitglieder des örtlichen Hundesportvereins gehen mehrfach in der Woche mit ihrem Zögling zum Training – wie echte Kerle das eben so tun, wenn sie neben dem Fußball noch etwas Freizeit übrig haben.

Die Superherrchen bestehen aus zwei Untergruppen: Im besten Fall sind ihre Hunde gut erzogene Begleithunde, die durch ihr Benehmen positiv auffallen. Im schlechtesten Fall haben sie einen ausgebildeten Schutzhund an der Leine, dessen einziger Lebenssinn darin besteht, Herrchen gegen-über anderen Menschen und der bösen Umwelt da draußen starkzumachen – man weiß ja nie, welcher üble Verbrecher an der nächsten Ecke wartet! Natürlich ist hier nicht von den wenigen Ausnahmen die Rede, in denen Schutzhunde tatsächlich beruflich gebraucht werden.

Agility halten die Superherrchen für Weicheier-Hundesport, schließlich will ihr Hund immer und in jedem Fall gehorchen, das ist in seinem Wesen schließlich schon genau so vorgesehen.

Interessant ist auch, dass es keine Katzen-Superherrchen gibt – vermutlich sind Katzen einfach nicht devot genug für diesen Typ Tierbesitzer.

Interessant ist auch, dass es keine Katzen-Superherrchen gibt – vermutlich sind Katzen einfach nicht devot genug für diesen Typ Tierbesitzer.

Die »Ich habe gelesen, dass ...«-Besserwisser

Ein echter Fluch für viele Berufsgruppen sind die mit fundiertem Halbwissen ausgestatteten Internet-User – das gilt auch für Tierärzte. Seit die Informationen angeblich nur noch einen Klick entfernt sind, häufen sich die Gespräche, in denen nicht mehr die Behandlung des Tieres im Mittelpunkt steht, sondern der Tierarzt zum Wunscherfüller degradiert wird: »Ich habe auf meiner Border-Collie-Mailingliste gelesen, dass es eine neue schonende Verhütungsmethode für meine Lilli gibt! Bitte verschreiben Sie das Mittel, sie soll schließlich mal reinrassigen Nachwuchs bekommen und nicht irgendwelche Mischlinge.«

Noch schlimmer sind aber die Patienten, die schon eine Diagnose parat haben: »Im Portal für Katzenfreunde habe ich gelesen, dass eine neue Flohart umgeht, die praktisch nicht zu bekämpfen ist – mein Kasimir kratzt sich dauernd so, das sind diese Viecher. Dagegen hilft das Mittel XYZ, das brauche ich!«

Diese Tierfreunde tun sich schwer mit der Einsicht, dass Tierärzte in jedem Fall selbst Ursachenforschung betreiben – erst dann folgen Diagnose und Behandlungsvorschlag. Sollte dieser Behandlungsvorschlag zufällig identisch sein mit der Vorgabe, bekommt der Tierarzt garantiert folgenden Satz zu hören: »Sehen Sie – das hab ich doch gleich gesagt! Jetzt müssen Sie die Rechnung kleiner schreiben, ich habe Ihnen schließlich die Diagnose geliefert!«

Diese Tierfreunde tun sich schwer mit der Einsicht, dass Tierärzte in jedem Fall selbst Ursachenforschung betreiben – erst dann folgen Diagnose und Behandlungsvorschlag.

Spannend sind auch die Mischformen unter den Tierarzt-Kunden: die barfenden Supermamas. Die homöopathischen Kümmerer. Die »Ich hab gelesen, dass ... – Was? So teuer?«-Fraktion. Denn da können sich wirklich noch überraschende Herausforderungen ergeben, auf die auch der erfahrenste Tierarzt nicht sofort eine Antwort weiß. Sie sehen:

Ohne starke Nerven, einen großen Hang zum Pragmatismus und eine ganz große Prise Humor kommt ein Tierarzt nicht aus.

Und? Zu welcher Kategorie der Tierarzt-Besucher gehören Sie?

IMMER ÄRGER MIT HERTHA

Wie jeden Tag rief mich meine Mutter pünktlich nach dem Mittagessen an. Hertha ginge es nicht gut. Seit Tagen habe sie nichts gefressen. Sie liege nur noch apathisch auf dem Boden und habe überhaupt keinen Appetit. Meine Mutter bestand darauf, dass ich auf der Stelle mit Hertha zum Tierarzt fuhr. Zu dem am anderen Ende der Stadt. Nur der kenne Herthalein ganz genau.

Ich hatte nicht die geringste Lust, Mamas Liebling durch die halbe Stadt zu chauffieren, um dann anschließend in einem engen Wartezimmer zwischen lauter Fremden und ihren Viechern zu hocken. Ich bin kein großer Tierfreund. »Das ist fast eine halbe Stunde Fahrzeit«, gab ich zu bedenken. »Gleich um die Ecke ist doch auch ein sehr netter Tierarzt.«

Meine Mutter reagierte unwirsch. »Nett schon, aber nicht qualifiziert genug. Oder gehst du mit einem Bandscheibenvorfall zum Hautarzt, nur weil er in der Nähe ist?«

»Nein, natürlich nicht«, stimmte ich zu.

»Siehst du!«

Während ich noch grübelte, ob Hertha nun an einem Bandscheibenvorfall litt oder nicht und ob es tatsächlich spezialisierte orthopädische Praxen für Tiere gab, hatte meine Mutter schon aufgelegt.

Na gut, dann also der Tierarzt am anderen Ende der Stadt.

Gut erzogen, wie ich war, holte ich Hertha bei meiner Mutter ab.

Hertha befand sich bereits mucksmäuschenstill und ordentlich verpackt in der Transportbox, die meine Mutter mir entgegenschwenkte. Natürlich ließ sie es sich nicht nehmen, Hertha persönlich bis zum Auto zu begleiten.

»Dass du mir beim Autofahren die Fenster zulässt du weißt, Hertha ist sehr empfindlich und verträgt keine Temperaturschwankungen. Zug schon gar nicht. Ach ja, pass bei dem Verschluss auf, der hakt manchmal.« Sie hielt sich die Transportbox unter die Nase und überprüfte noch einmal, ob sie richtig geschlossen war.

Mit dem tiefen Seufzer eines Trennungsschmerzes hievte meine Mutter Herthaleins Box auf den Rücksitz des Autos. »Also wirklich, du hättest ruhig mal aufräumen können«, sagte sie vorwurfsvoll, während sie umgehend leere Coladosen, zusammengeknickte Kaffeebecher und Kaugummipapier vom Sitz in den Fußraum fegte, damit Herthalein ungestört darauf thronen konnte. Dann kratzte sie mit den Fingernägeln an der zitronengelben Transportbox. »Das wird schon wieder.«

Sie winkte zum Abschied. »Mach's gut, mein Mädel. Komm gesund wieder.«

Meinte sie mich oder Hertha? Ich war mir nicht sicher, startete den Wagen und brauste mit Hertha auf dem Rücksitz davon.

In der Tierarztpraxis hing ein unverwechselbarer Geruch von Desinfektion, Sabber und Schweiß in der Luft. Nachdem ich

In der Tierarztpraxis hing ein unverwechselbarer Geruch von Desinfektion, Sabber und Schweiß in der Luft.

an der Anmeldung ordnungsgemäß mein Anliegen bezüglich Herthas Appetitlosigkeit vorgetragen und unsere Daten hinterlassen hatte, wurden wir gebeten, noch eine Weile im Wartezimmer nebenan Platz zu nehmen.

Gerade mal fünf Personen hielten sich hier auf. Trotzdem war die Platzauswahl begrenzt. Neben dem zotteligen Riesenhund mit den langen Lefzen wollte ich auf keinen Fall sitzen. Vor dem hatte ich Respekt. Der guckte schon so bissig – genau wie sein Herrchen.

Auch nicht neben der Dame gesetzteren Alters mit farbenfroher Gesichtsbemalung und einer Hochfrisur auf ihrem Kopf, die aussah, als wäre sie aus den langen Haaren ihrer Perserkatze gesteckt.

Das Perserkätzchen trug ein knallrotes Geschirr, das mit funkelnden Strasssteinen besetzt war.

Das Perserkätzchen trug ein knallrotes Geschirr, das mit funkelnden Strasssteinen besetzt war.

Ich musste wohl einen Moment zu lange auf die Katze gestarrt haben, denn

Frauchen erklärte prompt: »Muckelchen hat Magen-Darm. Wissen Sie, ich war gestern schon mal hier, da hat mir der Doktor eine Pille zum Auflösen für Muckelchen mitgegeben, aber geholfen hat es nichts.« Wie zur Bestätigung würgte Muckelchen einen Schwall gelben Schleims hervor, direkt auf Frauchens Hosenbeine, und guckte dann völlig unbekümmert in die Runde.

Sofort stieg mir beißender Gestank in die Nase. Ich musste würgen. Angeekelt machte ich einen Schritt zurück, stieß dabei jedoch gegen den bissigen Hund, der sofort knurrend nach meiner Handtasche schnappte.

Na super!, dachte ich und spürte eine Hitzewelle anrollen, während in mir der dumpfe Verdacht aufkeimte, dass Muckelchen in voller Absicht gekotzt hatte.

»Sehen Sie«, schluchzte Hochfrisur. »Genau das meine ich. Das Magenmittel hat rein gar nichts geholfen ...«

Ich nickte verständnisvoll, während ich in einem günstigen Moment meine Handtasche aus den Fangzähnen des bissigen Hundes zerrte und ihn dabei etwas unsanft mit meiner Schuhspitze wegdrückte.

Sehr zum Ärger seines Herrchens, das augenblicklich seine Zähne bleckte und mich wütend anblaffte: »Mach das noch einmal, dann kriegst du ...«

Ich hatte plötzlich das Gefühl, zur falschen Zeit am falschen Ort zu sein.

Fassungslos starrte ich diesen ungehobelten Burschen an. Doch angesichts seines finsteren Mienenspiels ersparte ich mir jeglichen Kommentar - der Klügere gibt schließlich nach.

Hochfrisur starrte indessen mit vorwurfsvollem Gesicht in die Runde und blökte: »Begreifen Sie jetzt, dass dies ein Notfall ist?« Mithilfe von Taschentüchern rieb sie den Katzenschleim gleichmäßig in ihre Hosenbeine ein und ließ die Tücher danach dezent auf den Fußboden gleiten. Dann strich sie der Katze liebevoll über den Kopf. »Armes Muckelchen.«

Offensichtlich hatte es zwischen den wartenden Parteien bereits heiße Diskussionen darüber gegeben, wer denn nun der dringendste Notfall unter all den Notfällen sei und daher als Nächstes auf der Warteliste stand.

Denn nun mischte sich auch eine ältere Dame um die sechzig mit einem braunen Labrador an der Leine ein: »Also, eigentlich sind wir jetzt dran. Lilli und ich haben nämlich einen Termin zum Impfen und Entwurmen. Nicht wahr, Lillilein?« Lillilein gähnte gelangweilt und warf mir einen entnervten Blick zu. Man sah ihr an, dass ihr das so was von egal war. Mir auch.

Während der nun folgenden Diskussion darüber, welches Zipperlein schwerer wog, der bissige Hund lautstark kläffte, weil ich beim Taschenziehen als Sieger hervorgegangen war und Lilli nach vorne preschte, um an dem Katzenschleim-Taschentuch zu schnüffeln, quetschte ich mich notgedrungen auf den leeren Platz gegenüber der magenkranken Katze und ihrer diskussionsfreudigen Halterin. Direkt zwischen einen älteren Herrn mit Bauchansatz, zu dessen Füßen ein ebenfalls recht korpulenter Rauhaardackel hockte, und eine Frau meines Alters mit einer ebenso kleinen Transportbox wie die von Hertha auf dem Schoß. Ihre war rot. Herthaleins gelb.

Der Rauhaardackel knurrte Herthas Box bedrohlich an.

Unbeeindruckt – eine kleine Pellwurst auf vier Hölzchen machte mir nun wirklich keine Angst – hechtete ich Hertha samt Box auf meine Knie.

Meine Sitznachbarin zeigte auf Herthas Box. »Auch ein kleines Mäuschen drin, was?«

Ich schüttelte den Kopf. »Nö, eine ...«

»Der Tierarzt soll ja ein Koryphäe auf seinem Gebiet sein«, fiel mir das Pellwurstherrchen ins Wort. »Der hat vorher in einer großen Tierklinik als Chefarzt gearbeitet.«

Frauchen von Mäuschen winkte ab. »Chefarzt hin oder her. Die tun sich alle nichts. Alle Halsabschneider. Dabei nehmen die es bereits von den Lebendigen. Ich habe dem Tierarzt allein in den letzten fünf Monaten über zweihundert Euro in den Rachen geschoben, und was ist? Pia-Mäuschen hat trotzdem neun Junge zur Welt gebracht.« Mit triumphierendem Gesichtsausdruck schaute sie in die Runde, als hätte sie im Lotto zehntausend Euro gewonnen.

Katze Muckelchen spitzte die Ohren. Offensichtlich hatte sie genau verstanden, dass wir hier über neun leckere Sonntagsbraten redeten.

Neun kleine Mäuse. Alle waren beeindruckt. Ich nicht.

Ich linste auf meine Armbanduhr. Gerade mal zehn Minuten waren seit meinem Ausflug in die menschlichen Abgründe dieser wartenden Tierhaltermonsterzusammenrot-tung vergangen und dennoch kam es mir wie eine Ewigkeit vor. Leise seufzend lehnte ich meinen Kopf zurück, schloss die Augen und versuchte langsam ein- und noch lang-samer wieder auszuatmen – wie ich es beim Yoga gelernt hatte. Aber irgendwie wollte sich die Entspannung nicht einstellen.

Gerade mal zehn Minuten waren seit meinem Ausflug in die menschlichen Abgründe dieser wartenden Tierhalter-monsterzusammenrot-tung vergangen und dennoch kam es mir wie eine Ewigkeit vor.

Neben mir pupste das Pellwürstchen wie ein balzender Hirsch und ich hatte die dumpfe Vermutung, dass Herrchen schnell einen hinterhersetzte, denn plötzlich roch es direkt neben mir sehr unangenehm nach Kuhstall.

Ein Gong ertönte und Pellwürstchen samt Herrchen wurden in den Behandlungsraum zitiert. Zurück blieb eine Wolke des Grauens.

Allen übrigen Anwesenden verschlug es für einen Moment die Sprache. Trotz lebensbedrohlicher und medizinischer Indikationen jedes Einzelnen hatte es die Sprechstundenhilfe gewagt, das Pellwürstchen vorzuziehen.

Ich für meinen Teil atmete auf. Endlich hatte ich etwas mehr Bewegungsfreiheit, die ich auch sofort nutzte. Vorsichtig stellte ich Hertha auf den neben mir frei gewordenen Platz.

Und dann nahm das Schicksal seinen Lauf …

Alles begann damit, dass meine Blase drückte. Kurz entschlossen stellte ich Herthas Box auf den Boden und schob sie unter meinen Sitzplatz. Hier stand sie sicher, bis ich zurück von der Toilette kam. Dachte ich.

Beim ersten Schrei, der durch die Toilettentür drang, vermutete ich noch, der bissige Hund hätte sich erneut in eine Handtasche verbissen.

Beim zweiten wusste ich es besser. Denn als gleich darauf Stühle gerückt wurden, jemand kreischend »Hilfe, eine Spinne!« schrie und die Stimmen sich überschlugen wie auf einem türkischen Basar, bestand kein Zweifel mehr: Herthalein war in Gefahr.

Mir brach der kalte Schweiß aus. Wenn Herthalein etwas passierte, bräuchte ich meiner Mutter die nächsten zehn Jahre nicht mehr unter die Augen zu treten. Todesmutig eilte ich zurück ins Wartezimmer. Ich musste retten, was zu retten war.

Das Entzücken beim Anblick einer Vogelspinne hält sich im Allgemeinen bekanntlich in Grenzen.

So schien es auch der Tierhaltermonsterzusammenrottung zu gehen. Warum sonst führten sie sich auf wie ein aufgescheuchter Bienenschwarm?

Erstaunt sah ich, wie Frauchen von Mäuschen ungelenk auf einem Stuhl balancierte, während sie anhaltend aus Leibeskräften kreischte wie eine Möwe beim Landeanflug: »Hilfe, eine Spinne! Hier läuft eine Riesenspinne herum!«

Hochfrisur, die ebenfalls auf den oberen Rängen Platz gefunden hatte, fuchtelte wild wie eine Marktschreierin mit dem Armen und jaulte mindestens genauso laut: »Igitt, eine Maus!«

Obwohl ich kurz vor dem Kollaps stand, versuchte ich, mir nichts anmerken zu lassen. Gespielt entspannt riskierte ich einen Blick runter zu Herthas Box. Tatsächlich, die Tür stand einen Spalt offen und von Herthalein war nicht die geringste Spur zu sehen. Offenbar war es ihr gelungen, mittels ihrer acht kräftigen Beine den Widerstand des Transportboxverschlusses zu brechen. Eins bestätigte sich damit: An einem Bandscheibenvorfall litt Hertha zweifelsohne schon mal nicht.

Der bissige Hund kläffte, was das Zeug hielt. Erst jetzt sah ich, warum. Die rote Box war umgekippt und ein kleines weißes Mäuschen suchte aufgeregt einen sicheren Platz vor dem Langhaarmonster auf vier Pfoten.

Zu spät! Mit Adleraugen hatte Muckelchen die Maus bereits erspäht und ihre Jagdposition eingenommen.

Frauchen von Maus sah die Gefahr kommen und hob den Kopf in meine Richtung. Ihr Blick war eisig.

Ich schluckte. Meine erste Lektion hatte ich somit gelernt: Wenn es um das Überleben der eigenen Tiere ging, zeigten die Besitzer wenig bis gar keinen Humor.

Zugegeben, bis heute hatte ich mir über die Lebensdauer von Nagern nie ernsthaft Gedanken gemacht. Dennoch fühlte ich mich verpflichtet, einzugreifen. Herthalein sollte sich nicht – wenn auch nur indirekt – schuldig am Tod eines weißen Mäuschens fühlen müssen. Zumal es hier um eine neunfache Mäusemama ging.

Wenn es um das Überleben der eigenen Tiere ging, zeigten die Besitzer wenig bis gar keinen Humor.

Blitzartig schnellte mein Fuß nach vorne, um Mäuschen Gelegenheit zu geben, sich in Sicherheit zu bringen. Das Tierchen wusste seine Chance zu nutzen und hechtete in Richtung des Garderobenständers.

Aber wo war Herthalein? Keine Spur von ihr.

Lillilein wedelte mit dem Schwanz. Endlich passierte mal etwas Aufregendes.

Die Tür zum Behandlungsraum wurde aufgerissen und die Sprechstundenhilfe kam heraus, um zu sehen, was den Tumult ausgelöst hatte.

Darauf schien Hertha nur gewartet zu haben. Aus dem Augenwinkel sah ich, wie sie plötzlich unter dem bissigen Hund hervorkrabbelte und seelenruhig in den Behandlungsraum flanierte.

Dazu muss gesagt werden: Spinnen sind keine Tiere zum Kuscheln. Bei Gefahr streifen sie mit ihren Hinterbeinen spezielle Brennhaare ab, die in Richtung der Bedrohung geschleudert werden und starken Juckreiz hervorrufen.

Dieser Hund war definitiv eine Bedrohung für die Menschheit, das hatte ich erst vor wenigen Minuten am eigenen Leib erfahren dürfen. Und deswegen tat es mir auch nur ein bisschen leid, als er jaulend und winselnd auf seinem Gesäß hin und her rutschte. Herthalein hatte ganze Arbeit geleistet.

Insgeheim konnte ich mir ein Schmunzeln kaum verkneifen und war sogar ein wenig stolz auf Hertha. Da hatte es wenigstens mal den Richtigen getroffen.

Ich schnappte mir Herthas Box und folgte ihr schnellen Fußes in den Behandlungsraum.

Es dauerte nur dreißig Sekunden und meine Seele war ein Scherbenhaufen. Länger hatte der Tierarzt nicht gebraucht, um mich zusammenzufalten wie ein gebügeltes Oberhemd. Erst einmal hatte ich mir anhören müssen, dass man bei dem Transport einer gefährlichen Theraphosidae – das ist das lateinische Fremdwort für Vogelspinne – auf größte Sicherheit zu achten habe. Dabei hatte mich der Doc tadelnd angeguckt wie einen Schüler, dem er eine Fünf in der Mathearbeit verpassen muss. Dann belehrte er mich, dass Vogelspinnen, die sich in der Phase der Häutung befinden, so wenig Stress wie möglich ausgesetzt werden sollten. Daher rührte auch Herthas Appetitlosigkeit.

Danke, Mama, für diesen erholsamen Ausflug zurück auf die Schulbank. Das hätte sie nun wirklich besser wissen müssen, schließlich bildete sie mit Hertha seit drei Jahren eine Wohngemeinschaft. Ich hingegen kam mir jetzt reichlich bescheuert vor.

Nachdem ich mich in aller Form wegen der unnötigen Turbulenzen entschuldigt hatte, verließen wir die Praxis durch die Hintertür. Den Gedanken, dass Mäuschen noch nicht wieder aufgetaucht war, verdrängte ich. Wie bereits erwähnt, mag ich Tiere nicht besonders.

FRED UND ICH

»Ist er tot?« Die Frage meiner ältesten Tochter Aggie kreiste für einen Moment wie eine unheilschwangere Krähe im Raum. Dass die beiden Kleinen, Mira und Bele, mit wässrigen Augen in bibbernder Erwartung meiner Antwort geradezu an meinen Lippen hingen, machte es nicht leichter für mich.

Warum passierte so etwas immer dann, wenn mein Mann auf Geschäftsreise war?

»Ähm«, machte ich und suchte nach den passenden Worten. Zweckoptimismus musste her. »Nee, der ruht sich nur aus.«

Unter den strafenden Blicken einer älteren Dame mit kleinem Wuschelhund, die zwei Stühle weiter saß, bemühte ich mich um ein Lächeln. Wahrscheinlich nicht sehr überzeugend, denn die Hundeomi legte eilig schützend die Arme um ihr Tier.

Vermutlich hatte sie Angst, ich könnte ihrem Schätzchen etwas antun. So wie Fred.

Natürlich glaubte ich nicht wirklich, ich hätte Fred ein Leid zugefügt. Aber wenn meine Töchter mich so ansahen, dann hatte das durchaus etwas von einem Strafgericht.

Erschwerend kam hinzu: Fred und ich – das war nicht wirklich Liebe auf den ersten Blick gewesen. Nein, ganz sicher nicht.

Erst mal die Nase, die viel zu rund war. Oder diese kleinen Knopfaugen. Damit hätte ich noch leben können. Nicht aber mit diesem röchelnden Schnaufen. So erbärmlich, dass man meinen musste, er würde jeden Moment ersticken. Und dieser unsägliche Gestank! Ja, ich glaube, der war das Allerschlimmste ...

Aber am besten erzähle ich die Geschichte von Fred und mir von vorn.

Es war ein besonders dunkler und kalter Herbstabend gewesen. Bei uns daheim herrschte das übliche hektische Chaos.

»Wer hat die Hasen gefüttert?« »Ist die Katze schon im Haus?« »Brennt das Licht in der Gartenhütte noch?« Immer sind es Fragen wie diese, die einen letztendlich doch noch einmal hinaus in den kalten Herbstabend treiben. Frierend und mit einem mulmigen Gefühl stapfte ich hinaus. Die Lichter der Gartenleuchten reichten nicht bis in den düsteren, verwilderten Teil unseres Grundstückes. Nur wenige Schritte durch die im Wind schaukelnden Zweige der alten Bäume genügten, um mich zu entmutigen. Ich bin ja nicht gerade ein Angsthase, aber die Dunkelheit ist mir einfach nicht geheuer.

Wie immer begann ich leise vor mich hin zu summen, um mir selbst Mut zu machen. Bis ich das Röcheln vernahm. Schwer und fast ein bisschen kränklich. Geradezu feindselig. Instinktiv blieb ich stehen. Ein kalter Schauder lief mir den Rücken herunter, während ich lauschte.

»Hallo?«, fragte ich zögerlich.

Keine Antwort. Im Gegenteil, unheimliche Stille setzte ein. Unsicher sah ich mich um. Und die Finsternis starrte zurück. Mir war klar, dass jemand hier sein musste. Mich beobachtete.

Die Kinder und mein Mann konnten es nicht sein. Die Kids machten sich gerade bettfertig, ihr Geschrei dröhnte bis zu mir. Und mein Mann? Mit dem konnte ich so schnell noch nicht rechnen. Frühestens übermorgen wollte er wieder da sein. Sicher musste er erst noch »die Welt retten«. War ja auch wichtiger, als mir in der Dunkelheit beizustehen. Allein mit einem Fremden, der mich unbemerkt beobachtete. Ich stand zögerlich da, als dieses Atemgeräusch wieder einsetzte. Laut und deutlich. Unmittelbar vor mir. Das genügte. Mein letzter Rest Courage verflüchtigte sich. Schnell rannte ich zurück ins Haus.

Dort trafen mich fragende Blicke. Wenn ich jetzt den Kindern etwas von meinem Erlebnis erzählte, wäre das fatal. Von Nachtruhe konnte ich dann nur noch träumen.

 **Mein letzter Rest Courage verflüchtigte sich. Schnell rannte ich zurück ins Haus.**

Ich überspielte meine Panik und schickte die Kids ins Bett. Nur die Tiere waren noch immer nicht versorgt. Also redete ich mir ein, dass da draußen nichts anderes als der Wind gewesen sein konnte. Und ich mich zum Affen gemacht hatte.

Neuen Mutes schnappte ich mir unsere größte Taschenlampe und zog wieder los in den Garten.

Als ich auf Höhe des röchelnden Gebüsches war, vernahm ich es erneut: eindeutig, schweres Atmen. Todesmutig schlich ich auf die finstere Stelle zu. Bewaffnet mit meiner Maglite. Jeden Winkel des Gestrüpps leuchtete ich aus, bis mir auffiel, dass sich der kleine Blätterberg am Boden bewegte. Vorsichtig nahm ich einen abgebrochenen Zweig und schob damit das dürre Grünzeug zur Seite.

Und da saß er: klitzeklein und stachelig. Die kleine Nase frech herausgestreckt. Ein winziger Igel.

Unschlüssig stand ich im Dunkeln. Schließlich wusste ich, dass die kleinen Kerle nicht über den Winter kommen, wenn ihnen keiner hilft.

Aber ich wusste auch, dass Igel Krankheiten übertragen und mehr Flöhe mit sich herumschleppen als jeder streunende Straßenkater.

Wohl war mir also nicht bei dem Gedanken, einem solchen Tierchen zu nahe zu kommen.

Aber es hier sitzen lassen?

Kurz entschlossen zog ich die Gartenhandschuhe meines Mannes an und nahm den Findling mit in unsere Garage. Dort konnte er bleiben – in einem leeren Schuhkarton.

Im Geiste zog ich eine weiße Linie bis zu der Stelle, wo sich der Zugang zu unserem Haus befand. Bis hierhin, Mister Igel, und nicht weiter.

Natürlich wollte ich meinen Kindern den seltenen Fund

Bis hierhin, Mister Igel, und nicht weiter.

nicht vorenthalten. So standen wir wenig später alle um den putzigen Kerl, den die Mädchen spontan Fred tauften. Doch der hörte sich immer noch kränklich an. Sein Schnaufen verhieß nichts Gutes. Hatte er sich etwa erkältet? Ich würde mich am nächsten Tag darum kümmern.

»Ist er tot?« Aggie wiederholte ihre Frage so penetrant, dass ich genervt schnaubte.

Still seufzte ich vor mich hin. Neben mir schluchzten die Kleinen. Wir waren nicht zum ersten Mal hier bei Doktor Zänglein. Die Liste meiner Tierhaltungsmisserfolge war lang genug, vom stummen Wellensittich bis hin zu Goldfischen, die mit dem Bauch nach oben im Wasser trieben. Kein Wunder, dass meine Töchter schon trauerten, bevor der Tierarzt überhaupt einen Blick auf Fred geworfen hatte.

Die Liste meiner Tierhaltungsmisserfolge war lang genug, vom stummen Wellensittich bis hin zu Goldfischen, die mit dem Bauch nach oben im Wasser trieben.

Da kam die Helferin des Tierarztes und bat uns ins Behandlungszimmer. Dass wir dabei aussahen wie eine Trauerprozession fiel wahrscheinlich nur mir auf.

Doktor Zänglein war ein breitschultriger Mann mit grau meliertem Haaren und weißem Kittel.

»Guten Tag, die Damen Bauer«, begrüßte er uns. »Wen bringen Sie mir denn diesmal?«

»Wir bringen einen toten Igel«, kam mir Aggie zuvor.

Ihr Blick ließ keinerlei Zweifel daran, wer dafür verantwortlich war. Wie ein einstudierter Backgroundchor stimmten Mira und Bele mit zitternden Stimmen ein: »Armer Igel.«

»Er ist nicht tot«, zischte ich genervt.

Der Veterinär zog seine Augenbrauen hoch. »Wer ist tot?«

»Fred«, entgegnete Aggie und wies auf die Kiste mit dem leblosen Igel.

Endlich widmete sich der Veterinär dem Tier. Er strich mit seinem Finger leicht über die Stachelfrisur unseres Patienten und verkündete dann mit fröhlicher Stimme: »Fred lebt.«

Sofort waren meine Mädchen wie ausgewechselt. Sie drängten sich um den Karton und steckten ihre Nasen über den Rand, um nur ja nichts zu verpassen.

Fred lag immer noch reglos da.

»Apathisch, wahrscheinlich unterkühlt.« Zänglein spielte mit seinen Fingerspitzen an Freds Pfötchen. »Wo hatten Sie den Igel heute Nacht? Im Garten?«

Etwas zögerlich erzählte ich ihm von Freds Nacht in unserer Garage.

»Fred braucht jemanden, der sich um ihn kümmert«, verkündete der Tierarzt.

»Gibt es dafür nicht so etwas wie eine Igelauffangstation?«

»Das schon«, nickte Zänglein. »Nur leider sind die im Herbst alle ziemlich ausgebucht. Ich kann Ihnen ja gern eine Telefonnummer geben. Aber da werden Sie nicht viel Glück haben.« Er räusperte sich, ehe er fortfuhr: »In diesem Zustand und mit dem geringen Gewicht hat der Kleine hier keine Chance im Winter. Null Komma null.«

Ein Blick in die Augen meiner Kinder genügte. Die einzige Lösung lag auf der Hand und war nicht verhandelbar!

Das schien auch der Tierarzt zu spüren, denn er fuhr zufrieden fort: »Wie alle Igel wird Fred in den Winterschlaf fallen. Aber dazu braucht er ein warmes Plätzchen und vor allem ein entsprechendes Gewicht. Mindestens fünfhundert Gramm. Ansonsten wird er verhungern.«

Natürlich löste diese Aussage aufgeregtes Murmeln unter allen Anwesenden unter ein Meter vierzig Körperhöhe aus.

»Wir müssen ihn mitnehmen«, stellte Aggie fest. »Weil du ihn fast umgebracht hast.«

Auf diese simple Feststellung folgte betretenes Schweigen. Und mir wurde klar, dass ich aus dieser Geschichte nicht so einfach wieder herauskam.

»Aber wir haben keinen Platz. Unsere Garage ist viel zu kalt, oder nicht?«

Beles zitterndes Stimmchen brachte mich sofort in Bedrängnis. »Und was ist mit dem Heizungsraum?«

»Aber was soll er denn fressen?« Mein Widerstand bröckelte, um nicht zu sagen: er stürzte in sich zusammen.

»Am besten geben Sie ihm Rinderhack. Bitte immer kurz anbraten, niemals roh. Ideal wäre es, wenn Sie Haferflocken oder Weizenkleie daruntermischen.«

Vielleicht war es Resignation. Auf jeden Fall lauschte ich den Worten des Veterinärs und notierte sie mir im Geiste.

»Jetzt werde ich das Tierchen gegen seine lästigen Parasiten behandeln und dann können Sie ihn mit nach Hause nehmen«, schloss er.

»Parasiten?«, rutschte es mir heraus.

»Igelflöhe. Haben alle Igel«, antwortete der Arzt.

Hilflos sah ich zu, wie unser neuer Hausgast behandelt wurde und sich meine Töchter immer mehr in den kleinen, reglosen Fred verliebten.

In Ermangelung einer passenden Igelunterkunft – und ins Bett wollte ich ihn nun wirklich nicht mitnehmen – stellte ich den mit Zeitung ausgepolsterten Karton, in dem ab sofort unser neuer Hausgast wohnte, in den Heizungsraum.

Da mein Mann es sich nicht hatte nehmen lassen, die Heizungsrohre selbst zu isolieren, hielt sich die Durchschnittstemperatur in diesem Raum wunderbarerweise bei karibischen dreißig Grad, zumindest gefühlt.

Nachdem sich Bele, Mira und Aggie nacheinander von Fred verabschiedet hatten – Aggie fühlte selbstverständlich noch einmal fachmännisch Freds Puls, nur um sicherzugehen – wurde es endlich ruhiger bei uns.

Zeit, endlich mal meine Füße hochzulegen und mir ein paar ruhige Minuten zu gönnen.

Ein Scheppern machte diese Hoffnung zunichte. Es kam aus dem Heizungsraum, dessen war ich mir ziemlich sicher.

Als ich die Tür öffnete, kam mir ein Schwall heißer Luft entgegen. So als würde ich inmitten der Wüste aus einem voll klimatisierten Reisebus aussteigen.

Noch während sich die Leuchtstoffröhre ins Leben flackerte, spürte ich die Nässe unter meinen Socken. Ich war in eine Pfütze getreten. Offenbar war das kleine Wasserschälchen, das ich unserem neuen Mitbewohner hingestellt hatte, umgekippt.

Ich fluchte und warf einen Blick in Freds Schlafkarton. Außer unzähligen Knäueln aus alten Zeitungen war nichts zu sehen.

»Hallo, Fred?«, rief ich und kam mir dabei durchaus ein bisschen dämlich vor. Als könnte mich das Tierchen verstehen.

Vorsichtig, um mich nicht an Freds Stacheln zu verletzen, schob ich die Papierkugeln hin und her. Aber meine Sorgen waren unbegründet. So sehr ich auch wühlte, ich konnte Fred nicht finden.

Der Igel war weg! Auch das noch ...

Ich konnte schon Aggies Vorwürfe hören: »Zuerst hat sie in beinahe umgebracht und dann auch noch verschlampt.«

Plötzlich fiel mein Blick auf den Schrubber, der auf dem Boden lag. Da gehörte er bestimmt nicht hin.

Mir schwante, wer den Schrubber umgeworfen und damit das scheppernde Geräusch verursacht hatte, das mich vorhin alarmiert hatte.

Vorsichtig sah ich hinter dem Boiler nach. Aber da war der kleine Ausbrecher nicht.

Das Regal mit den Winterschuhen. Aber hier steckte er auch nicht.

Da meinte ich, etwas zu hören. Ganz leise nur, aber es kam eindeutig aus Richtung des Heizkessels. Langsam drehte ich mich um. Auf allen Vieren kroch ich an der Seite des Kessels entlang, bis ich in die hinterste Ecke sehen konnte.

Und da saß er. Fred.

Seine feinen Stacheln waren über und über mit staubigen Spinnweben bedeckt, so als trüge er einen grauen Schleier.

»Putt, putt«, versuchte ich ihn zu locken.

Fred machte keinerlei Anstalten, aus seinem Versteck hervorzukommen.

Instinktiv griff ich nach dem Schrubber, verwarf jedoch gleich den Gedanken wieder, das Tierchen mit Gewalt hinter der Heizung hervorzutreiben.

Stattdessen stellte ich das Werkzeug wieder an seinen Platz und brachte dem Igelchen neues Wasser. Sollte er doch so lange hinter dem Kessel hocken bleiben, wie er wollte.

Für mich als unfreiwillige Igelbetreuerin war jetzt Feierabend. Ich verließ den Heizraum und machte die Tür hinter mir zu.

Morgen war auch noch ein Tag.

Bevor die Kinder Richtung Schule aufbrachen, kontrollierten sie natürlich Freds Zustand. Das kleine Kerlchen war inzwischen hinter dem Heizkessel hervorgekrochen und ließ sich hörbar genussvoll das von Doktor Zänglein verordnete und von mir liebevoll angebratene Hackfleisch schmecken.

Ich gönnte mir gerade in Ruhe einen Kaffee, als das Telefon klingelte.

Zu meiner Überraschung meldete sich Doktor Zänglein. Na, der hatte mir gerade noch gefehlt.

»Es tut mir leid, wenn ich Sie so früh am Morgen störe.« Er machte eine kurze Pause, wahrscheinlich, um mir die Gelegenheit zu geben, abzuwinken. »Aber ich habe gerade ein bisschen Zeit, da wollte ich mich nach dem Gesundheitszustand des Igels erkundigen.«

»Fred geht es gut«, antwortete ich wahrheitsgemäß. »Ein bisschen zu gut vielleicht.«

Der Tierarzt lachte. »Wissen Sie was? Heute Morgen ist die Sprechstunde noch nicht zu voll. Wie wäre es, wenn Sie Fred noch mal vorbeibringen?«

Was zum Himmel ging hier vor? Hatte der Veterinär etwa die Parasiten spezifiziert und bemerkt, dass sie gefährlich waren? Oder irgendwelche Laboruntersuchungen vorgenommen? »Natürlich«, stammelte ich.

»Prima.« Zänglein strahlte förmlich durchs Telefon. »So gegen zehn?«

Ging es hier wirklich um eine ansteckende Igel-Epidemie? Oder um Zängleins Misstrauen gegenüber meinen Fähigkeiten als Tierpflegerin? Das musste es sein: Er 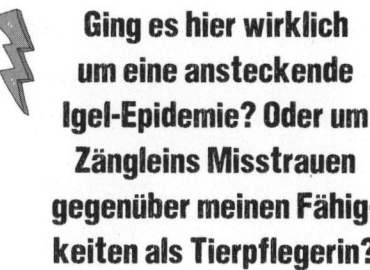 traute mir ganz einfach nicht zu, für Fred zu sorgen. Oh, dem würde ich es zeigen!

Ging es hier wirklich um eine ansteckende Igel-Epidemie? Oder um Zängleins Misstrauen gegenüber meinen Fähigkeiten als Tierpflegerin?

Doktor Zänglein saß auf seinem Wackelhocker und setzte sein allwissendes Doktorenlächeln auf.

»Hier sind wir.« Ich setzte Fred samt Schachtel auf dem Behandlungstisch ab.

Vorsichtig schob der Arzt die Zeitungsknäuel zur Seite, bis Freds stacheliger Rücken zum Vorschein kam. Noch ehe der Veterinär den Igel mit seinen Fingern berühren konnte, rollte sich Fred zu einer Kugel zusammen.

»Hervorragende Reaktion. Sehr lebhaft, der Kleine«, diagnostizierte Zänglein. Der Doktor strich sanft über die schmalen Spitzen, dann runzelte er seine Stirn.

»Warum riecht er so komisch?«, fragte er irritiert.

Für einen Moment war ich fassungslos. Doch dann wurde mir klar, was er meinte. »Ach das. Das ist Raumspray.«

»Raum... was?«

»Raumspray. Apfel-Vanille.« Und weil sich soeben seine Augenbrauen zu Brücken des Vorwurfs wölbten, fuhr ich gleich fort: »Wissen Sie, wie so ein Igelchen stinken kann? Ehrlich, Herr Doktor, in meinem ganzen Leben habe ich noch nichts gerochen, das so müffelt wie Fred. Einschließlich nasser Hunde und ungewaschener Kinder.«

Sein Mund öffnete sich leicht, doch er sagte nichts. Wortlos streichelte er weiterhin Fred. Dann räusperte er sich und ich bereitete mich innerlich auf ein Donnerwetter vor.

»Also, Frau Bauer«, begann er, »ich muss schon sagen, dem kleinen Fred geht es wirklich prächtig bei Ihnen. Das hätte ich so nicht erwartet.«

Ich schaute wohl ziemlich blöd aus der Wäsche. Bevor Zänglein es sich noch anders überlegen konnte, schnappte ich den Fredkarton und verließ die Praxis.

Wochen später hatte ich mich irgendwie an Fred gewöhnt. Und er sich an mich – immerhin war ich das Frauchen mit dem leckeren Rinderhack.

Kein Wunder, dass Fred immer mehr zunahm und schließlich sogar die 580-Gramm-Marke sprengte. Damit wog er mehr als genug, um im herbstlichen Garten zurechtzukommen.

Am Abend versammelte sich die ganze Familie. Gemeinsam setzten wir Fred ins hohe Gras. Der Kleine schnüffelte an der Erde, dann sah er sich um und zögerte kurz.

Wahrscheinlich überlegte er es sich noch. Gegen mein Fünf-Sterne-Igel-Hotel war dieser Holzstoß nicht mehr als eine Baracke. Dann

Gegen mein Fünf-Sterne-Igel-Hotel war dieser Holzstoß nicht mehr als eine Baracke.

jedoch trippelte Fred davon und verschwand.

Die Kinder schluchzten theatralisch und ich muss zugeben, dass auch mir ein wenig wehmütig zumute war.

Wir kehrten ins Haus zurück und hatten gerade am Tisch Platz genommen, da klingelte es an der Tür.

In seinem dunklen Mantel hätte ich Doktor Zänglein fast nicht erkannt. Sein Lächeln war freundlicher denn je, sodass ich die kleine stachelige Kugel in seinen Händen zuerst nicht bemerkte. »Der ist mir vors Auto gelaufen«, meinte der Tierarzt schließlich mit einem entwaffnenden Grinsen und dann wurde mir klar, worauf dieses Gespräch hinauslief.

So kam es, dass Freds Schachtel sofort einen Nachmieter fand. Natürlich mit dem bewährten Service inklusive Tierarzt, Rinderhack und täglichem Versteckspiel. Und dem unverwechselbaren Igelparfüm.

So kam es, dass Freds Schachtel sofort einen Nachmieter fand. Natürlich mit dem bewährten Service inklusive Tierarzt, Rinderhack und täglichem Versteckspiel.

Aber was soll's? Jemand muss sich ja um diese putzigen Tierchen kümmern.

Und Fred? Der besucht uns immer noch hin und wieder. Manchmal gesellt er sich zu den Stubentigern unseres Nachbarn und steckt den Kopf in deren Futternäpfe. Er ist eben kein Kostverächter, unser Fred.

KATER, KATER

Ich glaube, dies ist jetzt der sechste oder siebente Anfang, den ich für diese Kater-Geschichte schreibe. Das allein ist, wenigstens für mich, interessant, denn ich brauche selten mehr als zwei oder drei Anläufe, um in einen Text zu finden. Ach was, meistens klappt es auf Anhieb.

Vielleicht ist es diesmal anders, weil wahre Liebe im Spiel ist. Auch nach dreißig Jahren noch. Und das, obwohl mir seither noch viele Katzen, Kater und Kätzchen begegnet sind, die mein Herz im Sturm erobert haben. Ohne das hier allzu sehr vertiefen zu wollen, bin ich von Katzen fasziniert.

Das war allerdings nicht immer so. Es begann mit einem Kater, zu dem ich aus reinem Zufall kam: Ein befreundetes Paar trennte sich und ihr Kater musste, wenigstens vorübergehend (angeblich!), irgendwo unterkommen.

Also bot ich an – oder wurde ein wenig dazu gedrängt –, den Kater für ein paar Wochen aufzunehmen. Schließlich wohnte ich in einer Wohngemeinschaft mit Parterrewohnung und großem Garten, also ziemlich ideal für den Kater.

Bis dahin hatte ich Katzen nicht wirklich auf dem Plan und Haustiere auch nur so nebenbei: Mein erstes war ein unsichtbarer Dackel gewesen, der mich überallhin begleitet hatte (da war ich vielleicht fünf oder sechs). Ihm folgten später sehr sichtbare Kanarienvögel, Wellensittiche und Hamster. Mit achtzehn oder neunzehn Jahren allerdings wurden Frauen (wenn auch nicht als Haustiere) und überhaupt das rauschende Leben viel interessanter, als sich mit einem Haustier zu befassen. Und über Katzen im Speziellen hatte ich mir nie Gedanken gemacht.

Das aber musste sich mit Einzug des Katers (der von seinen ursprünglichen Besitzern einen so unmöglichen Namen bekommen hatte, dass ich ihn nie verwendete und es schließlich einfach bei Kater beließ) nun auf jeden Fall ändern, immerhin sollte es ihm die paar Wochen gut gehen in einer ziemlich lebendigen WG.

Zumindest nahm ich mir das vor, Ahnung von Katzenhaltung hatte ich praktisch keine. Es war mir nur klar, dass man vorn in das Tier etwas hinein-  **Es war mir nur klar, dass man vorn in das Tier etwas hinein-stecken musste, was dann hinten wieder herauskam.**

stecken musste, was dann hinten wieder herauskam. Füttern und Katzenklo also. Na, und alles Weitere würde sich schon ergeben. (So ungefähr sieht man das in diesem Alter.)

Natürlich kannte ich den Kater schon von meinen Besuchen bei dem erwähnten Paar. Ein großer Bursche, pechschwarz bis auf einen kleinen weißen Fleck auf der Brust, mit glühenden, gelb-grünen Augen. Er war einer von der unaufdringlichen, zurückhaltenden Sorte, sozusagen ein Kater von der Beob-achterfront, der erst einmal vorurteilslos zusah und sich Zeit ließ mit seinen Entscheidungen, bei denen er dann allerdings auch beharrlich blieb: Unmöglich, dass er sich irren konnte.

Ohne dass ich etwas davon ahnte, hatte er sich wohl auch ein Bild von mir gemacht und es muss, aus welchen Gründen auch immer, schmeichelhaft für mich ausgefallen sein. Vom ersten Tag an signalisierte er deutlich, dass er diesen unwissenden Katzenanfänger als Hauptzuständigen betrachtete, obgleich ich nicht allein wohnte. Mein Zimmer aber wurde von ihm als sein Territorium

Mein Zimmer aber wurde von ihm als sein Territorium betrachtet und er erwartete, dass ich zur Fütterung antrat oder mich auch sonst um ihn kümmerte.

betrachtet und er erwartete, dass ich zur Fütterung antrat oder mich auch sonst um ihn kümmerte. Möglicherweise betrachtete er mich auch als den entscheidenden Mann, der dafür sorgen konnte, dass er bleiben durfte, denn unübersehbar gefiel es ihm bei uns.

Wir wohnten in einer Gegend mit vielen Gärten und wenig Verkehr und er hatte den Luxus, kommen und gehen zu können, wie er wollte (manchmal blieb er in wichtigen Katergeschäften tagelang weg). Im Übrigen gab es da auch noch andere Katzen und Kater – die allerdings meist bald einen Bogen um unser Haus machten: Es sprach sich in der Katzenwelt offenbar schnell herum, dass dieser Kater hier keine Gefangenen machte.

Und zu alldem gab es bei uns immer ein bequemes, warmes und weiches Plätzchen, außerdem fast rund um die Uhr jemanden, bei dem gerade notwendige Streicheleinheiten eingefordert werden konnten, auch wenn er da ziemlich wählerisch war. Kurz, ein wunderbares Katerleben.

Na gut, der Katzenklo-Service in unserem täglichen Chaos war vielleicht nicht gerade der Beste. Aber wozu gab es den großen Garten? Und okay, die Fütterungszeiten wurden zuweilen etwas kreativ gehandhabt, doch schließlich melden sich in der Natur auch nicht pünktlich morgens um acht alle Mäuse zum letzten Appell. So hielten sich die Unannehmlichkeiten für ihn wohl in überschaubaren Grenzen – auch Tierarztbesuche etwa, die er mit stoischem Fatalismus über sich ergehen ließ.

Wobei ich hier erst (wie gesagt, als Anfänger in Sachen Katzen) bei unserem Antrittsbesuch begriff, dass ich einen besonderen Vertreter seiner Art erwischt hatte.

»Oh lala«, sagte die Tierärztin überrascht, als ich die Tasche mit ihm darin auf den Behandlungstisch gewuchtet und den Verschluss geöffnet hatte. »Da haben wir aber wirklich mal … ähm … einen richtigen Kater!«

Sie hob ihn etwas mühsam heraus und setzte ihn auf den Tisch. Und tat dann einen Moment gar nichts. Stand bloß da, schaute ihn an, begann zu lächeln und kraulte ihm eine Weile den Kopf. Das war seine übliche erste Wirkung.

Er schaute furchtlos zurück.

»Wie heißt er denn?«, fragte sie schließlich.

»Kater«, sagte ich.

Sie grinste. »Natürlich. Kater. Wie auch sonst.«

Eine kurze Untersuchung: Kater blieb stoisch und ließ sich alles gefallen. Maulte nicht, fauchte nicht, blieb entspannt selbst bei einer kleinen Spritze. Die Augen der Ärztin leuchteten. Es muss einer der Momente gewesen sein, in denen ihr bewusst wurde, dass sie ihren Beruf liebte. Nebenbei, nicht nur sie, denn auch ihre Helferin stand geradezu andächtig dabei und betete den Kater an.

»Das ist wirklich ein wunderschöner Kerl«, sagte Frau Doktor B. zuletzt. »Und er hat Ausstrahlung. Sogar sehr.«

Das stimmte – nur hatte ich das bisher für nichts Besonderes gehalten. Er setzte seine Katermagie ja auch nur da ein, wo es ihm gerade praktisch erschien. Oder vielleicht, um sich auszuprobieren: Bei einem Freund einer Mitbewohnerin etwa, der Katzen definitiv  **Er setzte seine Katermagie ja auch nur da ein, wo es ihm gerade praktisch erschien.** nicht ausstehen konnte. Somit natürlich auch den Kater nicht, das stand felsenfest – bis ich ihn einmal in ähnlich hypnotischem Zustand wie dem der Tierärztin antraf (ich traute für einen Moment meinen Augen nicht) und beobachten durfte, wie er den Kater kraulte. Und nicht etwa nur nebenbei, nein, sondern intensiv und, das verstand sich von selbst, gefälligst so, wie es Kater gefiel. Der entdeckte mich nach einem Moment, hob den Kopf und, ich schwör's, grinste.

»Ich weiß auch nicht«, sagte der Freund später am Tisch, noch immer verwirrt über sich selbst, »ich kann mit Katzen nichts anfangen. Quatsch, die Viecher können von mir aus bleiben, wo der Pfeffer wächst. Aber dein Kater ... den würde ich mir auch noch gefallen lassen.« Höchstes Lob aus dem Munde eines Katzenverächters.

Mittlerweile hing ich aber auch selbst ganz und gar in den Fängen des Katers. Zweimal hatte ich zu Anfang noch nachgefragt, wann die ursprünglichen Besitzer ihn denn wieder abholen wollten und verlegene Ausflüchte geerntet. Inzwischen fürchtete ich eher den Anruf, dass man ihn jetzt holen komme. Der Kater dagegen schien sich bald sicher zu sein, dass er bleiben würde. Und hatte recht damit.

Ich vermute, dass jeder Haustierbesitzer – wenn man ihn denn lässt – ungefähr zwei bis drei Tage am Stück erzählen könnte, was sein Tier schon alles an besonderen Intelligenzleistungen oder putzigem Verhalten an den Tag gelegt hat. Mir etwa wäre gerade sehr danach, das zu tun. Aber vielleicht ist auch so schon klar geworden, dass die spezielle Mischung aus Intelligenz, Kraft und Eleganz des Katers niemanden unberührt ließ, der ihm begegnete. Belassen wir es also dabei. Hinzuzufügen wäre in diesem Zusammenhang nur noch, dass er sich auch als echter Gentleman erwies. Das stellte sich heraus, als wir kätzischen Zuwachs in unserer WG bekamen: Eine unabgesprochene Spontanaktion, bei der ich fast einen Anfall bekam, weil ich mir nicht vorstellen mochte, was der Kater mit dieser hübschen, sehr kleinen, sehr zierlichen und ebenso schwarzen Katze namens Mädchen tun würde, wenn er auf sie traf.

Ihre erste Begegnung war jedoch ein Vergnügen: Er kam durch das offene Fenster herein, verharrte einen Augenblick (er hatte das Mädchen sofort im Sessel gesehen) und machte darauf einen einzigen Satz durch das Zimmer zu ihr. Mir blieb das Herz stehen – immerhin war sie nicht einmal halb so groß wie er. Aber dann ... leckte er ihr über den Kopf. Aha. Sofort adoptiert. Zuweilen also doch ein Kater schneller Entschlüsse. Oder schnell verliebt. Wer weiß.

So oder so änderte sich mit Mädchens Erscheinen zunächst nicht viel: Auf Streifzüge nahm er sie nur gelegentlich mit und nach wie vor las er, auf der Rückenlehne meines Ohrensessels ausgestreckt und den Kopf auf meiner Schulter, mit mir Zeitungen oder Bücher. Oder tat so. Schnurrende Verbundenheit.

Andererseits setzte er aber die Idee des Mädchens, unseren Kühlschrank zu plündern (sie wäre nicht kräftig genug dafür gewesen), freundlicherweise in die Tat um und ließ ihr den Vortritt, nachdem er den schweren Holzstuhl beiseitegeschoben und die Kühlschranktür mit einer Kralle geöffnet hatte. Es schien ihm zu genügen, dass seine Mitkatze ihm dabei bewundernd zusah. Ich sah auch bewundernd zu, griff dann allerdings zum höchsten Verdruss der beiden ein und stob wie ein Wirbelwind dazwischen. Krönung seiner Rücksichtnahme auf das Mädchen war zuletzt, dass er sogar einen anderen Kater im Garten akzeptierte, für den sie sich zu interessieren schien – eine Art wild lebenden Piraten mit einem blinden Auge, struppigem Fell und zerzausten Ohren. Normalerweise hätte der Kater ihn ohne Weiteres aus dem

Andererseits setzte er aber die Idee des Mädchens, unseren Kühlschrank zu plündern (sie wäre nicht kräftig genug dafür gewesen), freundlicherweise in die Tat um und ließ ihr den Vortritt, nachdem er den schweren Holzstuhl beiseitegeschoben und die Kühlschranktür mit einer Kralle geöffnet hatte.

Garten gefegt. Aber nein, das Mädchen wollte den Piraten gern näher kennenlernen, also durfte er bleiben.

Jedenfalls hin und wieder.

Nach einer Weile allerdings interessierte er sich nicht mehr für ihn. Auch nicht für das Mädchen. Oder sonst jemanden. Seine entspannte Grundhaltung schien innerhalb weniger Tage einer seltsamen, beunruhigenden Apathie zu weichen. Ganz zu schweigen von einer trockenen, warmen Nase und einem Blick, der an allem vorüberzugehen schien.

Ich packte ihn also ein und brachte ihn erneut zur Tierärztin. Zum ersten Mal maunzte er leise, als ich ihn auf den Tisch hob. Die Ärztin nahm ihn sich wortlos vor – zügig, ruhig, sicher. Mir gefiel das allerdings nicht. Der Kater war anders als sonst, sie war anders als sonst. Sehr sachlich. Ihre professionelle Art hätte mich beruhigen müssen, aber das Gegenteil war der Fall. Ich wusste längst, dass sie den Kater sehr mochte – im Grunde war die ganze Praxis in ihn verliebt. Jetzt dagegen schien es, als zöge Frau Doktor B., vielleicht ohne es selbst zu bemerken, eine Schutzmauer um sich hoch.

Das gefiel mir noch weniger.

Irgendwann war sie fertig mit der Untersuchung und setzte den Kater in seine Tasche zurück. Atmete kurz durch. Darauf folgte die Diagnose: Verdacht auf Leukämie, sie würde es bald genau wissen, sei sich jedoch ziemlich sicher. Ich hörte nur Stichworte – Leukämie, schlecht behandelbar, ich müsse jetzt nachdenken, dem Tier Leiden zu ersparen.

Doch andererseits … natürlich, man könne auch eine Behandlung versuchen. Wenigstens einen Anlauf, schließlich sei der Kater jung und kräftig, vielleicht schaffe er es – leider sei die Sache nicht ganz billig …

Ich fragte, was das in etwa kosten würde.

Sie warf mir einen kurzen Blick zu. Wahrscheinlich erkannte sie in diesem Moment, dass ich auch Banken überfallen würde, um die Behandlung zu bezahlen. Oder das sowieso müsste. (Ich kam gerade nur mit Ach und Krach über die Runden.)

»Wir werden uns schon einigen«, sagte sie unvermittelt. »Wir können das auch in Raten machen ... oder etwas Ähnliches.« Womit ich wusste, dass die Sache für mich praktisch unbezahlbar war.

Doch Diskussionen darüber, ob wir es überhaupt versuchen sollten, blieben aus: Sie war nun wild entschlossen, den Kater am Leben zu halten, genauso wie ich wusste, dass ich darüber nicht erst nachdenken musste.

Sie war nun wild entschlossen, den Kater am Leben zu halten, genauso wie ich wusste, dass ich darüber nicht erst nachdenken musste.

In der Katzentasche setzte ein tiefes Schnurren ein.

Katzenleukämie ist eine üble und hinterhältige Angelegenheit, die mit den unterschiedlichsten Symptomen daherkommt. Die Krankheit lässt sich da einiges einfallen und zeigt sich sehr unterschiedlich.

Ich erinnere mich an die folgenden Wochen nicht sehr genau – nur daran, dass von jetzt an unser Katerservice pünktlich wie ein Uhrwerk funktionierte und ich ihn alle paar Tage in die Praxis schleppte, damit er seine Spritzen bekam. Sicher weiß ich bloß noch, dass ich ihm am Abend der Diagnose eine ernste Ansprache hielt, in der ich ihm erklärte, dass Fahnenflucht jetzt nicht infrage käme, wir nur diesen einen Anlauf hätten, er sich gefälligst ins Zeug legen solle oder sich ausruhen oder sich auf mich verlassen - irgendetwas in dieser Art. Er schien dem halb verzweifelten Unsinn tatsächlich aufmerksam zu lauschen - zumindest, bis das Mädchen hereinkam. Sie blieb die nächste Zeit ständig in seiner Nähe, ihr Pirat war abgemeldet. Und so verließen zwei Katzen für Wochen nicht mehr das Haus, zumindest nicht zum Streunen.

Außerdem weiß ich noch, wie mich der Kater eines Morgens weckte: mit einem (beinahe) K.-o.-Schlag. Er gab Köpfchen und traf dabei wie stets den Punkt auf dem Kinn, bei dem man Sterne sah. Als ob er das mit Absicht machte. Aber ich musste grinsen, weil schon wieder fast genauso viel Kraft dahinter steckte wie zuvor. Als mir das wirklich klar wurde, war er allerdings schon im Garten verschwunden, das Mädchen im Schlepptau.

Geschafft.

Beim nächsten Besuch in der Tierarztpraxis wurde der Kater nach all den Spritzen wieder von Kopf bis Schwanzende untersucht. Auffallend langsam, wie ich fand. Und sehr genau, wie es ja auch sein sollte. Aber da war noch etwas anderes: Die Ärztin genoss die Sache. Lächelte die ganze Zeit vor sich hin.

»Weißt du was - sieht aus, als hätten wir es hingekriegt«, sagte sie zuletzt zum Kater. Er hob den Kopf. Maunzte nicht, schnurrte nicht, sah sie nur aufmerksam an. Sie schien damit zufrieden zu sein.

»Und ... ähm ...: die Rechnung?«, fragte ich.

»Draußen an der Rezeption«, sagte sie leichthin. »Und jetzt müssen wir die Daumen drücken. Sie wissen ja – keinen zweiten Ausbruch.«

»Das wird schon«, nickte ich. Der Kater schien derselben Meinung zu sein.

An der Rezeption drückte mir die Helferin lächelnd die Rechnung in die Hand. Vorsichtshalber machte ich sie erst zu Hause auf. Und nun ja, offenbar war Frau Doktor B. nicht bloß entschlossen gewesen, den Kater durchzubringen – anscheinend wollte sie aus mir auch keinen Bankräuber machen. Die Summe war selbst für mich zu tragen und lag ganz sicher weit unter dem, was die Behandlung in Wirklichkeit gekostet hatte.

Das Leben mit Kater konnte weitergehen.

Zum Beispiel mit Spaziergängen zum nahe gelegenen Park, bei denen der Kater und das Mädchen sich mir zuweilen anschlossen. Auf der großen Wiese spielten sie und jagten sich gegenseitig. Spazierten danach wieder mit mir nach Hause. Das behielten sie bei, trotz einer unguten Begegnung mit einem Schäferhund auf der Straße: die Katzen sehen und auf sie losschießen war eines. Es ging so rasch, dass ich kaum Zeit hatte, zu reagieren – die Katzen so schnell ich konnte schnappen und hochnehmen? Mich dem Hund in den Weg stellen? Oder wie jetzt? Ein echtes Problem, ganz zu schweigen von dem Bild, das ein ausgewachsener Schäferhund abgibt, wenn er in vollem Tempo auf einen zuprescht und alles andere als nur spielen will. Die Lösung des Problems hatten allerdings die Katzen selbst: Sie warteten ab (als gäbe es für solche Fälle einen schon abge-

Sie warteten ab (als gäbe es für solche Fälle einen schon abgesprochenen Notfallplan), bis der Hund fast ganz herangekommen war – und ergriffen dann, im letztmöglichen Moment, die Flucht.

sprochenen Notfallplan), bis der Hund fast ganz herangekommen war – und ergriffen dann, im letztmöglichen Moment, die Flucht. Der Kater nach links, das Mädchen nach rechts. Zack, weg waren sie: Der Hund stoppte, für einen Moment unschlüssig, wen er nun jagen sollte. Aber dafür war es jetzt ohnehin schon zu spät. Die Katzen waren verschwunden. Und der Hund fiepte ratlos.

»Glück gehabt«, meinte der Hundebesitzer gönnerhaft, als er an mir vorbeigeschlurft kam.

»Du auch«, sagte ich. Was ich ernst meinte, ihm aber wohl erst jetzt klar wurde. Er nahm den Hund an die Leine.

Ich dagegen wartete. Als sie außer Sicht waren, raschelte es leise neben mir: das Mädchen. Kurz darauf schloss sich uns der Kater wieder an.

»Und wer von euch beiden hat sich den Trick ausgedacht?«, fragte ich sie. Erhielt jedoch keine Antwort. Dafür vergnügtes Schnurren um meine Beine.

Ein Jahr später.

Das Leben hatte ange-  **Apathie statt Entspannung. Schwäche statt Kraft. Gleichgültigkeit statt Interesse. Und dieser Blick ...**

halten. An Wochenende war es mir wieder aufgefallen: Apathie statt Entspannung. Schwäche statt Kraft. Gleichgültigkeit statt Interesse. Und dieser Blick ...

Natürlich hatte ich es nicht wahrhaben wollen. Keinen zweiten Ausbruch der Krankheit. Auf keinen Fall. Montag würde er bestimmt wieder auf den Pfoten sein. Ganz sicher ...

Er war es nicht.

Dienstagmorgen ging ich zur Tierärztin. Dasselbe Spiel. Die Sachlichkeit, die schnelle Untersuchung. Professionalität. Kein Lächeln. Schließlich sah sie auf.

»Die Leukämie ist wieder da«, sagte sie. Ihre Stimme zitterte leicht. Ich nickte.

»Sollen wir ihn gleich ... hierbehalten?«

Natürlich hätte ich Ja sagen müssen. Ich konnte nur nicht.

Brachte einfach kein Wort heraus. Also schüttelte ich den Kopf.

»Wenn Sie ihm die Schmerzen ersparen wollen ... diese Woche noch.« Ich nickte wieder. Sie gab mir einen Termin. Wischte sich wie nebenbei schnell die Augen.

Die letzte Nacht. Ich war fertig mit meinen Vorbereitungen. Im Garten hatte ich ein Loch gegraben. Mir für den Freitag einen

Urlaubstag genommen. Zwei Freunde würden mich begleiten. Darum gerissen hatten sich beide nicht, was ich nur zu gut verstand.

Der Kater kam zu mir ins Bett, anders als sonst. Drängte sich an mich. Schnurrte wie eine Nähmaschine. Ich streichelte ihn ohne Pause.

»Bald vorbei«, flüsterte ich ihm zu. »Bald vorbei.« Und noch ein paar andere Dinge, die nicht hierhergehören.

Kurzer, zerrissener Schlaf. Immer wieder Aufschrecken. Aber der Kater lag ausgestreckt neben mir, die ganze Nacht.

Nur, dass es so früh schon hell wurde.

Ich nahm den Kater und legte ihn in die Tasche. Meine Freunde kamen, pünktlich auf die Minute – auch anders als sonst. Wir redeten kaum. Gingen zur Praxis. Die Helferin öffnete.

»Vielleicht ist es besser ... Warten Sie hier draußen?« Sie klang heiser.

Ich nickte. Vielleicht hätte ich mit hineingehen sollen, aber meine Beine waren bleischwer. Sie nahm die Tasche.

Wir warteten. Schweigend.

Nach einer Weile öffnete sich die Tür wieder. Diesmal Frau Doktor B. Tränenüberströmt. Sie gab mir die Tasche.

»Er ist schnell eingeschlafen. Er hat keine Schmerzen gehabt.«

Wir begruben den Kater im hinteren, verwilderten Teil des Gartens. Blumen wuchsen hier nie.

Erst im nächsten Jahr: Eine einzige gelbe Frühlingsblume. Direkt an seinem Grab.

Und das, so in aller Kürze (na ja ...), war die echte Heldengeschichte meines Katers. Ich finde auch heute noch, dass er das Beste in sich vereinigt hat, was man von einem Kater so erwartet. Er ist nicht einmal fünf Jahre alt geworden, trotzdem habe ich eine Menge von ihm gelernt. Und durch ihn und – nicht zu vergessen! – das zierlich-sanfte Mädchen meine Faszination für Katzen entdeckt.

Seither sind mir noch einige Katzen und Kater begegnet (aber alle haben Namen bekommen), die für reichlich Vergnügen, Ärger, Chaos oder auch Erstaunen gesorgt haben. Katzen jeder Couleur, schlau und trickreich, verschmust oder kämpferische Einzelgänger, intelligent oder auch mal nicht eben die hellsten Kerzen auf der Torte (dennoch, wie liebenswert!). Aber bei allen Sorgen, die man sich manchmal ihretwegen macht – oder auch der

Aber bei allen Sorgen, die man sich manchmal ihretwegen macht – oder auch der Trauer, die man empfinden mag –, geben sie doch dem Leben eine zusätzliche Prise Humor, Leichtigkeit und Eleganz, auf die ich ungern verzichten würde.

Trauer, die man empfinden mag –, geben sie doch dem Leben eine zusätzliche Prise Humor, Leichtigkeit und Eleganz, auf die ich ungern verzichten würde.

Und, so nebenbei, habe ich auch eine Tierärztin kennengelernt, die ich keineswegs nur deshalb schätze, weil sie ihre Rechnungen meinem damals äußerst übersichtlichen Geldbeutel angepasst hat.

Das, denke ich auch heute, war noch das Geringste an ihr.

WELCHES HAUSTIER HÄTTEN'S DENN GERN?

Eine Sonder-Werbe-Aktion von TAUSCH-DEIN-TIER!

500.000 Likes auf Facebook!
(Nur noch diesen Monat gültig: Fünfzig Prozent Mitglieder-rabatt für Reptilien- und Spinnenbesitzer)

Herzlich willkommen bei TAUSCH-DEIN-TIER!

Möglicherweise haben auch Sie sich schon einmal die Frage gestellt, ob die Wahl, die Sie mit Ihrem jetzigen Haustier getroffen haben, tatsäch-lich die richtige war.

Unter Umständen hat Ihr Haustier nämlich eine Lebenserwartung, die doppelt so hoch ist wie die derzeitige bundesdurchschnittliche Dauer einer Ehe, sodass Ihnen spätestens bei Ihrer Scheidung die ersten Zweifel kommen werden oder womöglich schon gekommen sind.

Machen wir uns also nichts vor, auch Sie kennen diese fiesen, kleinen Momente, in denen Sie sich ertappen, einen winzigen Funken Verständnis für »dasjenige asoziale Pack, bah!«

zu empfinden, welches seine Haustiere am ersten Urlaubstag an der erstbesten Autobahnraststätte aussetzt, um nach Herzenslust das zu tun, was endlich wieder möglich ist, wenn man plötzlich kein Tier mehr und somit eine Sorge weniger am Hals hat.

Dieser wissenschaftlich fundierte Psychotest soll zeigen, ob es für Sie nicht an der Zeit wäre, das eigene Tier einfach mal gegen ein anderes einzutauschen oder sogar eine Art Pet-Sharing zu wagen. Nehmen Sie im Anschluss an diesen Test gern mit uns Kontakt auf.

Bei TAUSCH-DEIN-TIER finden Sie Gleichgesinnte, die ebenso wie Sie die anfängliche Begeisterung am eigenen Haustier verloren haben oder bei denen sich eine Art Ernüchterung eingestellt hat. Ähnlich wie man es beispielsweise beim Einzug eines neuen Partners empfindet, wenn einem bewusst wird, wie umständlich es sich möglicherweise gestalten wird, ihn nach der ersten Euphorie wieder loszuwerden.

Treffen Sie hier Menschen, die einfach Lust haben, sich über ein anderes Tier zu ärgern!

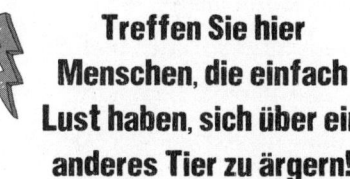

Treffen Sie hier Menschen, die einfach Lust haben, sich über ein anderes Tier zu ärgern!

Beachten Sie bitte auch unsere regelmäßigen Specials in den Rubriken ANGEBERTIERE, ALIBITIERE und – ganz neu und exklusiv bei uns – FRESSFEINDE-TO-GO. Hier können Sie bequem von zu Hause aus den passenden Fressfeind für Ihr Haustier finden. Drei Millionen zufriedene Kunden in aller

Welt nutzen diesen Service und konnten ihr tierisches Problem bereits während der kostengünstigen Probemitgliedschaft lösen.

 **Hier können Sie bequem von zu Hause aus den passenden Fressfeind für Ihr Haustier finden.**

Haben wir Sie neugierig gemacht?

Dann beantworten Sie folgende zehn Fragen spontan und ohne jede moralische Überempfindlichkeit.

Sie brauchen sich beim Ausfüllen des Tests ja nicht von Ihrer Katze über die Schulter schauen zu lassen. Sie weiß, ganz im Gegenteil zu Ihrem Hund, sowieso längst, welch perfider Charakter sich hinter Ihrer freundlichen Fassade verbirgt.

Frage 1: Inwiefern stimmen Sie dieser Aussage zu: Menschen tarnen mit Haustieren lediglich ein tief greifendes soziales Defizit.

1 ☐ Stimmt. Besonders Menschen mit Schlangen, für die sie im Baumarkt gefrorene Mäuseföten und puschelige Kaninchenbabys zum Fressen kaufen, müssen dieses, äh, Dings haben.

2 ☐ Das finde ich jetzt irgendwie schon so'n bisschen einebig und überhaupt nicht systemisch gedacht - ich tausche mich mit meinem Haustier ebenso aus wie mit meiner

Partnerin –, das zeigt doch geradezu exemplarisch, wie verlässlich die Sozialisationsinstanzen hier ineinandergreifen. Spür dem Gedanken mal nach!

3 ☐ Was ist noch gleich ein soziales Defizit? Ich hab gerade niemanden, den ich fragen könnte.

4 ☐ Wieso tarnen? Das versteh ich jetzt nicht. Ich hab mir den Mastiff doch extra zugelegt, um mir die ganzen Schwachmaten vom Hals zu halten.

Ich hab mir den Mastiff doch extra zugelegt, um mir die ganzen Schwachmaten vom Hals zu halten.

Frage 2: Mögen Sie lieber Hunde oder Katzen?

1 ☐ Ja.

2 ☐ Also noch mal wegen eben: Man sollte schon auch mal versuchen, die Sicht des Tieres in die Argumentationskette mit einzubringen. Kommt es nicht vielmehr darauf an, dass du vom Tier geliebt wirst?

3 ☐ Ich hab von jedem zwei. Also Hunde. Und Katzen. Weil, früher durfte ich nur Goldfische haben. Ich hab den Mangel jetzt kompostiert.

4 ☐ Gestern hat mein Mastiff eine gefressen. Frage beantwortet?

Frage 3: Finden Sie es gerecht, dass es eine Hundesteuer gibt, aber keine Katzensteuer?

1 ☐ Wer eine Toilette benutzen kann, braucht keine Steuern zu zahlen. Finde ich. So als Tier.

2 ☐ Steuern! Das ist ja mal wieder typisch. Kaum geht es mal etwas tiefer in die Esoterik, grätscht sofort der Staat dazwischen und macht alles kaputt mit seinem Bürokratiewahn; das macht mich betroffen, echt.

3 ☐ Wie Steuern? Für was?

4 ☐ Nein, deswegen hatte es die Katze ja auch verdient.

Frage 4: Ist Ihnen Ihr derzeitiges Haustier kuschelig genug?

1 ☐ Sie meinen das Fell vor dem Kamin? Ja.

2 ☐ Du, es ist doch nicht die Aufgabe des Tieres, MEINE Bedürfnisse zu befriedigen. Vielmehr bin doch ich in der Verantwortung, für sein emotionales Wohl und seine spirituelle Weiterentwicklung zu sorgen.

3 ☐ Ja, weil Fische darf man ja nicht aus dem Wasser nehmen, die kriegen sonst keine Luft mehr. Nur unter Wasser können die irgendwie atmen, frag mich nicht.

4 ☐ Das wäre ja noch schöner. Wenn Osama kuscheln möchte, drück ich den Knopf fürs Schockhalsband.

Wenn Osama kuscheln möchte, drück ich den Knopf fürs Schockhalsband.

Frage 5: Verwöhnen Sie Ihr Haustier gern mit teurem Spielzeug oder Zubehör?

1 ☐ Ja, sicher. Das Fell musste ich vor Kurzem mit einem Spezialspray gegen Motten behandeln.

2 ☐ Irdische Besitztümer sind ganz schlecht fürs Karma. Widerspricht auch total dem inneren Erkenntnisweg. Sagt dir Gandhi was? Na, dann google mal.

3 ☐ Ich spare auf einen Hundepulli von Gucci mit Swarovski-Kristallen drauf.

4 ☐ Schockhalsband. War scheißteuer.

Frage 6: »Wie das Haustier, so sein Herrchen.« Stimmen Sie dieser Aussage zu?

1 ☐ Wie das Haustier, so sein Herrchen? Ob ich dieser Aussage zustimme? Wenn ich einen Papagei hätte, schon.

2 ☐ Rein gendertechnisch ist die Frage ja schon völlig falsch formuliert. Wie die Haustierin, so seine Herrin, wenn's recht ist.

3 ☐ Auf meiner Kundenkarte vom Happy Fur Damen- und Tiersalon fehlt nur noch ein Stempel. Dann kriegen wir beide eine Pet-iküre.

4 ☐ Meine Frau sagt, Osama frisst, bellt und kackt. Genau wie sein Chef. Meinen Sie das?

Frage 7: Würden Sie sich nach dem Ableben Ihres jetzigen Tieres erneut eines anschaffen und wenn ja, wieder diese Rasse bzw. Art?

1 ☐ Könnten Sie wohl noch mal den Mittelteil wiederholen?

2 ☐ Ich greife doch nicht in den ewigen Kreislauf der Wiedergeburt ein. Das Tier wird mich finden, egal in welcher Gestalt. Buddhismus, weißte?

> **Das Tier wird mich finden, egal in welcher Gestalt.**

3 ☐ Nur eins mit langen Haaren. Bei fünf vollen Kundenkarten gibt's nämlich speziell für die Frauchen eine animalische Mann-iküre.

4 ☐ Rasse? Sie wollen auf diesen Typen mit den Autobahnen raus? Hatte der nicht einen Schäferhund? Weichei! So'n Schäferhund, find ich. Meine persönliche Privatmeinung, jetzt.

Frage 8: Geben Sie Ihrem Liebling einen Spitznamen?

1 ☐ Schatzi. Mausebärchen. Pupserchen. Aber das hört mein Mann nicht so gern.

2 ☐ So was wie Schatzi, Mausebärchen oder Pupserchen? Ich bitte dich. Auch ein Tier hat ein Anrecht auf eine korrekte Anrede. Siddharta

> **Siddharta und ich haben uns eine ganze Weile gesiezt, bis wir zum Du übergegangen sind.**

und ich haben uns eine ganze Weile gesiezt, bis wir zum Du übergegangen sind.

3 ☐ Schatzi, Mausebärchen oder Pupserchen? Klar! Manchmal auch Stinkerle, Kraulepaule oder Madämchen, ist doch supi süß.

4 ☐ Wenn jemand meinen Hund Ossi nennt, mach ich ihn platt. Der ist ein Wessi. Also vom Herkommen her. Nicht vom Namen. Der ist ja der gleiche wie der von dem Typen, der gegen Amerika ist. Russisch, glaub ich.

Frage 9: Wie würden Sie Ihren Charakter beschreiben?

1 ☐ Lustig, ernsthaft, strukturiert, chaotisch, schüchtern und extrovertiert.

2 ☐ Er leuchtet. Erleuchtet, also. Namaste.

3 ☐ Ach, ich bin total lieb und anhänglich und ich suche auf diesem Weg einen ebenso lieben, anhänglichen und stubenreinen Mann, mit Humor und Tierliebe und so.

4 ☐ Charakter? Für so'n Scheiß hab ich echt keinen Nerv.

Frage 10: Wie sieht Ihr idealer Feierabend aus?

1 ☐ Aaalsooo ... wir haben ja da dieses Tierfell vor dem Kamin. Und Pupserchen, also Schatzi, der ... nee, das kann ich hier echt nicht erzählen.

2 ☐ Wir meditieren. Machen Yoga. Kommunizieren. Produzieren positive Energie. Tiere lieben das.

3 ☐ GZSZ, GNTM, WWM, DSDS, DST, Katzenberger, Auswanderer, Bachelor, Frauentausch und so.

4 ☐ Osama gewinnt den Fight, ich kassier die Kohle, klar oder?

Geschafft! Zählen Sie nun zusammen, wie oft Sie welche Antworten angekreuzt haben.

Sie haben überwiegend ANTWORT 1 angekreuzt:

Sie zeigen sich in Ihrem Verhalten zwiespältig. Nicht nur Ihr Verhältnis zu Tieren scheint von einer eklatanten Ambivalenz geprägt zu sein, sondern auch Ihre Beziehung zu Ihren engsten Mitmenschen. Auch im Bereich Ihrer Persönlichkeit klaffen Selbst- und Fremdbild weit auseinander. Es kommt nicht selten vor, dass Sie sich morgens für etwas entscheiden, an das Sie sich abends bereits nicht mehr erinnern können. Haustiere brauchen jedoch Beständigkeit und immer wiederkehrende Rituale. In Ihrem Fall rät das Team von TAUSCH-DEIN-TIER zu einem Chamäleon. Es ist durch seine außergewöhnliche Biologie in der Lage, sich seiner Umgebung anzupassen, beansprucht andererseits aber durch seine Exotik eine

Entscheiden Sie sich jetzt für ein Chamäleon und Sie erhalten bei TAUSCH-DEIN-TIER einen Willkommensrabatt von zehn Prozent.

Art Alleinstellungsmerkmal und polarisiert so ähnlich wie Sie. Chamäleon-Menschen finden sich gehäuft im Sternbild Zwilling. Ihr exklusiver Bonus: Entscheiden Sie sich jetzt für ein Chamäleon und Sie erhalten bei TAUSCH-DEIN-TIER einen Willkommensrabatt von zehn Prozent.

Bitte beachten Sie: Chamäleons haben einen großen Verschleiß; aufgrund der besonders guten Tarnfähigkeit unserer Ware sind diese Tiere extrem unfallgefährdet (einsaugen, drauftreten, -liegen, -sitzen, überfahren u. Ä.).

Nur noch drei Stück auf Lager: jetzt bestellen.

Sie haben überwiegend ANTWORT 2 angekreuzt:

Sie sollten sich auf dem schnellsten Weg ein Krafttier zulegen. Wie Sie bestimmt schon intuitiv erahnen, sind solche Geisttiere, auch Spirits genannt, nicht im üblichen Fachhandel zu erhalten. Vielmehr müssen Sie diese schamanisch anrufen und den Kontakt auf der Symbolebene herstellen, um deren Energie und spirituellen Schutz zu erhalten. Dabei kann jedes noch so kleine, unbedeutende Tier zum Boten der Göttin werden. Beschäftigen Sie sich zunächst in Ihren Träumen und der Meditation mit der Idee eines solchen Begleiters, bis Sie fähig sind, den für Sie passenden Hüter zu visualisieren. Tipps und Tricks finden Sie hierzu in unserer Rubrik KRAFTTIERE. Dort haben Sie auch die Möglichkeit, sich mit anderen Antwort-2-Betroffenen auszutauschen, Tarotkarten zu tauschen und Aura-Fotografien zu vergleichen. In speziellen Meditationsgruppen können Sie Krafttiere gedanklich untereinander wechseln, um sich vor Anschaffung über die Helfertiere zu informieren.

Für nur 49,99 Euro pro Monat bietet Ihnen unser kostengünstiges Eso-Abo ebenfalls die Möglichkeit, sich spirituell mit unseren international anerkannten und erfahrenen Medien zu verbinden. TAUSCH-DEIN-TIER garantiert mindestens fünf Geistkontakte pro Monat.

Für nur 49,99 Euro pro Monat bietet Ihnen unser kostengünstiges Eso-Abo ebenfalls die Möglichkeit, sich spirituell mit unseren international anerkannten und erfahrenen Medien zu verbinden.

Sie HABEN ÜBERALL ANTWORT 3 angekreuzt:

Supi, Tiere fühlen sich bei Ihnen pudelwohl. Ihnen ist nichts zu peinlich, um für das Wohlbefinden Ihres kleinen Schnuffelmuffelchens zu sorgen. Ob Hundesalon oder Katzenklamotten, Sie sind stets bemüht, sich für Ihren pelzigen Liebling zum Affen zu machen. Zuweilen mögen ignorante Zeitgenossen bei Ihrem Anblick froh sein, dass Tierliebe nicht ansteckend ist. Lassen Sie sich davon nicht abhalten, auch weiterhin nach biodynamischen Hundekeksen, phthalatfreien Schutzhöschen oder rosafarbenen Himmelbettchen zu stöbern. Wer möchte schon sein schönes Geld in Rentenanwartschaften, Bundesschatzbriefe und Zahnzusatzversicherungen anlegen. Die glitzern ja schließlich auch nicht. Für das trendbewusste Antwort-3-It-Girl finden sich auf unserer Seite nicht nur zahlreiche Shopping-Möglichkeiten, Lifestyle-Tipps

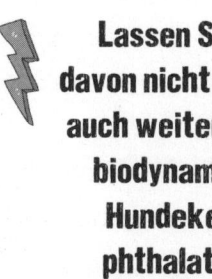

Lassen Sie sich davon nicht abhalten, auch weiterhin nach biodynamischen Hundekeksen, phthalatfreien Schutzhöschen oder rosafarbenen Himmelbettchen zu stöbern.

und weitere Tests (z. B. »Steht mir mein Tier oder macht es mich fett?«), sondern auch trendige Rubriken mit OMG!-Faktor wie: TROPHY DOGS, HANDTASCHENHUNDE und unser brandaktuelles Blog »Paris and me: Mr. Amazing erzählt aus seinem Luxus-Hundeleben«.

✂ -

Doch Achtung, jetzt wird es für einen Moment echt gruselig und auch total gefährlich, huhuhuuu: Möglicherweise erinnern Sie sich an das Schicksal von Kafkas Gregor Samsa, der sich in ein Insekt verwandelte. Übertriebene Tierliebe kann mitunter pathologische Züge annehmen. Sollten Sie beim minütlichen Spiegelcheck Tendenzen einer Metamorphose erkennen, fragen Sie Ihren Arzt oder Apotheker. Trennen Sie dazu diesen Zettel ab und geben Sie ihm dem Menschen in dem weißen Kittel, damit Ihnen die voll komischen Wörter im letzten Abschnitt erläutert werden können.

Sie SIND DIE ANTWORT 4:

Leider kommen Sie in unserem wissenschaftlich fundierten testpsychologischen Auswertungsschema nicht vor. Sie entsprechen in keinem Punkt unserer Zielgruppe. Als männlicher Kampfhundhalter mit suboptimalem Intelligenzquotienten haben Sie sich wahrscheinlich nur zufällig auf unsere Seite verirrt. Hierzu stellen wir klar: TAUSCH-DEIN-TIER vermittelt keine Sparringpartner für Kampfhundetrainings und

ist auch nicht im Verband Illegale Hundekämpfe e. V. organisiert. Falls Sie wider Erwarten dennoch mit dem Gedanken spielen, Ihr Haustier gegen ein anderes einzutauschen, können wir Ihnen empfehlen, sich in

TAUSCH-DEIN-TIER vermittelt keine Sparringpartner für Kampfhundetrainings und ist auch nicht im Verband Illegale Hundekämpfe e. V. organisiert.

der Rubrik EKELTIERE sowie POTENZTIERE umzuschauen. Werfen Sie gern auch einen Blick in die Resterampe. Hier findet sich unter »Gearscht – Die Gesellschaft ist schuld« sicher das eine oder andere Haustier, das Ihrem derzeitigen Standort in der Demografie entspricht und dem Sie ein solidarisches Zuhause bieten können. Infoblätter, Ausfüllhinweise und

Formularvordrucke für alle einschlägigen Fördermittel finden Sie anbei.

DAS TEST-TEAM VON TAUSCH-DEIN-TIER WÜNSCHT EINE TIERISCH GUTE ZEIT!

ENTMANNT

Jeder, der einen Kater hat, weiß, dass es nur zwei Lösungen für das leidige Problem mit dessen Männlichkeit gibt: Entweder man zieht aufs Land und lässt den Guten seine sexuellen Triebe ohne Hemmungen ausleben oder man bringt ihn zum Tierarzt und lässt ihn entmannen.

»Das kannst du nicht machen«, erwiderte mein Mann auf diese Ausführungen, von plötzlicher männlicher Solidarität befallen.

»Dann kannst du unseren Nachbarn bitte schön demnächst erklären, warum es im Flur so bestialisch stinkt.«

»Wieso?«, fragte mein Mann, der mit Tieren bis dato nur im Zoo oder per Fernseher Kontakt gehabt hatte.

»Wahrscheinlich, weil ihre Pisse riecht wie Veilchenwasser, wenn sie ihr Revier markieren.«

Mein Mann schaute mich an, als spräche ich Arabisch mit russischem Akzent. Hatte er wirklich keine Ahnung, wie bestialisch es stinkt, wenn Kater Chef spielen?

Mein früherer Hausarzt beschrieb mir die Hölle einst als einen Ort, an dem ich bis in alle Ewigkeit dem schlimmsten Geruch, den ich mir vorstellen könnte, ausgesetzt wäre. Ich bin sicher, er meint damit den Gestank, den Kater beim Markieren versprühen. Ich meine, hallo, meine Mutter musste einmal die kompletten Dielen aus dem Wohnzimmer reißen, nur weil der junge Herr den Boden mit dem Garten verwechselt hatte.

Reicht das nicht als Erklärung, warum ich unseren Karlos kastrieren wollte?

Ich meine, hallo, meine Mutter musste einmal die kompletten Dielen aus dem Wohnzimmer reißen, nur weil der junge Herr den Boden mit dem Garten verwechselt hatte.

Mein Mann schien von alledem jedoch nichts zu ahnen, sondern sich nur um die Weichteile unseres Stubentigers zu sorgen.

»Ich mache morgen ein Termin für ihn aus«, stellte ich daher klar, um weiteren Diskussionen aus dem Weg zu gehen.

»Aber wunder dich nicht, wenn er dich danach nicht mehr mit dem A*** anschaut.«

Leck mich doch am A***, dachte ich still und heimlich und schwor mir, nie wieder solche Probleme mit meinem Mann zu diskutieren. Weil Männer, wenn es um den Verlust irgendeiner Männlichkeit geht, einfach nicht objektiv bleiben können.

Nur drei Tage später saßen der Kater und ich auf einem grünen Plastiksessel in der Tierarztpraxis unseres Vertrauens. Um genau zu sein, saß ich auf diesem unbequemen Stuhl und er in einem hübschen braunen Bastkorb, den ich ihm erst kürzlich für teuer Geld gekauft und extra für diesen Besuch mit meinem Lieblingsschal ausgelegt hatte. Doch das wusste mein heiß geliebter Kater natürlich nicht zu würdigen. Ganz im

Gegenteil. Er führte sich auf wie Tom, wenn Jerry ihm den Kuchen vor der Nase weggeschnappt hatte. Und noch schlimmer.

Er führte sich auf wie Tom, wenn Jerry ihm den Kuchen vor der Nase weggeschnappt hatte. Und noch schlimmer.

Bereits beim Einladen hatte er mir mit seinen Krallen zu verstehen gegeben, dass er diese kleine Reise für keine gute Idee hielt.

»Ich sag dir, der ahnt was«, hatte mein Mann das Geschehen kommentiert, während er mit einer Kaffeetasse in der Hand entspannt am Esszimmertisch gelehnt und mir dabei zugesehen hatte, wie ich unter Einsatz aller meiner Kräfte versuchte, den Kater in sein Reisekörbchen zu locken. Ich hätte ihn am liebsten gleich mit zum Tierarzt gegeben ... Dabei war es ja nicht so, dass ich kein schlechtes Gewissen gehabt hätte. Doch die Tierärztin hatte mir erst einen Tag vorher am Telefon versichert, dass meine Entscheidung in Sachen K-Frage die einzige richtige sei.

»Sie wissen gar nicht, wie viele herrenlose kleine Tiere da draußen herumlaufen, nur weil irgendein Halter mal wieder vergessen hat, seine Katze zu sterilisieren.«

Aber ich hatte ja keine Katze, sondern einen Kater ...

»Das ist ja noch gefährlicher«, hatte mir die kompetente Ärztin erläutert. »Der rennt doch durch die halbe Stadt, nur um blindlings zu seinem Vergnügen zu kommen und schwupps, schon ist er unter dem Auto gelandet.«

Musste sie so von meinem heiß geliebten, einzigen, herzallerliebsten Kater sprechen, der mir regelmäßig den Platz auf dem Sofa streitig machte und der beim Essen mit uns am Tisch saß? Mit Serviette, Tischdeckchen und allem, was dazugehört, natürlich.

»Vier, maximal fünf Jahre. Länger überlebt der nicht, wenn Sie ihn nicht kastrieren lassen!«

Damit war die Entscheidung gefallen. Gegen die Eier und für ein langes Leben. Mit viel Sicherheit und wenig Sex. Um nicht zu sagen: keinem. Und zwar lebenslänglich.

Und da saßen wir nun also. Gemeinsam gefangen. Zwischen zwei keifenden Hunden und gegenüber einem roten Papageien, der hektisch von links nach rechts blickte.

Zärtlich schaute ich in den Korb und versuchte, meinen kleinen, nervösen Kater zu beruhigen.

»Alles halb so wild, du wirst gar nichts davon merken«, redete ich ihm leise zu.

»Schnipp, schnapp«, hörte ich da hinter mir eine Stimme heiser röcheln. »Und ab.«

Der Mann mit dem roten Papagei lächelte verlegen.

»Hat lange Zeit bei einem Friseur gelebt«, versuchte er dessen Verhalten zu erklären.

Oder der Vogel konnte Gedanken lesen.

»Schnipp, schnapp«, sagte der Papagei erneut.

Mein Kater fauchte, als gelte es, sein Leben zu retten.

»Und ab.« Genau das wollte ich jetzt nicht hören.

»Kater Karlos bitte in Behandlungszimmer sieben«, wurde da zum Glück ausgerufen.

Schnell eilte ich mit Karlos im Schlepptau hinaus in den Flur, wo uns ein fremder Kater begegnete. Wütend fletschte er seine weißen, scharfen Zähne.

»Wirst du wohl hierbleiben, Heinz-Peter«, schallte es aus einem der angrenzenden Zimmer. Kurz darauf sah ich eine schlanke Frau in weißem Kittel aus der Tür treten. Das musste die Ärztin sein. Hans-Peter hatte sich indes schon in Richtung Wartezimmer verabschiedet. Entschuldigend lächelte sie mich an.

»Die Kater drehen immer etwas durch, wenn es darum geht, sie zu kastrieren.«

Ich zog den Korb noch enger an mich heran. Vielleicht war das alles doch keine gute Idee gewesen ...

Da stand die Ärztin auch schon neben mir und versuchte in den Korb zu schielen.

»Na, und du bist also der Nächste ...«

Aus dem Augenwinkel sah ich die Sprechstundenhilfe vergeblich hinter Heinz-Peter herrennen. Er schien doch sehr an seinen Eiern zu hängen.

Beherzt griff die Ärztin nach meinem Kater.

»Sie können ihn dann morgen Mittag wieder abholen.«

Meine Hände klebten immer noch an dem Katzenkorb. Ich wollte und konnte nicht loslassen. War das wirklich die richtige Entscheidung? Sollte ich es mir nicht doch noch anders überlegen oder aufs Land ziehen? Da hatte mir die Ärztin den Korb schon entschlossen abgenommen. Eine Träne rann mir über die rechte Wange. Ich konnte ihn doch nicht einfach so seiner Männlichkeit berauben!

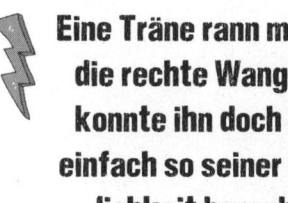

Eine Träne rann mir über die rechte Wange. Ich konnte ihn doch nicht einfach so seiner Männlichkeit berauben!

Mitfühlend strich die Ärztin über meinen Arm.

»Sie tun das Richtige.«

Ich nickte, als wüsste ich, dass sie recht hatte, fühlte mich aber nicht weniger schlecht.

»Morgen haben Sie Ihren Kater schon wieder.«

Jetzt miaute er auch noch leise. Wie damals als kleines Baby, als er seine Mama vermisste.

»Lass mich nicht hier!«, schien er zu rufen. »Ich werde auch nie wieder Braten stibitzen.«

Gerade wollte ich den Korb wieder an mich reißen, da war die Ärztin auch schon in den Raum zu ihrer Rechten verschwunden. Ich schluckte und schlich in Zeitlupe nach draußen. Tränen stiegen mir in die Augen. Nun würde ich also zukünftig mit einem Eunuchen-Kater leben. Was

Nun würde ich also zukünftig mit einem Eunuchen-Kater leben.

hatte ich nur getan? Am liebsten wäre ich zurückgelaufen, doch meine Vernunft verbot mir, diesem Impuls nachzugeben. Nein, ich hatte es für die Gesundheit meines Katers getan. Das musste doch auch er verstehen.

Dachte ich.

Bis ich ihn am nächsten Mittag abholte. Wie ein kleines Häufchen Elend saß er da, in einem der vielen ungemütlich kleinen Käfige in der Tierarztpraxis. Von der Spritze noch leicht benommen, aber wach genug, um mich mit seinen Augen traurig und durchdringend anzuschauen. Ich musste mehrmals schlucken, bevor ich mich ihm näherte. Gekränkt wand er seinen Kopf ab, als ich die Hand ausstreckte, um ihn durch die Gitter hindurch zu streicheln.

»Der ist noch ein bisschen daneben«, versuchte mich die Sprechstundenhilfe zu beruhigen.

Aber ich wusste: Der wird mir niemals verzeihen.

»Aber was hätte ich denn machen sollen?«, versuchte ich, mich selbst zu entlasten. Die Sache ging mir nicht aus dem Kopf.

»Ihm seine Eier lassen«, erwiderte mein Mann und sicherte sich schnell noch mal ab, dass bei ihm noch alles dran war.

»Aber dann wäre er in kürzester Zeit gestorben!«

»Live fast, love hard, die young«, lautete die lakonische Antwort meines Mannes.

Wie schön es doch war, wenn er mein schlechtes Gewissen beruhigte.

»Immerhin wird er dank des Eingriffes nie Liebeskummer haben«, versuchte ich, die positiven Aspekte hervorzuheben.

»Und keinen Sex.«

Mein Mann war einfach nicht zu überzeugen.

Ebenso wenig wie mein Kater, der sich sogar weigerte, sein geliebtes Hackfleisch zu fressen.

»Er wird noch verhungern«, sorgte ich mich.

»Ja klar«, erwiderte mein Mann, »nach zwei Stunden ohne Futter.«

»Er wird noch verhungern«, sorgte ich mich. »Ja klar«, erwiderte mein Mann, »nach zwei Stunden ohne Futter.«

»Wenn er mir wenigstens sagen könnte, was ihm fehlt.«

»Na was wohl? Seine Eier«, wiederholte mein Mann und grinste diabolisch.

»Aber es musste sein!«, schrie ich verzweifelt.

»Man muss nichts außer sterben.«

»Du mit deinen abgedroschenen Sprüchen!« Wütend verschwand ich ins Arbeitszimmer. Hatte ich diesen Mann wirklich geheiratet? Verzweifelt suchte ich Rat im Internet. Doch dort erfuhr ich nur, dass mein Kater jetzt wohl verfetten würde. Na super, ein dicker, sexloser Wohngefährte. Das konnte ja heiter werden.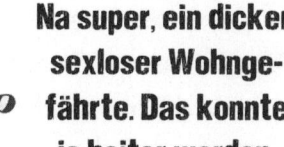

Na super, ein dicker, sexloser Wohngefährte. Das konnte ja heiter werden.

Drei Tage später, mein Kater hatte sich dank einer Portion Lachs mit Sahne langsam wieder gefangen und lag gerade mit vollem Magen zufrieden auf meinem Schoß, rief eine Freundin von mir an, die gerade aus dem Südfrankreichurlaub zurückgekommen war. Ich hatte etwas Angst, ihren Anruf anzunehmen, immerhin war sie - selbst Katerbesitzerin - es gewesen, die versucht hatte, mich von der Kastration abzuhalten.

»Na, frisch gebräunt, erholt und zurück?«, versuchte ich, das Gespräch direkt auf etwas anderes zu lenken.

»Hm«, war ihre knappe Antwort.

»Viel Sonne gehabt? Gut gegessen?«

»War okay.« Na, das klang aber nicht nach einem begeisternden Urlaub.

»Hast wohl noch Jetlag?«, wollte ich sie weiter zu einem Gespräch animieren.

»Geht.« Frankreich war ja auch eigentlich um die Ecke.

»Ist ja auch schön, wieder zu Hause zu sein, oder?«

»Hm.« Langsam trieb sie mich in den Wahnsinn. Warum hatte sie mich überhaupt angerufen, wenn sie nicht in der Laune war, zu plaudern?

»Wie geht es eigentlich deinem Kater«, fragte sie plötzlich.

»Alles bestens.« Ich hatte wirklich keine Lust, mich wieder auf eine Diskussion über die psychischen Folgen für Tiere bei dem Verlust von Männlichkeit einzulassen. »Alles tippi toppi.«

»Hm. Habt ihr den Kater jetzt eigentlich kastrieren lassen?«

Auf diese Frage hatte ich die ganze Zeit schon gewartet.

»Ja«, antwortete ich entschieden. »Und wir sind froh, dass wir es gemacht haben. Und fang jetzt bitte nicht schon wieder ...«

»Keine Sorge«, unterbrach mich meine Freundin, »ich wollte dir keine Standpauke halten.«

Nanu, woher kam denn diese plötzliche Einsicht?

»Ich ... äh ... ich ... ich wollte dich eigentlich sogar fragen, bei welchem Tierarzt du es hast machen lassen.«

Bitte was, sie wollte doch nicht etwa ...?

»Wir müssen unseren Kater wohl auch kastrieren lassen.«

Das war aber jetzt wirklich mal eine Überraschung.

»Aber ich dachte, ihr wolltet ihm ...«

»... seine natürliche Männlichkeit lassen, ich weiß. Nur leider hat er während unseres Urlaubs angefangen, die ganze Wohnung zu markieren. Über Peters Plattensammlung bis hin zum Klavier.«

Ich konnte mir ein Kichern nicht verkneifen. Ausgerechnet die Plattensammlung.

»Peter ist stinkwütend. Am liebsten würde er den Kater sofort vor die Tür setzen.« Das konnte ich mir lebhaft vorstellen. Zufrieden streichelte ich unseren Karlos.

»Also würdest du mir die Nummer wohl geben?«

»Aber klar, mit dem größten Vergnügen.«

Ich nahm mir vor, meinem Mann heute Abend ausführlich zu berichten, was so alles passieren konnte, wenn man die Manneskraft des Katers nicht einschränkte. Insbesondere seinen geliebten Platten.

TOFFEE

Warum es bis zu meinem letzten Semester Tiermedizin dauerte, bis ich mir wieder einen Hund zulegte, kann ich heute immer noch nicht sagen. Nur, dass mir offensichtlich bis dahin nichts fehlte und das, obwohl ich mit Hunden aufgewachsen bin. Wir hatten immer mindestens einen Vierbeiner im Haus.

Ich hatte mein Studium fast abgeschlossen und die Aussicht auf eine Stelle an der Uni, eine Wohnung mitten in Berlin, ich war verheiratet, kinderlos und hatte nette Freunde – nein, ich vermisste nichts.

Und dann begegnete mir Toffee. Ich werde nie vergessen, wie dieses kleine karamellfarbene Hundemädchen einfach sitzen blieb, als ich näherkam, und mich beobachtete, schließlich den Kopf schräg legte, so als wollte sie sagen: »Na? Und warum hat das jetzt so lange gedauert?«

Ich verliebte mich sofort. Vielleicht war es der Blick aus diesen ruhigen, braunen Augen oder ihre Fellfarbe, die mich am meine Lieblingseissorte erinnerte (und Toffee später zu ihrem Namen verhalf)? Oder einfach nur der richtige Zeitpunkt. Ich weiß es nicht mehr.

Jedenfalls nahm ich Toffee mit. Und glücklicherweise schloss mein Mann Chris Toffee auch gleich in sein Herz.

Zu diesem Zeitpunkt steckten Chris und ich schon tief in der Ehekrise. Wir sahen uns selten und wenn, hatten wir uns kaum etwas zu sagen. Nach acht Jahren Ehe hatten wir uns langsam, aber gründlich auseinandergelebt.

Dank Toffee verbrachten wir plötzlich wieder mehr Zeit miteinander, gingen mit ihr spazieren und spielten mit ihr. Es fühlte sich an, als habe Toffee uns einander wieder nähergebracht und als wären wir fast so etwas wie eine kleine Familie.

Toffee liebte es, zu schwimmen, im Sand zu buddeln, Stöckchen und Bällchen zu holen. Ihr allerliebstes Hobby war es aber, morsches Birkenholz in Stücke zu reißen. Für andere Hunde interessierte sie sich kaum. Ja, Toffee war in dieser Hinsicht geradezu ignorant.

Chris und ich genügten ihr einfach. Manchmal, wenn ich allein mit ihr durch den Wald lief oder am Grunewaldsee entlangging und die anderen Hundebesitzer beobachtete, wie sie in Grüppchen zusammenstanden und die Hunde in einem einzigen Fellknäuel über die Wiese rollten, bekam ich ein schlechtes Gewissen und überlegte mir, ob Toffee sich dieses Eigenbrötlerische vielleicht bei mir abgeguckt hatte. Auch ich war lieber allein mit Toffee unterwegs.

Entweder nahm ich sie tagsüber mit zur Uni, wo ich mittlerweile meine Stelle als forschende Tierärztin angetreten hatte, oder Chris nahm Toffee mit ins Büro. Sie wuchs schnell, entwickelte sich großartig und war ein fröhlicher, sehr liebevoller Hund.

Nur wenn es ums Fressen ging, war mit Toffee nicht zu spaßen. Essbares wollte sie auf gar keinen Fall teilen – es sei denn, es war etwas Essbares, das jemand anderem gehörte. Insbesondere auf Backwaren hatte sie es abgesehen. Lebkuchenhäuschen auf

Essbares wollte sie auf gar keinen Fall teilen – es sei denn, es war etwas Essbares, das jemand anderem gehörte.

mittlerer Regalhöhe, halbe Brotlaibe oder ganze Apfelkuchen, die zum Abkühlen auf der Küchenzeile standen: kein Problem für Toffee. Sie hätte den ganzen Tag fressen können. Aber das kam für mich natürlich nicht infrage. Denn was gibt es Schlimmeres als eine Tierärztin mit einem dicken Hund? Ich war also ständig auf der Hut und passte höllisch auf, denn wann auch immer sie irgendetwas zu fressen ergattern konnte, war es innerhalb von Sekunden verschwunden.

Dann aber änderte sich plötzlich alles:

Eines Tages beobachtete ich, wie Toffee aufschreckte, nach unsichtbaren Fliegen schnappte, dann aufgeregt durchs Zimmer fegte und sich schließlich ängstlich winselnd unter meinem Schreibtisch verkroch. Ich war beunruhigt. Was war denn mit ihr los? Mein sonst so besonnener Hund flippte doch nicht plötzlich grundlos aus? Ich untersuchte Toffee gründlich, konnte aber keine Ursache für ihr Verhalten finden. Vielleicht hatte sie einfach nur schlecht geträumt, überlegte ich und vergaß den Vorfall fürs Erste. Doch solche Anwandlungen kamen immer häufiger vor und dauerten immer länger. Jetzt machte ich mir ernsthaft Sorgen. Und ich wünschte mir nicht zum ersten Mal, mit Toffee sprechen zu können. Natürlich konnte ich ihr normales Verhalten deuten: Hunger, Durst, Gassi, Ungeduld, Ärger, Freude, Angst – all das und noch vieles mehr las ich im Verhalten und in der Mimik meines Hundes problemlos ab. Aber diese seltsamen Anfälle waren mir ein Rätsel.

Ich beschloss, Toffee kardiologisch und neurologisch untersuchen zu lassen. Gleichzeitig machte ich mir selbst große Vorwürfe, dass ich einfach nicht herausfinden konnte, was Toffee fehlte. Hatte sie Schmerzen? Krämpfe? Was stimmte nicht mit meinem Hund? Toffee schaute mich immer nur an und legte ihren Kopf auf mein Knie, als wolle sie sagen: »Ich weiß es doch auch nicht. Tut mir leid, dass du dir solche Sorgen machen musst.« Ich hätte jedes Mal heulen können.

Gleichzeitig arbeitete Chris immer öfter und immer länger in München und ich musste am Institut neben meiner eigentlichen Aufgabe auch noch an meiner Doktorarbeit schreiben. Ich hatte sowieso schon ein schlechtes Gewissen Toffee gegenüber, weil mir so wenig Zeit für sie blieb und ich sie in letzter Zeit immer öfter einer Hundesitterin zum Gassi gehen mitgeben musste.

Zu Hause wurde es trostloser, als es je zuvor gewesen war. Chris kam kaum noch nach Hause. Wir stritten viel und waren weiter voneinander entfernt denn je. Mittlerweile war es mir sogar recht, dass Toffee den Platz im Bett neben Chris beanspruchte, wenn er denn da war. Ich zog dann freiwillig auf die Couch.

Bei der Untersuchung stellte sich glücklicherweise heraus, dass Herz und Kreislauf in Ordnung waren. Die Neurologin konnte auch nichts finden, also auch keine Epilepsie.

Toffees Anfälle hörten trotzdem nicht auf. Und ich war mit der Schulmedizin und meinem Latein endgültig am Ende.

Da traf ich eines Tages auf dem Uni-Parkplatz zufällig meine ehemalige Kommilitonin Katja. Sie erzählte mir, dass sie mittlerweile mit alternativen Heilmethoden arbeite. Egal ob Pferde, Katzen  **»Außerdem habe ich mich auf Tierkommunikation spezialisiert«, verkündete sie.** oder Hunde – auf Homöopathie, Akupunktur und Kinesiologie schienen alle Tiere sehr gut anzusprechen. »Außerdem habe ich mich auf Tierkommunikation spezialisiert«, verkündete sie.

Tierkommunikation?

Ich bin eher eine analytische, realistische und klare Wissenschaftlerin als eine spirituelle Heilerin und so traute ich meinen Ohren kaum, als ich das hörte. Auch weil ich genau wusste, dass Katja eigentlich gar nicht der Typ für »Hokuspokus« ist. Schließlich hat auch sie lange genug studiert und ihren Doktor der Tiermedizin gemacht, um die Schulmedizin zu schätzen, aber anscheinend auch, um ihre Grenzen zu kennen. Wenn also Katja sagte, dass sie mit Tieren kommunizieren könne, dann vertraute ich ihr. Außerdem war ich neugierig: Wie lief so was ab? Funktionierte das mit allen Tieren? Und konnte Katja vielleicht auch Toffee helfen? Ich wollte alles wissen und bat

Katja, sich Toffee doch einmal anzusehen. Einen Versuch war es auf jeden Fall wert.

Katja kam und nahm sich viel Zeit für sie. Ruhig setzte sie sich neben die Hündin und betrachtete sie eine ganze Weile einfach nur. Anscheinend hat sie eine unglaubliche Intuition und ein großes Einfühlungsvermögen. Was für eine beneidenswerte Gabe! Für mich sah es einfach nur so aus, als säßen beide entspannt beieinander, aber für Katja

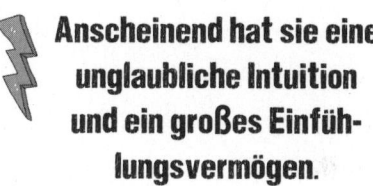

Anscheinend hat sie eine unglaubliche Intuition und ein großes Einfühlungsvermögen.

reichte diese kurze Zeit, um zu erfahren, dass Toffee starke Kopfschmerzen hatte. Sie behandelte sie mit Akupunktur. Natürlich konnte ich diese Diagnose weder widerlegen noch irgendwie überprüfen und eine Antwort auf die Frage, woher die Kopfschmerzen rührten, bekam ich auch nicht. Ach, ich hatte mir doch mehr erhofft!

Beinahe hätte ich das Ganze abgebrochen. Fast war ich so weit, aufzustehen und zu gehen, da bat Katja mich, noch ein bisschen zu bleiben: »Toffee findet, dass du dich verändert hast, Caro«, sagte Katja zu mir. Das war spannend, denn von mir selbst hatte ich in meinem Gespräch mit Katja überhaupt nichts erzählt. »Inwiefern?«, wollte ich natürlich wissen.

»Vor lauter Doktorarbeit hast du gar keinen Blick mehr für deinen Hund und es fühlt sich so an, als ob du das Leben mit ihr als reine Pflichterfüllung betrachten würdest«, sagte sie und sofort überrollte mich mein schlechtes Gewissen. Sie hatte voll ins Schwarze getroffen und ich schämte mich.

Aber es ging noch weiter: »Außerdem spürt Toffee, dass du unglücklich bist. Und die Situation zu Hause ist überhaupt nicht gut. Ihr solltet dringend etwas daran ändern!« Jetzt sah mich Katja zur Abwechslung prüfend an: »Stimmt was nicht mit Chris?«, fragte sie mich und legte ihre Hand auf meinen Arm. Nein, da stimmte gar nichts mehr. Dass wir in der Krise steckten, war ja nichts Neues, aber dass selbst Toffee das so deutlich spürte? Ich fand es fast schon ein bisschen unheimlich, wie genau Katjas Aussage zu unserer Situation passte. Hatte ich mir eben tatsächlich von meinem Hund sagen lassen, dass meine Ehe am Ende und ich selbst unzufrieden, unausgeglichen und nachlässig war?

Hatte ich mir eben tatsächlich von meinem Hund sagen lassen, dass meine Ehe am Ende und ich selbst unzufrieden, unausgeglichen und nachlässig war?

Ich fühlte mich schrecklich und war gleichzeitig fasziniert von Katjas Fähigkeit. Und mir wurde schlagartig klar, dass ich die Situation mit Chris klären musste. Sofort.

Die nächsten Tage verbrachte ich draußen mit einer sehr ausgelassenen und zufriedenen Toffee und vielen Birkenholz-Schnitzeln. Abends sprach ich endlich mit Chris. Er gestand mir, dass er schon lange in München eine Freundin habe und längst gegangen wäre, wenn er nicht so an Toffee hinge. Ein Schock einerseits - aber auch eine Befreiung. Endlich hatten die Lügen und das Schauspiel ein Ende und als Chris endlich ganz ausgezogen war, fühlte auch ich mich erleichtert.

Toffee blieb bei mir - laut Katja fühlte sie sich für mich verantwortlich. Genauso wie ich mich auch für sie verantwortlich fühlte. Wir waren von diesem Moment an kaum noch getrennt. Wenn ich im Institut arbeitete, lag Toffee unter meinem Tisch. Und wenn ich meinen Arbeitsplatz verließ, stand auch sie auf und wir machten lange gemeinsame Spaziergänge am Fluss entlang oder im Park.

Doch dann verschlechterte sich Toffees Gesundheitszustand. Zusätzlich zu den Anfällen, die sie nach wie vor hatte, schlief sie nun nachts kaum noch, tappte in der Wohnung herum, hechelte und winselte dabei leise. Das waren keine Symptome für psychische Belastung oder einfache Kopfschmerzen. Ich lag ebenfalls schlaflos in meinem Bett und grübelte, wie ich Toffee helfen konnte. Immer wieder untersuchte ich Toffee selbst und ließ sie von Kollegen durchchecken, doch keiner fand eine Ursache.

Und wieder war es Katja, die mir weiterhalf: »Toffee hört wie durch Nebel«, erzählte sie mir, als wir wieder einen Termin bei ihr hatten. »Ständig rauscht es in ihrem Kopf und sobald sie sich hinlegt, pocht ihr das eigene Herz in den Ohren.« Komisch. Auch Katja war besorgt und wir überlegten gemeinsam, wie es weitergehen könnte. Auch wenn es wehtat und ich lange versucht hatte, diese Erkenntnis zu verdrängen, musste ich der schlimmen Wahrheit ins Auge sehen: Nachdem alles andere ausgeschlossen war und die Symptome blieben, konnte eigentlich bloß ein Hirntumor der Auslöser für Toffees Beschwerden sein. Das ließ sich aber nur mit einer Kernspintomografie endgültig abklären.

Die Ärzte fanden wieder nichts. Überhaupt gar nichts. Und das, obwohl ich auf Grund der Symptome mindestens einen taubeneigroßen Tumor erwartet hatte. Aber was war es dann? Und wie sollte es jetzt weitergehen? Schlaflose Nächte, Sorge und Hilflosigkeit hatten schwer an meinen Nerven gezerrt. Jetzt war ich verzweifelt. Tierärztin zu sein und dem eigenen Hund nicht helfen zu können, war doch der blanke Hohn! Wozu hatte ich überhaupt studiert?

Jetzt war ich verzweifelt. Tierärztin zu sein und dem eigenen Hund nicht helfen zu können, war doch der blanke Hohn!

Eine einzige Idee blieb mir noch: Um Anzeichen einer Gehirnhautentzündung auszuschließen oder Borreliose-Erreger nachzuweisen, ließ ich Toffee Rückenmarksflüssigkeit entnehmen. Zwar brachte auch die Punktion kein Ergebnis, doch scheinbar verringerte die Flüssigkeitsentnahme ein wenig den Hirndruck. Jedenfalls schlief Toffee in dieser Nacht endlich wieder. Und auch in den Monaten danach.

Meine Hoffnung hielt, bis Toffee eines Tages nicht mehr schwimmen gehen wollte, obwohl es sehr heiß und Schwimmen eigentlich eine ihrer Lieblingsbeschäftigungen war. Plötzlich mied sie das Wasser regelrecht und wollte nicht mal mehr am Ufer eines Sees entlanglaufen. Seltsam.

Noch seltsamer war, dass meine verfressene Toffee aufhörte, das Leckerli zu fangen, das der Zeitungsmann vom Kiosk ihr täglich zuwarf. Bisher hatte sie es immer gierig und blitzschnell in der Luft geschnappt. Inzwischen drehte Toffee erst den Kopf, nachdem das Leckerli den Boden berührt und dadurch ein Geräusch gemacht hatte. Vielleicht war etwas mit Toffees Augen nicht in Ordnung? Sah sie vielleicht schlecht? Ich untersuchte sie, doch die Reflexe waren da. Also doch kein Problem mit den Augen?

Als ich abends die Tür zum Treppenhaus öffnete, um zur Gassi-Runde aufzubrechen, drängte Toffee nach draußen, während ich mir noch schnell die Schuhe anzog. Nur Sekunden später hörte ich ein heftiges Poltern: Toffee war in dem Treppenhaus, das sie seit zehn Jahren kannte, die Treppe hinuntergefallen. Zwar hatte sie sich nicht verletzt, aber mir kam ein schrecklicher Verdacht.

Der Ophtalmologe, den ich mit Toffee am nächsten Tag aufsuchte, bestätigte meine Vorahnung: Toffees Augen selbst waren zwar gesund, aber trotzdem war sie auf beiden Augen blind. Das Gehirn reagierte nicht auf Lichtreize. Irgendetwas trennte die Verbindung.

Also doch ein Hirntumor! Unbemerkt musste er langsam in Toffees Kopf gewachsen sein, bis er jetzt dafür gesorgt hatte, dass sie nicht mehr sehen konnte. Ich war am Boden zerstört. Andererseits: Beim letzten MRT hatte man nichts entdecken können. War es überhaupt ein Tumor?

Ich beschloss, Toffee keine weitere Untersuchung zuzumuten. Denn selbst wenn die Gewissheit brachte, würde ich Toffee dennoch nicht operieren lassen. Ein hirnchirurgischer Eingriff mag zwar technisch möglich sein, ist für mich aber einfach jenseits von allem, was man einem Tier zumuten sollte.

Auch wenn es meine heiß geliebte Toffee war, um die es da ging und auch wenn es mir das Herz brach, diese Entscheidung treffen zu müssen.

Ein hirnchirurgischer Eingriff mag zwar technisch möglich sein, ist für mich aber einfach jenseits von allem, was man einem Tier zumuten sollte.

Das Gespräch mit Katja bestätigte mich auch darin, Toffee das Leben noch so angenehm wie möglich zu gestalten:

»Rücken und Kopf tun Toffee weh und ihre gesamte rechte Körperseite fühlt sich irgendwie taub an. Hören fällt ihr auch schwer, aber beim Holzkleinschnitzeln fühlt sie sich trotzdem noch wie ein ganz normaler Hund.« Katja lächelte. »Sie ist sehr gern mit dir zu Hause, braucht viel Ruhe und weniger aufregende Untersuchungen. Sie fühlt ihr Herz laut, aber gleichmäßig schlagen. Das ist doch beruhigend, oder nicht? Am liebsten möchte sie flach und auf einer weichen Unterlage liegen, so wie in ihrem Körbchen. Aber sterben? Nein, sterben will sie noch nicht.«

Ich kaufte eine Flexileine, mit der ich Toffee besser führen konnte und ein Geschirr, an dem ich einen kleinen, gelben Wimpel mit drei schwarzen Punkten befestigte, um Toffee für die Umwelt als blind zu kennzeichnen. Damit wollte ich vermeiden, dass sich Passanten erschreckten, wenn Toffee nicht auswich oder sich sonst irgendwie seltsam verhielt. Es war traurig zu sehen, wie dieses stolze Tier, das immer ohne Leine gelaufen war, jetzt auf Schritt und Tritt unterstützt und geführt werden musste. Aber es gab auch lustige Momente. Zum Beispiel, als mir ein älterer Herr über die Straße helfen wollte. Er hatte gedacht, Toffee sei mein Blindenhund.

 **Zum Beispiel, als mir ein älterer Herr über die Straße helfen wollte. Er hatte gedacht, Toffee sei mein Blindenhund.**

Alles ging jetzt etwas gemächlicher. Ich brachte entweder die Einkaufstüten vom Auto hoch oder den Hund. Ich führte sie an morsches Birkenholz heran, wo immer ich welches liegen sah, damit sie es wie früher kleinschnitzeln konnte. Wir gingen nur noch vertraute Wege und ich achtete darauf, dass im Büro und in der Wohnung alles immer auf dem gewohnten Platz lag.

Besuch wurde instruiert, keine Taschen, Schuhe oder Ähnliches als Stolperfalle herumliegen zu lassen.

So ging es eine Weile gut, bis Toffee eines Tages schlimme Koliken bekam. Sie jaulte und winselte stundenlang. Und ich litt mit. Ich testete verschiedene Futtersorten, kochte selbst und servierte nur noch Leichtverdauliches, pürierte alles, aber nichts half. Und ich fing wieder von vorne an: Kotuntersuchung, Blut, Röntgen, Ultraschall, schließlich auch Kontrastmittelröntgen und eine Gastroskopie mit Biopsie ... Wie üblich war nicht das geringste Anzeichen einer Ursache zu entdecken.

Natürlich hatte ich die ganze Zeit den Verdacht, dass all die Beschwerden von Toffees Hirntumor ausgelöst wurden, aber ich konnte mir einfach nicht sicher sein. Vielleicht handelte es sich auch um ein zusätzliches Problem? Niemals wollte ich mir Vorwürfe machen müssen, ich hätte nicht alles Erdenkliche unternommen.

Nachdem die Koliken nicht besser, dafür Toffee aber immer dünner wurde, entschloss ich mich schweren Herzens, eine Bauch-OP durchführen zu lassen. Dabei stellte sich heraus, dass Toffees Milz knotig verändert war und auch die Leber Veränderungen zeigte, doch als Ursache für Toffees Koliken und ihre Schmerzen kamen sie nicht infrage.

Ich nahm Toffee mit nach Hause, trug sie in die Wohnung (das war nicht schwer, mittlerweile wog sie nur noch zwanzig Kilogramm) und päppelte sie Löffel für Löffel wieder auf. Nach ein paar Tagen war sie so stabil, dass sie wieder allein laufen konnte. Ich ging mit ihr spazieren. Ganz langsam, Schritt für Schritt und mit hängendem Kopf tappte sie auf ihrer gewohnten Strecke entlang. Als wir schon fast wieder vor der Haustür angekommen waren, trafen wir eine Frau mit einem kleinen Mädchen. Ich hatte beide noch nie in der Gegend gesehen und auch danach sind sie mir nie wieder begegnet. Das Mädchen wollte Toffee unbedingt streicheln und ich ließ sie. Nachdem das Mädchen Toffee ganz leicht und vorsichtig die Hand auf den Rücken gelegt hatte, drehte sie sich zu ihrer Mutter um und sagte: »Mama, das ist der schönste Hund, den ich je gesehen habe!« Immer wenn ich an diese Begegnung denke – und das geschieht oft –, bin ich sehr berührt und auch ein bisschen getröstet, denn ich glaube (auch wenn ich nicht gerade spirituell oder gläubig bin), dass dieses Mädchen vielleicht Toffees Seele gesehen hat, die wie eine leuchtende Aura um sie strahlte.

Am gleichen Abend wurde alles noch viel schlimmer. Toffee heulte entweder laut wie ein Wolf oder sie rannte stur gegen Wände und Türen, als wollte sie mit dem Kopf mitten hindurch.

Ich band sie an einem Türgriff fest, damit sie sich wenigstens nicht selbst verletzen konnte. Das Beruhigungsmittel, dass ich ihr gespritzt hatte, zeigte kaum Wirkung und mehr wollte ich ihr davon nicht geben. Und dann rief ich endlich eine Kollegin an. Ich konnte nicht mehr. All diese Wochen und Monate, in denen alle immer nur anteilnehmend mit den Achseln gezuckt und gesagt haben: »Du bist ja Tierärztin, du wirst schon wissen, was zu tun ist!«, hatten mich völlig zermürbt. Ich brauchte jemanden, dem ich fachlich vertraute, der aber mehr Distanz hatte als ich.

Meine Kollegin und ich brachten Toffee in eine Klinik im Norden Berlins. Dort blieb sie die Nacht über, bekam weitere Beruhigungsmittel, wurde noch mal geröntgt und es wurden weitere Blutuntersuchungen gemacht. Nach wie vor gab es außer dem Tumorverdacht keinen Befund, der Toffees Verhalten erklärt hätte. Und nach wie vor hatte ich die Hoffnung, dass wie durch ein Wunder etwas gefunden wurde, das ihr half.

Einerseits war ich erleichtert, dass sich nun andere um Toffee kümmerten, aber ich hatte auch ein furchtbar schlechtes Gewissen. Es fühlte sich so an, als hätte ich Toffee einfach dort abgeladen und sie im Stich gelassen, als sie mich am dringendsten gebraucht hätte. Schlafen konnte ich selbstverständlich trotzdem auch in dieser Nacht nicht und ich schreckte immer wieder hoch, weil ich meinte, Toffee zu hören. Einmal streckte ich sogar die Hand aus, weil ich das Gefühl hatte, Toffee stünde vor meinem Bett und wollte gestreichelt werden.

Es gab kein Wunder. Am nächsten Morgen rief mich die diensthabende Kollegin der Nacht an und bat mich, zu kommen. Toffee lag immer noch in Narkose, denn ihre Schmerzen waren offensichtlich zu stark, um sie aufzuwecken. Die Hoffnung, dass es ihr jemals wieder richtig gut oder auch nur besser gehen würde, war sehr gering. Nein, es war aussichtslos. Und so beschloss ich, Toffee nicht mehr aufwachen zu lassen und sie von ihrem Leid zu befreien.

Ich brachte Toffees Körper in die Pathologie, um endlich restlos aufzuklären, ob eine andere Ursache als ein Hirntumor für die letzten schrecklichen Wochen verantwortlich gewesen war. Der Befund war jedoch eindeutig: Ein schnell wachsender Tumor an der Stelle, an der sich die Sehnerven vom linken und rechten Auge kreuzen. Was auch die Blindheit des Hundes erklärte. Ich hatte also recht gehabt.

Die nächsten Wochen erlebte ich wie durch Watte. Ich kann mich kaum an etwas erinnern, nur an bleierne Müdigkeit, schlimme Träume und traurige, graue Tage. Hoffnung und Trost erreichten mich erst langsam durch einen Brief von Katja:

Liebe Caro,
wie ausgemacht habe ich noch einmal mit Toffee kommuniziert.
Wie du weißt, muss ich dem Tier dafür nicht unbedingt in die
Augen schauen. Ich hoffe sehr, dass dich mein Brief tröstet.
Zu allererst: Toffees Seele fühlt sich befreit. So frei, wie du es
dir immer für sie gewünscht hast. Selbst wenn Toffee dachte,

dass das Problem in ihrem Bauch sei, weiß sie jetzt, dass der Tumor vom Kopf ausgestrahlt hat und sie deshalb immer solche Schmerzen gehabt hat. Du hast also richtig entschieden, so lange mit der OP zu warten und hättest ihr nichts ersparen können. In den letzten Tagen vor ihrem Tod hat sie nicht mehr sehr viel mitbekommen, vor allem wegen der Beruhigungsmittel, aber auch weil sie gar nicht mehr richtig in ihrem Körper war. Trotzdem hat sie alles wahrgenommen: deine Sorgen, deine Verzweiflung. Deinen Wunsch, das Richtige zu tun. Sie hat vor allem deine Nähe gespürt und sich sehr geborgen gefühlt. Wenn du dich gefreut hast, weil sie sich auf ihre ganz besondere Art im Schlaf gestreckt hat, war sie gleichzeitig froh über dich, Caro. Ein wenig sei sie noch mit dir und auf der Erde verwoben, sagt sie, das aber würde die Zeit lösen und dann verbindet euch die Ewigkeit. Ach ja, und in dieser letzten Nacht in der fremden Klinik war sie so weggetreten, dass sie nichts gemerkt hat. In Wirklichkeit war sie bei dir zu Hause und lag auf ihrem Platz vor deinem Bett. Das soll ich dir unbedingt sagen.

Katja

VETERINÄR MÜSSTE MAN SEIN!

Es gab einmal eine Zeit, da waren meine Wünsche zwar nicht unbescheiden, aber durchaus realistisch: Ich träumte von einem eigenen Haus, Kindern und einem Pferd. Nicht unbedingt in dieser Reihenfolge, aber am liebsten in naher Zukunft.

Dann wurde ich dreißig und die Realität holte mich ein. Denn mein Mann tat das Schlimmste, was man mit Wünschen überhaupt tun kann: Er erfüllte sie. Jedenfalls einen davon. Den mit dem Pferd.

Denn mein Mann tat das Schlimmste, was man mit Wünschen überhaupt tun kann: Er erfüllte sie.

Vielleicht sollte ich erwähnen, dass mein Mann nicht einen Funken Ahnung von Tieren hat. Und von solchen, die größer sind als ein Dackel, schon gar nicht.

Vielleicht sollte ich außerdem erwähnen, dass meine Sehnsucht nach einem Pferd mehr einer romantischen Fantasie entsprang als echtem Sachverstand. Okay, ich war als Jugendliche geritten und hatte - um mir die Reitstunden zu verdienen - auf dem Pferdehof kräftig mit angepackt. Aber wirklich Ahnung von Pferdehaltung hatte ich nicht.

Umso größer war der Schock, als mein Mann mich am Nachmittag meines Geburtstages zum Nebengebäude des alten Fachwerkhauses führte, das wir damals gemietet hatten, und mir aus einem der Ställe ein hübscher Rappe entgegenschnaubte.

»Das ist Mogli«, verkündete mein Mann mit stolzgeschwellter Brust, denn er war sicher, das romantischste, großzügigste und beglückendste Geschenk aller Zeiten abgeliefert zu haben.

»Oh«, sagte ich.

Mogli wieherte leise.

Überhaupt war er ausgesprochen ruhig. Aber das sollte sich bald ändern ...

»Freust du dich?«, fragte mein Mann.

»Und wie!«, behauptete ich. »Und wie!«

In meinen Träumen war ich mit wehendem Haar durch eine bilderbuchschöne Idylle galoppiert, so wie im allerschönsten Kleinmädchen-Pferdefilm.

Im wirklichen Leben wohnten wir mitten in einer dicht besiedelten Ortschaft, die beim besten Willen nicht als Idylle zu bezeichnen war, und das mit dem Ausreiten gestaltete sich schwierig. Denn Mogli war, wie ich bald feststellte, keinen Sattel gewohnt. Wohl auch keine Reiter. Was irgendwie erklärte, warum mein Mann ihn so günstig bekommen hatte. Um nicht zu sagen: Man hatte ihn übers Ohr gehauen. Zumal Moglis anfangs so ruhiges Gemüt nichts weiter als das Ergebnis einer etwas zu kalorienarmen Ernährung gewesen war.

Nachdem wir ihn aufgepäppelt hatten, geriet er völlig außer Rand und Band. Kein Wunder, denn ohne tägliche Ausritte fehlte ihm die Bewegung - die er sich verschaffte, indem er seine Box demolierte. Er war unglücklich in seinem Stall, das war einzusehen. Und natürlich war er einsam.

»Er muss auf die Koppel«, sagte ich. »Und er braucht eine Gefährtin.« So was in der Art hatte ich im Internet gelesen.

Mein Mann stimmte mir zu und versprach, sich darum zu kümmern. Ich versäumte, ihn zu bremsen. Aber hinterher ist man immer klüger.

Eines Tages lud er mich zu einer Autofahrt ein, das Ziel wollte er nicht verraten. »Du wirst staunen!«, sagte er. Dann fuhr er eine gute halbe Stunde über Land, bis er endlich vor einer großen, eingezäunten Weide anhielt.

»Da ist sie!«, verkündete er.

»Die *was*?«, fragte ich überflüssigerweise, denn die Antwort lag auf der Hand.

Mein Mann klang leicht pikiert, als er mich aufklärte: »Na, die Koppel, natürlich!«

Meine Begeisterung hielt sich wieder mal in Grenzen. Die Koppel mit ihrem kleinen Bachlauf war zwar wunderschön und die riesigen Bäume waren perfekt, um bei Hitze Schatten zu spenden und bei Regen Schutz zu bieten, aber sie lag nun mal am Ende der Welt.

»Bisschen weit von zu Hause entfernt«, wandte ich ein. »Ich kann doch nicht jeden Tag eine Stunde lang durch die Gegend kutschieren!«

Da lächelte mein Mann geheimnisvoll. »Es gibt da noch etwas, was ich dir zeigen will«, sprach er. »Steig ein!«

Mir schwante Übles. Tatsächlich wurden meine schlimmsten Ahnungen übertroffen, als mein Mann im nächsten Dorf schwungvoll in eine Hofeinfahrt bog und anhielt.

»Überraschung!«, rief er und stieg aus. »Unser neues Anwesen.«

Ganz offensichtlich hatte er den Verstand verloren. Diese Bruchbude war so wenig ein Anwesen wie Mogli ein Turnierpferd. Das sah man sofort - auch ohne die morschen Böden, die scheußlichen Tapeten und  die zugigen Fenster genauer in Augenschein zu nehmen.

Ganz offensichtlich hatte er den Verstand verloren. Diese Bruchbude war so wenig ein Anwesen wie Mogli ein Turnierpferd.

»Ich fasse es nicht«, hauchte ich matt.

Er lächelte siegesgewiss, denn offenbar hatte er mich gründlich missverstanden.

»Na ja«, versuchte ich vorsichtig, die Begeisterung des zweifellos geistig verwirrten Gemahls zu dämpfen, »das sollten wir uns noch einmal gut überlegen.«

»Überlegen? Da gibt's nichts mehr zu überlegen. Ich habe das Objekt gestern gekauft.«

Mir wurde übel. Ich schloss die Augen. Dann übergab ich mich auf unser neu erworbenes Kopfsteinpflaster.

Als ich ihm das Teststäbchen zeigte, verzieh mein Mann mir meine unangemessene Reaktion.

»Und ich dachte schon, du findest unseren Hof zum Kotzen«, lachte er glücklich. Dann küsste er mich und verschaffte mir damit eine erstklassige Ausrede, nicht antworten zu müssen. Denn ehrlicherweise hätte ich zugeben müssen, dass sein erster Eindruck durchaus richtig gewesen war. Dass ich außerdem schwanger war, war reiner Zufall.

Doch obwohl ich sowohl das sogenannte Anwesen als auch dessen Standort inbrünstig hasste, unternahm ich danach keinen ernsthaften Versuch mehr, den Umzug zu verhindern. Es wäre pure Zeitverschwendung gewesen – das war mir klar. Mein Mann hatte Tatsachen geschaffen. Und er war Steinbock. Es würde mir sowieso nicht gelingen, ihn umzustimmen. Also sparte ich mir die Energie für meine Schwangerschaft und die notwendige Renovierung.

Die nächsten Wochen und Monate waren anstrengend. Erst musste die alte Wohnung entrümpelt und ausgeräumt, dann die neue geputzt, gestrichen und eingerichtet werden. Jede freie Minute verbrachte ich damit, meinen Essgelüsten nachzugeben oder ein Nickerchen zu machen. Wenn ich nicht gerade schlief, war ich im Grunde immer müde und hungrig.

Mehr als einmal verfluchte ich in diesen Wintermonaten meine Naivität von einst. Meine Wünsche hatten sich innerhalb kürzester Zeit erfüllt – und sich als wahrer Albtraum entpuppt. Der unruhige Mogli war eine Katastrophe, die Bruchbude, in der wir hausten, war eine Katastrophe, und meine Schwangerschaft setzte dem Ganzen die Krone auf.

Mein Mann sah das ein bisschen anders. In seinen Augen wohnten wir nicht am Ende der Welt, sondern am idealen Ort, um eine Familie zu gründen.

Schade nur, dass er so selten an diesem idealen Ort weilte. Denn wie es der Zufall wollte, war er kürzlich befördert worden und hatte nun nicht nur ein höheres Einkommen, sondern auch mehr Verantwortung. Und mehr ultrawichtige Termine – vorzugsweise in Frankfurt oder Berlin. Manchmal sogar in London. Wenn er dann, gestresst von Flug und Fahrt, zurück in die Einöde kam, genoss er die »herrliche Ruhe« und die »wunderschöne Natur«. Ja, Ruhe und Natur gab es hier zur Genüge.

Eines Abends – es war inzwischen Frühsommer – begrüßte er mich mit den Worten: »Du, Schatz, ich habe eine tolle Überraschung für dich!«

Natürlich erschrak ich zutiefst. Nach dem verrückten Mogli und dem »Anwesen« am Arsch der Welt erwartete ich das Schlimmste!

Die Überraschung befand sich in einem Anhänger und hieß Bella. Ich verliebte mich auf den ersten Blick in die hübsche Haflingerstute.

»Du wolltest doch eine Gefährtin für Mogli – das ist sie«, sagte mein Mann. Der Gute! »Diesmal wirst du zufrieden sein mit meiner Wahl«, fügte er hinzu. »Sie ist weder unterernährt noch hyperaktiv und vor allem ist sie eingeritten.«

Unterernährt war sie definitiv nicht. Eher ein bisschen stämmig. Aber entzückend!

»Wir bringen sie am besten gleich zu Mogli auf die Koppel«, strahlte ich.

»Nicht so eilig! Erst zeigen wir sie dem Doc.«

Da fuhr der ortsansässige Veterinär auch schon vor – ein schmerbäuchiger Bartträger mit schlechten Zähnen, der mir auf den ersten Blick unsympathisch war.

»Was will der denn hier?«, fragte ich mürrisch. Mein Mann erklärte mir, dass er mit Bellas Vorbesitzer ein Rückgaberecht ausgehandelt hatte, falls der Tierarzt Mängel feststellte.

Zum zweiten Mal für heute erschrak ich. Was, wenn der Doc wirklich etwas fand? Ich wollte Bella auf keinen Fall zurückgeben!

»Führen Sie die Stute hin und her«, wies der Veterinär mich an. Ich tat wie mir geheißen. »Schneller«, kommandierte er. Offenbar wollte er sehen, wie sie trabte. Doch auch das schien ihm nicht zu genügen. »Galopp«, verlangte er schließlich.

Bestimmt war es sehr geschmeidig anzusehen, wie ich – mit einer Hand meinen dicken Bauch, mit dem anderen den Führstrick umklammernd – über die buckelige Wiese neben unserem Haus stolperte.

Dann hatten wir es geschafft – die Untersuchung war beendet. Bella hatte bestanden.

Schade nur, dass ich sie nicht reiten konnte. Ich war mittlerweile im achten Monat, das wollte ich der braven Stute nicht antun. Außerdem war ich völlig außer Übung und ein Absturz wäre einfach zu gefährlich gewesen.

Bella war auch so sehr zufrieden. Sie stand gern im Schatten unter den Bäumen, graste und übte auf den verrückten Mogli eine beruhigende Wirkung aus. Ich spazierte täglich zur Koppel und beobachtete die beiden. Es war ein wunderschöner Anblick. So friedlich. Er versöhnte mich mit der Bruchbude und der Einsamkeit in diesem Kaff. Fast begann es mir hier zu gefallen. Meine Schwangerschaftsübelkeit war längst vergessen, die furchtbare Müdigkeit aus den ersten Monaten ebenfalls. Sie waren einer allgemeinen Trägheit, die an wohlige Zufriedenheit grenzte, gewichen.

»Bella braucht mehr Bewegung«, teilte mein Mann mir eines Frühsommermorgens mit. »Sie wird langsam fett.« Dann küsste er mich zum Abschied, stieg in sein Auto und begab sich auf eine mehrtägige Geschäftsreise.

Ich winkte ihm grimmig hinterher. Der hatte gut reden.

Aber recht hatte er ja. Seufzend schleppte ich mich noch am gleichen Nachmittag mit meinem Neunmonatsbauch auf den Weg zur Koppel, bewaffnet mit einer Peitsche. Es war Zeit für ein bisschen Ausdauertraining für die Haflingerstute.

»Bella, meine Liebe, du bist wirklich ganz schön dick geworden«, sagte ich zu ihr und sie schnaubte zustimmend. Dann jagte ich sie ausgiebig über die Weide.

Obwohl ich nur halbherzig hinterhertrabte, war ich nach dieser Trainingseinheit vollkommen ausgepowert. Um einen fiesen Muskelkater zu vermeiden, gönnte ich mir an diesem Abend ein nettes Bad und ging früh ins Bett. Ich schlief tief und traumlos.

Am nächsten Morgen erwachte ich mit dem seltsamen Gefühl, dass heute ein besonderer Tag war. Ja, ein besonders gemütlicher, netter Dienstag. Ich genehmigte mir ein ausgiebiges Frühstück mit Rührei und Toast. Dann schlenderte ich zur Koppel.

Wo Mogli mir aufgeregt entgegenlief.

Im Schatten unter dem Baum stand Bella.

Und daneben ...

Noch ein Haflinger. Genauer gesagt: ein sehr kleines Kerlchen auf dünnen, wackeligen Spaghettibeinen.

Bellas Fohlen!

Ach du Schande ... Und ich hatte sie gestern so gequält! Dabei war die brave Stute nicht fett, sondern einfach nur trächtig gewesen. Schwangerer als ich, sozusagen.

Was nun? Ich zückte mein Handy und wählte die Nummer meines Mannes. Eine automatische Bandansage teilte mir mit, dass er zurzeit nicht erreichbar sei.

Mir brach der Schweiß aus.

Okay, durchatmen.

Er hätte mir ohnehin nicht helfen können. Da musste ein Fachmann ran. Ein Tierarzt. Der schmerbäuchige Veterinär ...

Zum Glück erreichte ich ihn direkt.

»Stallen Sie Stute und Fohlen ein«, befahl er, nachdem ich ihm aufgeregt die Situation geschildert hatte.

Ähm – wie jetzt? Ich sollte zwei Pferde entlang der Hauptstraße von der Koppel zum Stall führen? Eine frischgebackene Mutter und ein Fohlen, das sich kaum auf seinen staksigen Beinchen halten konnte?

Bevor ich irgendwelche Bedenken äußern konnte, kündigte der Doc seinen Hausbesuch in etwa einer Stunde an und beendete grußlos das Gespräch.

Na toll.

Und nun?

Ich erinnerte mich mit Grausen daran, wie anstrengend es gewesen war, Mogli im Spätherbst in den Stall zu bringen. Nach den herrlichen Wochen voller Freiheit auf der Koppel – ohne Halfter und Einengung – war das ein Mordstheater gewesen. Mit meinem Mann als Unterstützung! Wie sollte ich das jetzt allein hinbekommen – mit zwei Pferden? Und dazu mit dickem Babybauch?

Nach kurzem Überlegen fiel mir ein, dass ein ehemaliger Kollege, der im Nachbarort wohnte, ziemlich pferdeerfahren war. Vielleicht hatte er heute frei?

Ich hatte Glück. Eine Viertelstunde später war er da.

Mogli ließen wir auf der Koppel zurück. Eine aufgeregte Stute und ein nervöser Zwerg waren Herausforderung genug. Mein Exkollege führte Bella, während ich mich um Little Joe kümmerte, wie ich das Fohlen spontan getauft hatte. Mithilfe eines Besens hielt ich das kleine Kerlchen in Schach. Irgendwie gelang es mir, zu verhindern, dass er Bocksprünge machte und versehentlich auf die falsche Straßenseite geriet. Jedes Mal, wenn uns ein Auto entgegenkam oder überholte, schwitzte ich Blut und Wasser. Aber es half nichts – wir mussten durch die stark befahrene Ortsmitte, anders war unser Hof nicht zu erreichen.

Kaum waren wir angekommen, verabschiedete sich mein Exkollege eilig. »Sorry, ich hab noch einen Termin.« Lieber wäre es mir zwar gewesen, wenn er hätte bleiben können, aber ich war ja schon froh, dass er überhaupt hatte helfen können.

»Kein Problem«, meinte ich, »das schaff ich schon. Danke für alles!«

Da fuhr auch schon der Doc vor. Doch statt näherzukommen, machte er sich umständlich daran, seine schicken italienischen Slippers gegen stalltaugliche Gummistiefel zu tauschen.

»Bringen Sie Stute und Fohlen schon mal hinein in den Stall«, rief er mir zu. Ich fand zwar, dass hier draußen viel besseres

Licht für eine Erstuntersuchung war, aber er würde schon seine Gründe haben, hoffte ich und tat wie befohlen. Die Tür ließ ich einladend offen stehen. Doch das schien ihm nicht zu passen. Noch immer vom Auto aus wies er mich an, die untere Hälfte der Stalltür zu schließen und die Stute aus Sicherheitsgründen festzubinden.

»Das wird sicher nicht nötig sein«, versicherte ich, doch das beeindruckte den Doc wenig. Er bestand darauf. So ein Sturkopf! Dabei weiß doch jeder vernünftige Mensch, dass man Mutter und Kind nicht trennen sollte – es sei denn, man will, dass die Mutter durchdreht. Doch ich verkniff mir eine entsprechende Bemerkung und fragte auch nicht, wie es überhaupt sein konnte, dass er als Fachmann neulich die doch sehr fortgeschrittene Schwangerschaft der Haflingerstute übersehen hatte. Schließlich ging es ja um Little Joe und Bella. Ich musste unbedingt wissen, ob mit ihnen alles in Ordnung war.

Erst als ich Bella festgebunden hatte, kam der Arzt zur Stalltür und lugte vorsichtig durch die Öffnung. Es dauerte eine ganze Weile, bis mir klar wurde, dass er ganz und gar nicht vorhatte, den Stall zu betreten. Doch so halb über der Tür hängend, konnte er Little Joe natürlich schlecht untersuchen.

»Bringen Sie das Fohlen näher«, befahl er.

Witzbold. Und wie? Ein Fohlenhalfter hatten wir natürlich nicht griffbereit. Wie hätte ich denn ahnen sollen, dass ich so etwas brauchen würde? Tja, hätte der Veterinär Bella genauer untersucht, wäre das natürlich was anderes gewesen …

Ich stellte mich also seitlich neben das Fohlen, ein Arm um Little Joes Brust geschlungen, den anderen unterm Schweif um seinen Hintern. Irgendwie gelang es mir, ihn auf diese Weise zur Stalltür zu bugsieren, damit Monsieur seinen fachmännischen Blick auf ihn werfen konnte. Ich konnte nur hoffen, dass die Anstrengung bei mir keine Wehen auslösten.

Meine Befindlichkeit interessierte den Doc jedoch herzlich wenig. Er beugte sich nun etwas weiter über die Tür. Noch während ich mich fragte, was genau er da trieb, richtete er sich wieder auf und verkündete voller Inbrunst, als hätte er die Entdeckung des Jahrhunderts gemacht: »Es ist ... ein Hengstfohlen!«

Verdattert starrte ich ihn an, die Arme noch immer um Little Joe geschlungen. Der natürlich ein kleiner Kerl war, das hatte ich schon vorhin auf der Koppel festgestellt. Sonst hätte ich ihn Cinderella getauft oder Miss Ellie. Dachte der Doc ernsthaft, seine Geschlechtsdiagnose sei eine Überraschung für mich? Na, hoffentlich waren seine weiteren Untersuchungen weniger hanebüchen!

Der Doc stapfte zurück zum Auto, sicher um seinen Arztkoffer zu holen. Doch mitnichten: Fassungslos beobachtete ich, wie er die Gummistiefel wieder gegen die Slippers tauschte und flink ins Auto stieg.

»Wie – war's das etwa schon?« Das konnte doch nicht wahr sein!

»Herzlichen Glückwunsch«, erwiderte der Veterinär. »Rechnung folgt.« Und mit diesen Worten machte er sich eilig aus dem Staub. Das war auch besser für seine Gesundheit, denn ich war in einer Stimmung, in der ich nicht länger gezögert hätte, mit erhobener Mistgabel auf ihn loszugehen.

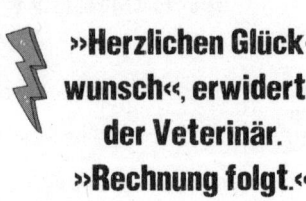 **»Herzlichen Glück-wunsch«, erwiderte der Veterinär. »Rechnung folgt.«**

Drei Tage später kehrte mein Mann von der Geschäftsreise zurück. »Ich hab die Post mit hereingebracht«, rief er mir fröhlich entgegen und küsste mich zur Begrüßung. Die Post bestand aus ein paar Werbeblättchen, der Urlaubskarte einer Cousine und einem Brief. Absender war unser Freund, der Doc.

»Hundert Euro - für die vier Worte ›Es ist ein Hengst-fohlen‹?«, schnaubte ich entrüstet. »Veterinär müsste man sein!«

Zu einer weiteren Vertiefung des Themas kam es nicht. Denn in diesem Moment platzte meine Fruchtblase. Sicher aus Empörung.

VOM FINDEN UND VOM VERLIEREN

Einen guten Tierarzt zu finden, ist ähnlich schwierig wie einen guten Frisör, wenn nicht sogar schwieriger. Es muss jemand sein, der zu uns passt, der auf unsere Wünsche und Bedürfnisse eingeht, denn wir vertrauen diesem Menschen etwas Besonderes an, vielleicht das Kostbarste, das wir haben.

Die Suche gestaltet sich oft als hindernisreich und führt von teuren Kliniken mit der besten Ausstattung und gefühlten hundert Empfehlungen aus dem Bekanntenkreis bis hin zu Tierpsychologen oder -physiotherapeuten, die homöopathische Behandlungsmöglichkeiten anbieten.

Durch puren Zufall war ich bei einer seltsamen Tierärztin gelandet, einer Frau, die bei Wind und Wetter, ob Regen oder Sturm oder Schnee, mit dem Fahrrad zur Arbeit fuhr, die zurückgezogen in einem Haus im Wald lebte und abseits ihrer Praxis selten in der Stadt anzutreffen war. Ich hatte schon viele Gerüchte über sie gehört und böse Zungen behaupteten, sie ginge mit Tieren besser um als mit den Menschen, die sie um sich hatte. Kurzum: Ich glaubte, sie sei ein wenig verrückt und eigenbrötlerisch, aber damals, als sie mir das Kostbarste in die Hand gab, berührte sie etwas in meinem Herzen. Damals ahnte ich noch nicht, wie sehr ich ihre innere Kraft fünfzehn Jahre später noch einmal brauchen würde ...

2000

Es war einer dieser Wintertage, die man liebt. Tage, die so klirrend kalt sind, dass einem der Atem gefriert, aber an denen der Anblick von reinem, weißem Schnee auf den Wiesen einen für die Kälte in den Knochen entschädigt. Man setzt seine Fußabdrücke in den Schnee und stapft durch den Wald, während der Atem Wölkchen in die Luft bläst und die Äste sich unter der weißen Last biegen. Das, was uns an diesen Wintertagen jedoch am meisten verzaubert, ist die Stille, die in der Luft liegt; diese Stille, in der wir die Vögel am Himmel hören, in der wir beinahe den Schnee vernehmen können, wenn er die Erde berührt.

Es war einer dieser Wintertage, an dem ich einen Waldspaziergang unternahm, kurz nachdem die Sonne sich am Horizont gezeigt und den Himmel in tieflilafarbene Töne getaucht hatte. Der in der Nacht gefallene Schnee war noch frisch und unberührt von Menschenhand und lediglich zarte Spuren von Rehen, Katzen und anderen Wildtieren zogen sich über die weiten Felder. Es war das Bild einer Harmonie, wie man sie nicht mehr oft zu Gesicht bekommt.

Ich steckte die Hände in meine Jackentaschen und ballte sie dort zu Fäusten. Trotz der dicken Wollhandschuhe waren meine Finger eiskalt. Weil ich den Wald samt seiner Windungen wie meine Westentasche kannte, bog ich nach links auf einen kaum erkennbaren Pfad ein. Ich folgte dem zertrampelten Weg, der zu einem weiter abgelegenen Gebiet der Kleinstadt führte, in der ich wohnte.

Als ich nur noch rund einen halben Kilometer von der ersten Häusersiedlung entfernt war, hielt ich inne. Ein kaum hörbares Fiepen klang durch den Wald und durchbrach die morgendliche Stille. Ich schloss die Augen, um die Quelle des Geräuschs zu orten, aber ich musste erst einige weitere Meter zurücklegen, bis ich ihr eine ungefähre Richtung zuordnen konnte. Mein Herz setzte einen Schlag aus, als ich eine jämmerliche vierbeinige Gestalt erblickte, die sich zum Schutz gegen die Kälte dicht neben einem Baumstamm zusammengerollt hatte. Der Hund war so massig und struppig zugleich, dass ich im ersten Moment glaubte, einem echten Wolf gegenüberzustehen, aber dann bemerkte ich die Leine, mit der das Tier am Baum festgebunden war. Neben dem Hund stand eine Wasserschale auf dem Boden. Das Wasser war gefroren, sodass die Oberfläche aus einer dünnen Eisschicht bestand. Ein Zettel mit der Aufschrift »Barry« klebte am Wassernapf.

Vorsichtig trat ich einige Schritte näher. Der Hund schien zu frieren, dennoch richtete er seine Ohren auf. Ich wurde wütend. Welcher Idiot setzte seinen Hund an einem Tag mit Eis und Schnee mitten im Wald aus, wo die Wahrscheinlichkeit, dass man ihn fand, verschwindend gering war? Ohne trinkbares Wasser, ohne Futter und Decken und ... überhaupt? Wie konnte man ein armes Tier,

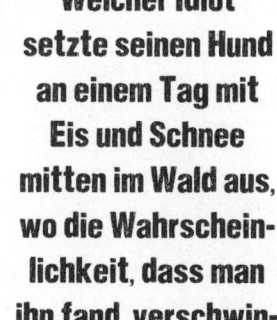

Welcher Idiot setzte seinen Hund an einem Tag mit Eis und Schnee mitten im Wald aus, wo die Wahrscheinlichkeit, dass man ihn fand, verschwindend gering war?

das einen liebte und einem vertraute, einfach im Wald zurücklassen? Warum besaß man nicht genug Verantwortungsbewusstsein, sein Tier in einem Tierheim abzugeben, wenn man es schon loswerden wollte?

Am liebsten hätte ich den Hund direkt mitgenommen und ihn zum nächsten warmen Ort getragen, aber ich konnte nicht einschätzen, wie er zu fremden Menschen stand. Was hatte er wohl erlebt? War er misstrauisch? Würde er möglicherweise sogar beißen, wenn ich versuchte, ihm zu helfen?

Plötzlich sprang der Hund auf und ich schrak zusammen, als hinter mir eine schrille Fahrradklingel ertönte. Eine Frau, Anfang Vierzig vielleicht, fuhr über den holprigen Trampelpfad in unsere Richtung und hielt dann neben mir an. Mit gerunzelter Stirn sprang sie vom Rad und drückte mir harsch den Lenker in die Hand.

»Halten Sie mal!«, befahl sie energisch und schob sich die knallbunte Mütze aus der Stirn. Dann ging sie auf das Tier zu, das ihr angespannt entgegenstarrte.

»Sollen wir nicht lieber die Polizei rufen?«, fragte ich zögerlich. »Oder jemanden vom Tierheim? Der Hund kann gefährlich sein. Wer weiß, was er erlebt hat. Er könnte ...«

»Papperlapapp«, wies die Frau meine Bemerkung zurück, ohne mich noch einmal anzusehen. Ihr Blick war voll und ganz auf den Hund fokussiert. Sie ging in die Hocke und robbte in Zeitlupentempo näher an ihn heran, die Hände ein wenig vorgestreckt, damit er an ihnen schnuppern konnte. So verharrten beide einige Minuten, bis die Frau behutsam die Leine vom Baum lösen konnte, ohne dass der Hund ein Zeichen von Aggressivität oder Angst zeigte. Ich atmete erleichtert auf. Mit ihren Händen tastete die Fremde den Körper des unterkühlten Tieres ab. Sie schien zu wissen, was sie tat, was mich ungemein beruhigte.

»Der Hund muss dringend ins Warme«, sagte die Frau energisch und ich nickte zustimmend. Der arme Kerl zitterte bereits wie Espenlaub.

»Dann machen Sie mal!«, sagte sie und drückte mir das Ende der Leine in die Hand. Mit offenem Mund und völlig sprachlos starrte ich sie an, als sie mir ihr Fahrrad wieder abnahm.

»Sie haben ihn gefunden. Also sind Sie jetzt für ihn verantwortlich.« Sie nickte, um ihre Worte zu bekräftigen. »Auf diese gute Weise, wenn Sie verstehen, was ich meine ...«

»Sie haben ihn gefunden. Also sind Sie jetzt für ihn verantwortlich.«

»Ja, aber ...«, wollte ich protestieren.

»Nichts aber!«, wehrte sie ab und schwang sich aufs Rad.

»Wer sind Sie überhaupt?«, rief ich ihr nach.

»Ich? Ich bin Tierärztin.« Sie hob die Hand zum Gruß und dann war sie auch schon verschwunden.

2015

Ich öffnete die Tür zum Behandlungszimmer. Mein Mann trug den Hund, den ich vor fünfzehn Jahren gefunden hatte, in den Raum und legte ihn sanft auf den sterilen, metallenen Tisch.

Edith, meine Tierärztin, hatte sich in all den Jahren kein Stück verändert. Ihre Haare waren vielleicht ein wenig grauer geworden und im Ganzen hatte ihre Verschrobenheit zugenommen, aber mich störte es nicht. Sie hatte mich damals ganz allein mit einem wildfremden Hund stehen lassen, weil sie irgendwie gewusst hatte, dass wir zusammengehörten. In der gemeinsamen Zeit, die wir miteinander verbringen durften, hatte sich Barry zu einem Teil meiner Seele entwickelt, den ich heute loslassen musste. Ein Schritt, den ich noch nicht zu gehen bereit war.

In der gemeinsamen Zeit, die wir miteinander verbringen durften, hatte sich Barry zu einem Teil meiner Seele entwickelt, den ich heute loslassen musste.

»Kathrin«, begrüßte sie mich. Für meinen Mann hatte sie nur ein nachlässiges Nicken übrig, das man nur mit viel gutem Willen als höflich bezeichnen konnte.

Bevor ich ein Wort sagen konnte, hatte sie ihr Stethoskop schon zur Hand genommen. Mit konzentrierter Miene lauschte sie den Herzschlägen und Lungengeräuschen meines Hundes, der die Prozedur mit halb geschlossenen, leicht tränenden Augen über sich ergehen ließ. Mit der freien Hand strich sie unablässig über Barrys Fell.

»Hat er gefressen?«, fragte sie.

Ich schüttelte den Kopf, da es mir den Hals zuschnürte und ich nicht sprechen konnte.

»Und die Tabletten?«

»Ohne Fressen war es schwierig, sie ihm einzuflößen«, antwortete mein Mann an meiner Stelle. »Wir haben sie ins Wasser gemischt, aber ... Er wollte auch kaum noch trinken.«

Barry hatte Lungenkrebs, den wir eine Weile mit Chemo und, als das nicht angeschlagen hatte, nur noch mit Schmerzmitteln behandelt hatten. Seit einigen Tagen verweigerte er jegliche Nahrung. Er stand nur noch mit Hilfe auf, weil er keine Kraft mehr hatte, sich auf den Beinen zu halten.

Barry war müde. Und ich war müde, ihn müde zu sehen. Ich wollte, er wäre wieder der junge Barry aus meiner Erinnerung: Der stolze, beschützende Hund, vor dem die Menschen manchmal etwas Angst gehabt hatten. Er hatte seine unberechenbaren Zeiten gehabt, denn was auch immer er vor seiner Zeit bei mir erlebt hatte, es war nichts Gutes gewesen.

Obwohl ich wusste, dass es töricht und unverantwortlich war, sein Leben künstlich hinauszuzögern, ihn mit Medikamenten am Leben zu erhalten, die eben dieses Leben alles andere als lebenswert machten, wollte ich noch nicht loslassen. Ich konnte nicht, es ging einfach nicht.

»Was ist mit Morphiumspritzen? Oder Vitaminspritzen? Oder beidem?«, fragte ich und meine Stimme hörte sich unsicher an. Haltsuchend griffen meine Hände in Barrys Fell, dessen Beschaffenheit ich in- und auswendig kannte. Am liebsten hätte ich meine heiß glühenden Wangen darin verborgen und alles andere ausgeblendet. Ja, am liebsten hätte ich Barry an einen anderen Ort gebracht, fort von dem Geruch nach Desinfektionsmitteln und fort von Gummihandschuhen und Spritzen.

»Morphium wirkt nur gegen den Schmerz, Kathrin. Es behandelt die anderen Symptome nicht. Und es wird ihn nicht wieder dazu bringen, zu fressen.« Sie legte das Stethoskop zur Seite und seufzte leise.

»Komm mal mit.« Sie bedeutete mir, ihr in den Raum nebenan zu folgen und ich ließ Barry schweren Herzens bei meinem Mann zurück.

Dieser zweite Raum unterschied sich von den übrigen der Praxis: Er war klein und gemütlich, mit einem Sofa und vielen Kissen ausgestattet und die Sonne beleuchtete ihn mit Tageslicht.

»Wir haben so oft darüber gesprochen«, sagte Edith eindringlich. »Und du weißt, dass heute dieser Tag ist.«

Meine Schultern sackten herunter. Ich wusste ja, dass sie recht hatte, zumindest ein Teil von mir wusste das.

Wir setzten uns auf das Sofa und in leisen, langsamen Worten erklärte sie mir, wie die Einschläferung ablaufen würde. Wir hatten das bereits zweimal durchgekaut, aber ich hatte nie ganz zuhören wollen.

Dann verschwand sie. Ich wusste, was nebenan vor sich ging und konzentrierte mich darauf, nicht zu weinen, nicht zu schreien, nicht zu verzweifeln.

Die Tür schwang wieder auf und mein Mann trug Barry zusammen mit Edith zum Sofa. Sie ließen ihn neben mir ab und ich schob meine Beine unter Barrys Kopf. Mein Mann setzte sich auf die Kante der Couch, um in Barrys Sichtweite zu bleiben.

Ich wusste, was nebenan vor sich ging und konzentrierte mich darauf, nicht zu weinen, nicht zu schreien, nicht zu verzweifeln.

Das Beruhigungsmittel, das Edith meinem Hund verabreicht hatte, zeigte bereits Wirkung. Sein Brustkorb hob sich regelmäßig, aber die rasselnden Töne in dessen Inneren waren trotz der Entspannung nicht zu überhören.

Unablässig streichelte ich über seinen Kopf, über seine Ohren und seine Flanke, bis ich das Gefühl hatte, dass wir im Gleichklang atmeten, beide ruhig, beide verletzt. Ich kämpfte die Angst nieder, dass er wusste, was hier gerade geschah und dass er es mir übel nahm.

»Seid ihr so weit?« Ediths sanfte Stimme drang kaum zu mir durch. Verspätet erkannte ich, dass sie das Narkosemittel in ihrer Hand meinte. Ich nickte und alles in meinem Kopf fühlte sich zäh an. Ich sah nicht hin, als sie das Mittel injizierte, sondern hielt meinem Blick starr auf Barrys Kopf gerichtet. Ich nahm jede Sekunde Leben in mich auf, um mich später daran zu erinnern. Ich spürte die tröstliche Wärme seines Körpers und schlang meine Arme darum.

Es wurde still um mich herum und weil ich nicht wollte, dass Barry in Stille starb, sprach ich mit ihm. Ich flüsterte all die Erinnerungen, die mir in den Sinn kamen, in sein Ohr, all die Dinge, die wir erlebt hatten; all die Berge, die wir erklommen, und all die Seen, die wir durchschwommen hatten. Wir schwelgten in den Gedanken an abendliche Stunden auf der Couch, an Spaziergänge bei Nacht unter sternenklarem Himmel im Hochsommer oder an Reisen, die wir unternommen hatten. Unsere gemeinsamen Jahre zogen an mir vorbei und ich hoffte so sehr, dass sein Leben bei mir ihm so viel Glück geschenkt hatte wie mir.

Erst in diesem Augenblick, in dem er seinen letzten Atemzug tat, erlaubte ich mir zu weinen. Ich trauerte um den besten Freund im Leben, der nicht immer ein Mensch sein muss.

Und obwohl der Tag einer der traurigsten in meinem Leben war, war ich dankbar, Edith an meiner Seite zu haben. Ich hatte jemanden nötig, der nicht an mich, sondern an Barry dachte.

Ein guter Tierarzt muss dir im richtigen Augenblick Hoffnung geben, ebenso wie er dir im richtigen Augenblick helfen muss, die schwierigsten Entscheidungen zu treffen. Am Ende muss er der Mensch sein, der dich auf dem schweren Weg begleitet, das Kostbarste gehen zu lassen, wenn es so weit ist.

ELSA

Elsa war eine echte Schönheit. Sie hatte klare, wache Augen und eine niedliche Stupsnase. Ihre Beine waren zwar etwas kurz geraten, dafür aber kräftig, sodass ihr Gang gleichzeitig grazil und selbstbewusst wirkte. Auf dem linken Oberschenkel hatte sie einen großen Schönheitsfleck, der ihr etwas Einzigartiges und Besonderes verlieh. Elsa war ein Schaf. Allerdings nicht irgendein Schaf, sondern unser Schaf. Sie war der Mittelpunkt unserer Herde, zu der neben ihr noch zwei kastrierte Böcke gehörten, die wir der Einfachheit halber nur Mecki 1

 **Elsa war ein Schaf. Allerdings nicht irgendein Schaf, sondern unser Schaf.**

und 2 nannten. Uns war damals schon klar, dass Schafe eher blökten als meckerten. Der Name rührte auch vielmehr von ihren Frisuren – als waschechten Merinos wuchs ihnen die Wolle so dicht auf dem Kopf, dass man kaum ihre Augen sehen konnte. Ihr so eingeschränktes Sichtfeld führte unter anderem dazu, dass besonders der eine von Zeit zu Zeit gegen einen Baum rannte oder die Stalltür um Haaresbreite verfehlte, wenn der tägliche Wettlauf zum gefüllten Futtertrog ausgetragen wurde. Dann wussten wir, dass es Zeit war, die Wolle um die Augen wegzuschneiden. Meine Mutter hatte für diesen Zweck eigens eine ihrer Schneiderscheren geopfert, mit der sie dann liebevoll ans Werk ging.

Elsa rannte nie gegen etwas, sodass wir ihr auch nie die Wolle aus dem Gesicht schneiden mussten. Sie war aber auch erst ein Jahr alt, während Mecki 1 und 2 schon zwei Jahre auf dem Buckel hatten. Mein Vater hatte sie gekauft, als wir ins Dorf gezogen waren und er seinen Traum vom Landleben umzusetzen begonnen hatte. Als zukünftiger Bauer hatte er Kosten und Nutzen vorher genau kalkuliert.

»So haben wir im Winter warme Pullover und im Sommer einen Rasenmäher«, hatte er verkündet und wir alle, insbesondere wir Kinder, hatten das toll gefunden. Schafe waren doch mal was Neues, anders als Katze oder Hund, größer als Meerschweinchen und Hamster. Vielleicht konnte man ja sogar auf ihnen reiten. So kamen also Mecki 1 und 2 zu uns und wir fanden es großartig, wie schnell sie sich in unser Familienleben und den neuen Stall, den mein Vater extra für sie gebaut hatte, eingewöhnten. Wir Kinder konnten in der Tat auf ihnen reiten, zumindest ein paar Meter, was wir super fanden. Die Schafe selbst wohl weniger, aber sie beschwerten sich nicht. Sollte mein Vater bei der Anschaffung vielleicht noch mit dem Gedanken gespielt haben, die Meckis eines Tages zu verwursten, war dies spätestens nach dem ersten Sommer passé.

Im Sommer darauf folgte Elsa. Im Gegensatz zu den zwei Böcken war sie ein richtiges Mädchen – kleiner und zierlicher, was bei einem Schaf zwar ungewöhnlich klingt, aber den Tatsachen entsprach. Sogar ihre Wolle war feiner. Und im Gegensatz zu den dunklen Augen der beiden anderen waren Elsas Augen hell. Den Namen hatten wir aus einem Film, in dem eine Löwin Elsa hieß. Wenn eine Löwin Elsa heißen konnte, warum dann nicht auch ein Schaf?

Man kann sagen, dass es unseren Schafen sehr gut ging. Sie waren wohlgenährt, zahm wie Hunde und nie wirklich krank. Alle Nachbarn mochten unsere Schafe und besonders Elsa.

Alle Nachbarn mochten unsere Schafe und besonders Elsa. Zumindest bis zu jenem Tag, an dem Elsa durchdrehte.

Zumindest bis zu jenem Tag, an dem Elsa durchdrehte.

Ein bisschen war unser Vater schuld daran. Hauptsächlich aber wohl der Tierarzt, zu dem zumindest wir Kinder nach diesem Vorfall ein gespaltenes Verhältnis hatten. Von Elsa ganz zu schweigen.

Alles fing damit an, dass mein Vater den Schafen die Klauen schneiden wollte. Das muss man von Zeit zu Zeit tun, weil die Klauen wie die Zehennägel eines Menschen wachsen und irgendwann auch Schafe nicht mehr richtig damit laufen können. Meine Eltern verschnitten all unseren Tieren die Krallen und Klauen, vom Wellensittich über das Meerschweinchen bis hin zum Hund. Nur unser Kater hatte sich das verbeten und meiner Mutter beim Versuch einen langen, tiefen Kratzer am Oberarm verpasst, der so heftig blutete, dass sie ins

Krankenhaus musste, um die Wunde versorgen zu lassen. Dort bekam sie gleich noch eine Tollwutspritze verpasst.

An diesem Tag hatte mein Vater Elsa beim Klauenschneiden zu viel weggeschnitten. Das kam wahrscheinlich daher, weil er sich zuerst die beiden Böcke vorgenommen hatte, deren kräftige Keulen gut in der Hand lagen und deren Klauen groß und breit waren, sodass er das Messer gut ansetzen konnte. Die Meckis waren in allem größer und handlicher und ließen sich ohne Weiteres auf den Hintern setzen, wenn man an die Klauen wollte. Das Prozedere hatte mein Vater im letzten Jahr von einem befreundeten Schafhalter gelernt. Und da er selbst ein großer, kräftiger Typ war, hatten die Meckis die Situation auch stumm über sich ergehen lassen. Bei Elsa lag die Sache anders – in vielerlei Hinsicht. Zum einen war Elsa körperliche Gewalt nicht gewohnt. Im Gegensatz zu ihren beiden Artgenossen war sie bislang weder von uns geritten noch geschoren worden. Allenfalls gestreichelt. Entweder von uns, unserer Mutter oder wieder uns. Man kann also sagen, dass Elsa einigermaßen irritiert war, als mein Vater sie mit einem vermeintlich gekonnten Griff packte und auf den Hintern setzte, mit dem Rücken gegen seine Knie gelehnt. Ein weiterer Knackpunkt war, dass mein Vater Probleme mit Elsas Größe und damit auch mit der ihrer Klauen hatte: Im Vergleich zu den beiden Böcken war Elsa geradezu zart, was auch auf ihre Füße zutraf. Ihr nun die Klauen zu verschneiden, musste ungefähr so sein, wie wenn ein Schuster zuerst stahlverstärkte Bergarbeiterschuhe bearbeitet und danach die Schläppchen einer Ballerina ausbessert. Nachdem mein Vater mit der Schere die losen Teile weggeschnitten hatte, setzte er das Messer an, um die Klauenwand zu bearbeiten. Dabei verschätzte er sich wohl etwas, sodass er Elsa in den Fuß schnitt. Bis zu dem Zeitpunkt hatte sie die Prozedur duldsam über sich ergehen lassen. Nun zappelte sie. Besser gesagt, sie trat um sich. Mein Vater riss das Messer zur Seite und schnitt sich dabei in die Hand. Meine Mutter schrie auf. Elsa kippte nach vorn, stand dann benommen auf allen Vieren und humpelte schließlich davon. Am rechten Vorderfuß hing eine halb abgeschnittene Klaue. Drumherum waren ein paar Blutflecke zu sehen, aber man konnte nicht erkennen, ob es Elsas Blut oder das meines Vaters war. Während meine Mutter die Wunde meines Vaters versorgte, telefonierte der mit Doktor Pawlow, ob er denn nicht vorbeikommen könne, um sich Elsa einmal anzuschauen. Doktor Pawlow war, gelinde ausgedrückt, eher die handfeste Version eines Tierarztes.

»Soll ich gleich noch eine Spritze gegen Schafrotz geben?«, war das Erste, was wir ihn seinerzeit, nach einer Untersuchung der beiden Meckis, hatten sagen

Doktor Pawlow war, gelinde ausgedrückt, eher die handfeste Version eines Tierarztes.
»Soll ich gleich noch eine Spritze gegen Schafrotz geben?«

hören. Meine Mutter hatte das Gesicht verzogen. Inzwischen wissen wir aber, dass es diese Krankheit wirklich gibt, genauso wie Lippengrindinfektionen, Moderhinke oder die Blauzungenkrankheit. Hatten wir alles von Doktor Pawlow gelernt. Er war ein grobschlächtiger Mann und weil er aus Sibirien kam, konnten wir Kinder uns gut vorstellen, wie er dort eigenhändig Bären erwürgt und sie mit den Zähnen gehäutet hatte. Ich glaube, die Tiere hatten Angst vor ihm. Wir Kinder auch.

Er war ein grobschlächtiger Mann und weil er aus Sibirien kam, konnten wir Kinder uns gut vorstellen, wie er dort eigenhändig Bären erwürgt und sie mit den Zähnen gehäutet hatte.

Sein jetziges Erscheinen weckte ungute Erinnerungen bei uns. Anscheinend merkte das auch Elsa, denn obwohl sie den Mann noch nie gesehen hatte, verzog sie sich gleich in die hinterste Ecke des Stalles und tat so, als wäre sie nicht da.

Doktor Pawlow gehörte zu den Menschen, die schlecht verhehlen können, was sie gerade denken. Er hatte diesen typischen Schon-wieder-Laien-die Arzt-spielen-wollen-Blick drauf, als mein Vater die Situation beschrieb. Leicht überheblich und gerade noch so weit unter Kontrolle, dass man ihn nicht gleich wieder vom Hof jagen wollte.

Als er die Situation erfasst hatte, schritt Doktor Pawlow auf Elsa zu, die in ihrer Ecke auf Mäusegröße schrumpfte und sich ratlos nach Fluchtmöglichkeiten umschaute. Ich hätte ihr in dem Moment gern geholfen. Sie verfiel zuerst in ange-strengtes Zappeln, dann in matte Ergebenheit, als Doktor Pawlow sie mit eisernem Griff packte und erneut auf den Hintern setzte. Dann besah er sich das Malheur und schüttelte den Kopf.

»Das sieht nicht gut aus«, brummte er und für einen Moment befürchtete ich, dass er das Bein nun amputieren oder Elsa gleich den Gnadenschuss geben müsse. Elsa schien ebenfalls mit ihrem Leben abzuschließen und schloss die Augen.

Doch entgegen der allgemeinen Erwartung nahm der Doktor statt einer Waffe eine Sprühdose aus seiner Tasche und begann, damit den verletzten Fuß einzusprühen. Ich weiß nicht, ob es das Geräusch des Sprühens oder der Anblick der Flasche war, als sie die Augen kurz aufriss, oder sich ihre Angst generell Bahn brach – auf jeden Fall bäumte sich Elsa unter Aufbietung von Kräften, die man ihr nicht zugetraut hätte, auf und befreite sich aus Doktor Pawlows Griff. Der verblüffte Arzt verlor den Halt und fiel rücklings gegen die Stallwand, während ihm die flüchtende Elsa noch einmal über den Fuß stieg, was nun dem Doktor einen Aufschrei des Zorns oder vielleicht auch des Schmerzes entlockte.

»So eine Scheiße!«, keuchte er, als er sich wieder aufrappelte. »So kann ich nicht arbeiten.«

Meine Mutter, die inzwischen mit einer Tasse Kaffee zurückgekehrt war, fuhr sich so heftig mit der freien Hand vor den Mund, dass sie die Hälfte des Getränks verschüttete.

»Herr Doktor!«, entfuhr es ihr in einer Mischung aus Überraschung, Empörung und ein bisschen Vorwurf. Doktor Pawlow stürmte an ihr vorbei nach draußen.

»Wo ist das Schaf?«, brüllte er.

Nachdem Elsa über seine Arzttasche getrampelt war, schwante ihr nun wohl Fürchterliches und sie verdoppelte ihre Anstrengungen, ihrem Verfolger zu entkommen. Dummerweise führten sie diese Versuche ausgerechnet in den Nachbargarten. Keine Ahnung, wie sie da hereingekommen war, sie musste einen Fluchtweg gefunden haben, der uns allen bisher verborgen geblieben war. Auf jeden Fall stand sie plötzlich mitten im Nachbargarten! Man muss sagen, dass unser Nachbar einen geradezu vorbildlichen Blumengarten sein Eigen nannte. Alles passte perfekt zusammen, manchmal blieben Leute sogar davor stehen, um die Pracht zu fotografieren. Nun trampelte Elsa großflächig darüberhinweg, riss Ranken nieder, schlug Schneisen in die hochaufgeschossenen Gladiolen, zertrat die kleinen Löwenmäulchen und schaffte es sogar noch im Vorbeirasen, ein paar Blüten der Heckenrosen abzuzupfen. Meine Mutter hinter mir bekam Schnappatmung.

Elsa rannte bis zum Gartenzaun, merkte aber schnell, dass sie dort nicht weiterkam und trat den Rückzug an. Da wir immer noch nicht das Loch gefunden hatten, durch das sie in den Garten gekommen war, machte sich Doktor Pawlow nun daran, den etwa einen Meter fünfzig hohen Jägerzaun zu übersteigen, der die beiden Grundstücke voneinander trennte.

»Ich weiß nicht, ob das eine gute Idee ist«, murmelte mein Vater und hielt die verbundene Hand mahnend in die Höhe. Doktor Pawlow antwortete irgendwas von »Das wäre doch gelacht ...« und wollte weitersteigen, als er merkte, dass er festhing. Ein Meter fünfzig ist eine etwas ungünstige Höhe, um festzusitzen, selbst für einen großen Mann wie Doktor Pawlow. Er stand auf Zehenspitzen und balancierte unglücklich darauf herum. Langsam neigte sich der Zaun in unsere Richtung. Im letzten Moment konnte sich Doktor Pawlow mit dem Fuß abfangen, der Zaun knackte aber trotzdem und brach schließlich ab. Etwas umständlich und weitere derbe Worte ausstoßend stieg der Tierarzt von dem Zaun herunter. Nicht ohne sich vorher noch einen Holzsplitter in die Hand zu rammen, was er genauso blöd fand wie das Reißen in seiner Jacke, als er an einem Nagel hängenblieb. Man kann sagen, Doktor Pawlow hatte keine gute Laune mehr, als er schnaufend über den kaputten Zaun hinweg in den Nachbargarten trat.

Elsa hatte ihn bisher schweigend beobachtet und kaute versonnen auf einer Margerite. Sie sah ein bisschen schadenfroh aus.

Elsa hatte ihn bisher schweigend beobachtet und kaute versonnen auf einer Margerite. Sie sah ein bisschen schadenfroh aus.

Der Tierarzt schritt nun breitbeinig und mit offenen Armen auf sie zu wie ein Sumo-Kämpfer, der einen

Gegner aus dem Ring schleudern will. Anscheinend wollte er ihr den vermeintlich einzigen Weg abschneiden, den es gab. Elsa dachte jedoch überhaupt nicht daran, ihrem Feind in die Arme zu laufen. Stattdessen galoppierte sie den entgegengesetzten Zaun entlang in der panischen Hoffnung, doch noch ein weiteres Schlupfloch zu finden. Das Ergebnis waren noch mehr zerstörte Beete und abgerissene Blumen. Ihren kranken Fuß schien sie völlig vergessen zu haben.

»Vielleicht sollten wir ihr Zeit geben, sich zu beruhigen«, schlug mein Vater vor, der inzwischen etwas besorgt war. Weniger Elsas als des Gartens wegen.

»Alles halb so schlimm«, stieß Doktor Pawlow hervor, als wolle er entweder sich selbst anfeuern oder uns zu verstehen geben, dass ihm das schon hundertmal passiert war. »Sehen Sie mal, sie ist schon ganz außer Puste. Nicht wahr, meine Kleine?«

Die Kleine stand heftig keuchend auf einem Busch Sonnenaugen und starrte ins Leere.

»Sie denkt bestimmt, der Doktor will sie schlachten«, raunte mir meine Schwester leise zu. So wie der Arzt dastand, dachte ich das mittlerweile auch. Er schien Elsas Flucht als persönliche Herausforderung, vielleicht auch Beleidigung aufzufassen.

»Hast dich wohl ausgetobt?«, rief er und machte einen weiteren Schritt auf sie zu. Elsa beobachtete ihn argwöhnisch.

Der Arzt machte noch einen Schritt.

Elsas Muskeln spannten sich.

Jemand hat mal gesagt, da, wo der Kopf eines Tieres durchpasst, da passt auch der Rest durch. Elsa demonstrierte uns das nun auf eindrucksvolle Weise. Wobei sie sich nicht die Zeit nahm, die Größe des Loches mit der ihres Kopfes abzugleichen. Der Spalt zwischen dem letzten Zaunpfahl und der Wand des Geräteschuppens betrug etwa zehn Zentimeter. Vor ein paar Minuten noch hatte sie entschieden, dass der Spalt zu schmal für sie war. Nun stürmte sie, ohne weitere Gedanken daran zu verschwenden, einfach durch. Der Pfahl, der wohl tatsächlich eher der Zierde als dem Abhalten Unbefugter diente, klappte weg wie ein Streichholz.

»Scheiße!«, brüllte Doktor Pawlow und setzte ihr nach.

Elsa rannte direkt auf die am Haus vorbeiführende Landstraße zu. Die Fahrerin eines herannahenden Autos musste ruckartig auf die Bremse treten, was dazu führte, dass ihr Auto sich einmal im Kreis drehte und in den Straßengraben schlingerte. Mit einem dumpfen Rumms blieb es dort liegen.

Während die Fahrerin unter Schock stand und sich im Auto nicht bewegte, lahmte Elsa über den hinter der Straße beginnenden Acker. Meine Eltern schienen nicht so recht zu wissen, ob sie der Frau helfen oder Elsa hinterherjagen sollten. Schließlich teilten sie sich auf – meine Mutter eilte zu der Frau, die inzwischen benommen aus dem Wagen gewankt kam, mein Vater verfolgte Elsa. Neben ihm lief Doktor Pawlow.

Ein kleiner Junge, ein Freund meiner Schwester, gesellte sich zu uns und beobachtete die Szene interessiert.

»Warum rennt das Schaf über das Feld?«

»Der Doktor will sie schlachten«, antwortete meine Schwester betroffen.

»Cool«, erwiderte der Junge und ich war mir nicht ganz sicher, ob er den Sinn ihrer Worte erfasst hatte.

»Warum rennt das Schaf über das Feld?« »Der Doktor will sie schlachten«, antwortete meine Schwester betroffen.

Unser Vater konnte leider nicht sehr lange an der Verfolgung teilnehmen. Plötzlich war er nämlich verschwunden, einfach nicht mehr zu sehen. Ich vermutete, dass er in eine Mulde oder Ackerfurche getreten war, sicher war ich mir allerdings nicht. Meine Mutter ebenso wenig. Gerade hatte sie der Autofahrerin, die heftig atmend auf unserer Treppe saß und dabei ins Leere starrte, einen Kaffee gebracht, als sie den Verlust unseres Vaters bemerkte. Genau genommen hatten wir Kinder sie darauf aufmerksam gemacht.

»Papa ist verschwunden«, sagten wir zu unserer Mutter, was diese kerzengerade hochfahren ließ.

»Wie, verschwunden?«

»Na, verschwunden.«

Sie drückte der Autofahrerin die Kaffeetasse in die Hand und rannte aufs Feld, vage die Richtung einschlagend, die wir ihr wiesen. Derweil ging dort die Verfolgungsjagd weiter. Elsa hatte direkten Kurs auf den hinter dem Acker liegenden Wald genommen. Überflüssig zu sagen, wie ungünstig es gewesen wäre, sollte sie darin verschwinden. Wir würden sie nie mehr wiederfinden.

»Im Wald gibt es Wölfe«, stellte meine Schwester fest.

Ihr Kumpel nickte wissend. »Und Geister.«

Wenn überhaupt sollte sich Elsa wohl eher vor den Wölfen in Acht nehmen als vor den Geistern. Glücklicherweise kam zu dem Zeitpunkt ein Besucher aus dem Wald, ein alter Mann mit seinem Dackel, den ich vom Sehen her aus unserem Dorf kannte.

»Halten Sie das Schaf auf!«, hörte ich Doktor Pawlow brüllen, der Elsa einsam hinterherjagte. Es sah ein bisschen so aus, als spielten sie Fangen.

Der Mann schien zuerst nicht zu begreifen. Dann jedoch erblickte er Elsa. Sogar von Weitem konnte ich sehen, wie er den Rücken straffte, die Knie anwinkelte und die heranstürmende Elsa erwartete wie ein Torwart einen Ball. Das Manöver hätte sogar klappen können, wäre der Dackel nicht plötzlich kläffend auf Elsa losgeprescht. Elsa war davon wenig beeindruckt. Ich weiß nicht, was er damit bezweckte: Zwar war Elsa für ein Schaf relativ klein, der Hund dagegen war ein Zwerg. Und so rannte sie einfach über ihn hinweg, als er ihr zwischen die Beine springen wollte. Der alte Mann in der Torwart-Position fiel augenblicklich in sich zusammen und rannte zu seinem Hund. Als Elsa den Mann auf sich zustürmen sah, änderte sie die Richtung und rannte einen Bogen um Doktor

Pawlow zurück in Richtung Landstraße. Dort war meine Mutter gerade dabei, meinen Vater zu stützen, der nun auf einem Bein humpelte und Schmerzen zu haben schien.

»Vielleicht hat sie Hunger«, rief meine Schwester und rannte Elsa entgegen, indem sie sich unterwegs immer wieder bückte und Grasbüschel abriss. Diese hielt sie vor sich und rief immer wieder: »Hierher, Elsa, lecker Gras! Schau mal.«

Das klappte sonst auch immer. Ihr Kumpel folgte ihr.

»Kinder, von der Straße weg!«, rief meine Mutter, die selbige gerade mit meinem Vater überquerte. Tatsächlich kamen zwei Autos die Straße herauf. In einem saß unser Nachbar, der nach Hause zurückkehrte. Aus dem Auto heraus winkte er noch. Doch schon beim Aussteigen verdunkelte sich sein Blick. Genauer gesagt wandelte sich sein Gesicht zu einer Grimasse, aus der alle Farbe wich, und er musste sich an der Autotür festhalten. Sein einst so prachtvoller Garten sah nun ähnlich aus wie der Acker auf der anderen Seite der Straße.

Sein einst so prachtvoller Garten sah nun ähnlich aus wie der Acker auf der anderen Seite der Straße.

»Oh, mein Gott, was ist mit ihm?«, rief die Autofahrerin schrill. Sie saß immer noch auf unserer Treppe und bekam, im Gegensatz zum Nachbarn, langsam wieder etwas Farbe im Gesicht.

»Sieht aus wie ein Schwächeanfall«, mutmaßte meine Mutter.

»Oder ein Herzinfarkt«, vermutete mein Vater.

Meine Mutter warf unseren Vater zur Frau auf die Treppe und rannte hinüber zum Nachbarn. Dieser atmete inzwischen flach und fasste sich an Brust.

»Wir müssen einen Krankenwagen rufen.«

Meine Mutter tätschelte unserem Nachbarn hilflos die Hand und zwang ihn wieder auf den Autositz zurück. »Ruf doch mal einer den Notarzt!«

Unser Vater erbarmte sich schließlich.

Meine Schwester hatte inzwischen den Versuch aufgegeben, Elsa durch ein paar leckere Grasbüschel gefügig zu machen. Ratlos stand sie am Straßenrand und wartete auf Doktor Pawlow, der mit hochrotem Kopf und heftig schwitzend angerannt kam.

»Wo ist sie?«, fragte er schnaufend und in der Tat war Elsa nirgendwo zu sehen.

Meine Schwester zuckte ratlos mit den Schultern. »Bestimmt im Wald.« Sie klang dabei, als habe Elsa damit ihr eigenes Todesurteil unterschrieben.

»Nein!« Doktor Pawlow schüttelte energisch den großen Kopf. »Sie ist wieder zurückgerannt. Ich habe es genau gesehen.«

Komisch war nur, dass Elsa jetzt wie vom Erdboden verschluckt war, wie eben noch unser Vater. Dieser winkte müde ab. »Ist doch egal. Vielleicht kommt sie von allein wieder.«

Wir Kinder waren für einen Moment ob der Gleichgültigkeit unseres Vaters empört, erkannten dann aber, dass es für Elsa doch besser war, im Versteck zu bleiben, als Doktor Pawlow ausgeliefert zu sein. Dieser jedoch sah das ganz anders.

»Mache ich den Eindruck, als sei ich jemand, der sich von einem dummen Schaf zum Narren halten lässt? Niemals!«

Aus meiner nun zweijährigen Erfahrung mit unseren Schafen wusste ich, dass sie keineswegs dumm waren. Im Gegenteil – manchmal machten sie echt kluge Sachen. Sie merkten sich zum Beispiel den langen Weg von einer entfernten Nachbarwiese zum Stall, wenn dort frisches Futter wartete. Und in der Zeitung hatte ich von Schafen in England gelesen, die ein Gitterrost, das sie von einer saftigen Wiese trennte, überlisteten, indem sie sich darauf legten und darüber rollten, um mit ihren Füßen nicht stecken zu bleiben. Keine Ahnung, ob die Geschichte stimmte, aber vorstellbar war es.

In dem Moment kam der Krankenwagen angerast, mit Sirene und Blaulicht. Es stellte sich zum Glück heraus, dass unser Nachbar tatsächlich nur einen Schwächeanfall erlitten hatte. Dafür hatte die Autofahrerin ein Schleudertrauma und unser Vater zusätzlich zu seiner verletzten Hand einen verstauchten Fuß. Der alte Mann hatte inzwischen seinen über den Haufen gerannten Dackel bis zu unserem Haus gebracht und legte ihn vorwurfsvoll auf die Treppe zu den anderen Patienten. Doktor Pawlow untersuchte ihn hastig und stellte fest, dass der Hund ein paar Prellungen hatte, aber aller Wahrscheinlichkeit nach schnell wieder auf die Beine kommen werde. Der alte Mann seufzte.

In dem Moment kamen zwei Freunde von mir angeschlendert, die irgendwas von einem Schaf redeten, das oben im Schwimmbad gesichtet worden war. Wir alle horchten auf, besonders Doktor Pawlow.

»Ich wusste es«, jubelte er in einer Mischung aus Triumph und Vorwurf und setzte sich in Bewegung. Wir Kinder hinterdrein. Unsere Eltern blieben mit den Rettungssanitätern bei den Verletzten. Das Letzte, was ich hörte, war, wie meine Mutter fragte, ob jemand noch einen Kaffee wolle. Der alte Mann mit dem Hund nahm das Angebot an.

Als wir am Schwimmbad ankamen, hatte sich dort schon eine mittelgroße Menschenmenge versammelt. Die Leute hatten sich um eine etwas abgelegene Ecke jenseits der großen Becken geschart, in der eine Baugrube ausgehoben worden war, weil ein erweitertes Becken errichtet werden sollte. Für einen Samstagmittag war es bereits erstaunlich voll im Bad, obwohl es noch gar nicht so warm war. Da es aber einer der ersten schönen Maitage war und es die letzten Wochen fast ununterbrochen geregnet hatte, waren wohl alle froh, endlich wieder etwas Sonne zu sehen. Der Regen war auch der Grund dafür, dass die ausgehobene Grube voller Wasser gelaufen war und die Arbeiten derzeit unterbrochen waren. Bisher war die Baustelle von einem rotweißen Absperrband umzäunt gewesen. Nun war dieses Absperrband an einer Stelle durchgerissen. Auch die eine Seitenwand der etwa vier Meter tiefen Grube war weggebrochen. Am anderen Rand der Grube, knietief im Wasser, stand Elsa. Das rechte Bein, wo mein Vater ihr in die Klaue geschnitten hatte, hielt sie in die Höhe. Sie sah eher wie ein begossener Pudel als wie ein Schaf aus.

»Die arme Ziege«, sagte gerade ein Mädchen, als wir ankamen.

»Jetzt müssen sie sie bestimmt erschießen«, meinte ein Junge. »Das Bein ist sicher gebrochen.«

Unter all dem ratlosen Gemurmel schien der Bademeister am verwirrtesten. »Ist das Ihr Schaf?«, fuhr er Doktor Pawlow an, der aussah, als fiele er gleich in Ohnmacht. »Können Sie mir vielleicht mal verraten, wie es hier hereingekommen ist? Und vor allem wie wir es da wieder herausbekommen sollen?«

Das war allerdings eine gute Frage. »Vielleicht einen Jäger rufen?«, riet jemand.

»Kein Jäger!«, antwortete Doktor Pawlow und grinste breit. Elsa wackelte kurz mit den Ohren, als sie des Doktors Stimme hörte. »Dieses Schaf gehört mir!«

Ich hielt es für den falschen Zeitpunkt, ihn darauf hinzuweisen, dass Elsa uns gehörte.

»Wir sollten die Feuerwehr rufen«, schlug der Bademeister vor.

Doktor Pawlows Stimme dröhnte über all die anderen hinweg. »Keine Feuerwehr!«

Damit zog er Jacke und Schuhe aus, rollte seine Hemdärmel hoch und suchte einen Weg in die Grube.

»Sie können da nicht rein«, rief der Bademeister. »Da unten ist alles verschlammt!«

»Und wie ist das Schaf da hereingekommen? Etwa geflogen?«

Doktor Pawlow stieg über die zusammengebrochene Wand hinweg nach unten. Als er am Wasser stand, zögerte er kurz und gab sich schließlich einen Ruck. Auf der anderen Seite der Grube, wo die Wand steil nach oben ragte, stand Elsa und ließ ihn nicht aus den Augen. Von oben schauten die Badegäste und der Bademeister herunter. Es war mit einem Mal ganz ruhig. Doktor Pawlow arbeitete sich vor, stand schließlich bis zu den Hüften im Wasser. Plötzlich stockte er, schien zu überlegen.

»Ich stecke fest«, rief er. Er versuchte, sich mit ruckartigen Bewegungen aus dem Schlamm zu ziehen, kam aber weder vor noch zurück.

»Ich habe es gewusst«, rief der Bademeister und warf die Hände in die Luft. Dann holte er einen Rettungsring, der an einem langen Seil befestigt war. Einige Leute kicherten, weil der Doktor

 **Einige Leute kicherten, weil der Doktor doch etwas komisch aussah, wie er hüfttief im Schlamm mit einem Rettungsring in der Hand dastand und hilflos mit den Armen ruderte.**

doch etwas komisch aussah, wie er hüfttief im Schlamm mit einem Rettungsring in der Hand dastand und hilflos mit den Armen ruderte. Sogar Elsa schien amüsiert.

»Und was soll ich jetzt machen?«, fragte Doktor Pawlow, dem die peinliche Situation bewusst wurde.

»Festhalten!«, kommandierte der Bademeister und bat ein paar kräftige Jungs, ihm zu helfen. Doktor Pawlow klammerte sich an den Ring, während die anderen am Seil zogen. Zuerst bewegte sich gar nichts, dann gab es einen Ruck und der Arzt wurde mit einem lauten Schmatzen aus dem Schlamm gehoben. Allerdings stürzte er dabei nun auch der Länge nach hin und musste sich unter lautem Grölen und Lachen der Umstehenden durch den Schlamm zurückziehen lassen. Völlig entkräftet und dreckig wie ein Schwein kam er schließlich am Rand der Grube an. Dort lag er nun wie ein frisch geangelter Fisch und schnappte nach Luft.

Elsa hatte sich bisher nicht bewegt. Als sie nun aber sah, dass vom Doktor keine Gefahr mehr drohte, kam sie gemächlich um das Wasser herumgetrippelt, immer schön am Rand der Grube entlanglaufend, wo der Schlamm weniger weich zu sein schien. Lediglich als sie an Doktor Pawlow vorbeimusste, wurde sie kurzzeitig etwas schneller.

Fassungslos sah der Arzt zu, wie sie grazil wie ein Steinbock die Böschung nach oben kletterte und von oben zusammen mit den lachenden Badegästen auf ihn herabschaute. Sie humpelte nicht mehr. Durch die Schlammpackung schien die

Blutung aufgehört zu haben. Nur die hinteren Klauen waren noch so lang wie zuvor.

»Irgendwann bekomme ich dich schon noch in die Finger«, keuchte Doktor Pawlow und erhob sich kopfschüttelnd. »Irgendwann wirst auch du krank und dann werde ich da sein.«

Damit hatte er zweifellos recht. Bis dahin aber war hoffentlich noch eine Weile Zeit. Wir brachten Elsa nach Hause. Zumindest glaubten wir das. Sicher bin ich mir heute nicht mehr. Vielleicht war es ja auch umgekehrt und sie brachte uns nach Hause.

Gedanken einer Schnecke

Heutzutage geht alles zu schnell. Es überfordert mich. Alles rast, alles wütet und dreht sich, immer wirrer und wirrer, in meinem Kopf ist ein Karussell, ein Kaleidoskop von Eindrücken, Meinungen und Neuigkeiten. Vor meinem geistigen Auge läuft ein News-Ticker mit den Worten Druck, Hektik, Eile, Hetze, Hast, Unrast. Es muss immer noch schneller gehen, zügiger. Im Job habe ich auch ständig Deadlines einzuhalten. Hallo? Der Weg zur Arbeit ist für mich die eigentliche Todeszone. Seid froh, dass ich überhaupt pünktlich jeden Monat hier aufkreuze.

Zeitnah! Ich hasse dieses Wort.

Kaum habe ich zur Sommerfrische auf die andere Seite der Wiese gewechselt, ist es schon wieder Zeit für die Winterstarre. Früher war das anders. Hat schon meine Oma gesagt. Früher ging der Tag von morgens bis abends. Heute heißt das 24/7.

 **Früher ging der Tag von morgens bis abends. Heute heißt das 24/7.**

Hat sich eigentlich irgendjemand mal Gedanken darüber gemacht, was es für mein psychisches Wohlbefinden bedeutet, im Winter monatelang im eigenen Haus rumzuliegen, die Tür verschlossen von einem Kalkdeckel, den ich auch noch selbst hergestellt habe? Depressionen kriegt man da, heftige. Aber es hört dich ja keiner weinen durch die Wände. Ich nehme mich gefangen, um nicht zu sterben. Wenn ich mich umbringen wollte, müsste ich mir die Freiheit schenken. Kriegst du das klar im Kopf?

Wir werden immer älter. Acht Jahre, das ist eine lange Zeit. Vor Kurzem habe ich überlegt, mit sieben ins betreute Wohnen zu wechseln, da kann man es bis zwanzig schaffen.

Mein Weinberg ist auch nicht mehr das, was er mal war. Ständig kommt der Winzer und spritzt die Reben mit fürchterlich giftigem Zeug. Davon bekomme ich jedes Mal die Scheißerei.

Du kannst dabei zusehen, wie ein Blatt wächst. Erst die beulige Ausbuchtung, dann das Sprießen, das Ausbreiten, Glattstreichen, das Wiegen im Wind, die Färbung im Herbst. Wie kann das so schnell gehen? Ich blicke von einer Mahlzeit auf und es ist Frühling, ich schlucke runter und es ist Sommer. Ich scheide aus und es ist Herbst. Was sollen immer diese kurzen Szenen? Ist unsere Aufmerksamkeitsspanne wirklich so geschrumpft? Kam uns als Kind ein Jahr nicht unendlich lang vor?

Nehmen wir weiter das Fallen des Blattes. Das dauert, es ist nicht zum Aushalten. Das Blatt löst sich und verharrt endlos im ursprünglichen Zustand, ignorierend, dass zwischen Stängel und Ast keine Verbindung mehr besteht, dann sinkt es, kaum wahrnehmbar, taumelt von einer Seite auf die andere, lässt sich manchmal sogar wieder hochwehen, als wolle es sich das mit dem Fallen noch mal überlegen. Fallen, verharren, sinken, anhalten. Das ist doch schizophren. Es sollte rascher gehen. Ein Windstoß, knack, raschel, fertig, oder  **Im Herbst komme ich mir manchmal vor wie in *Matrix*. Ehrlich.**

nicht? Im Herbst komme ich mir manchmal vor wie in *Matrix*. Ehrlich.

Wenn ich morgens die Augen aufmache, sehe ich mittags. Klingt das logisch? Noch mal: wenn ich um acht die Augen öffne, ist es zwölf. Jetzt klarer? Egal. Es ist nur eine Metapher.

Nein, ist es nicht. Eine Metapher ist, wenn Menschen durch meinen Weinberg laufen und sich gegenseitig zurufen, dass ja jede Schnecke schneller den Berg hochkäme. Ein Vergleich. Dies ist ein verkürzter, bildhafter Vergleich. Immerhin.

Ich mag keine Metaphern. Deswegen verwende ich auch keine. Ich will ja hier keinen Pyrrhussieg erringen.

Gut, Leute. Die Zeit drängt. Ich bin weg. Muss heute noch über die Straße.

Feldweg, meine ich. Okay, es ist nicht gerade eine Schnellstraße, aber ich kann mir deswegen ja nicht gleich eine Woche freinehmen.

Vielleicht treffe ich auf jemanden zum Schneckseln. Ich bin ein Hermaphrodit, mir ist also alles recht, Hauptsache Helix pomatia, mit Ausländern hab ich's nicht so.

Es muss sich ja auch lohnen. Der ganze Spaß ist sowieso immer viel zu schnell vorbei. Andocken, aufrichten, befühlen, aufgeilen. Zwanzig Stunden, das ist doch ein Witz. Wo bleibt denn da das Gefühl?

Und was ist mit eurem Liebespfeil, wirst du jetzt fragen. Ha, Liebespfeil, gut und schön. Wie ein Dolch wird er einem in den Körper gerammt, Hormonschub hin oder her. Dann schleppst du das Ding bis zur nächsten Nummer mit dir rum und dein Sexpartner weiß genau, wo du gerade herkommst. Nicht sehr angenehm. Diese Diskussionen immer.

Einmal war ich ein Haustier. Ich hatte meine eigene Wohnung. Mit durchsichtigen Wänden und einer silbrigen Decke mit lauter kleinen Löchern drin. Jeden Tag gab es frischen Grünkram. Sehr bequem. Ich hab's genossen. War wie Urlaub mit Vollpension. Sie haben mir mein Haus bunt angemalt. Schick eigentlich. Ich brauchte mich um nichts zu kümmern, konnte mal so richtig fünfe gerade sein lassen. Nur mit dem Sex war es halt schwierig. Und da habe ich mich gefragt, was nutzt es eigentlich, ein Zwitter zu sein, wenn man es doch nicht mit sich selbst machen kann. Deshalb war ich auch froh, wieder rauszukommen. Fünf Winter und ich war zu Hause. Klacks.

Ihr Menschen habt die Uhr, ich die Zeit. Verstehst du? Lineare Zeitwahrnehmung nennt man das.

Mein Zeitverständnis ist zirkulär. Einatmen, ausatmen. Ebbe, Flut. Vielleicht auch spektakulär. Das mag schon sein.

Noch was zum Schleim. Sehr wichtig. Schleimen überhaupt. Das bringt einen auf alle Fälle weiter. Dient dem Überleben.

Man sollte Schleimspuren im Leben hinterlassen. Hör niemals auf zu Schleimen. Schleim big! Carpe Schleim. Lass dir das  **Schleim big! Carpe Schleim.** gesagt sein von einer, die es wissen muss.

Jetzt gehe ich Klettern. No risk, no fun. Und dann warte ich oben auf dem Pfosten, dass mich mal wieder jemand mitnimmt. Kommen ja immer viele Wanderer vorbei. Müsste dringend zum Arzt. Schätze, ich hab Rücken. Oder Nacken. Und mein Haus hat einen Riss. Kommt Wasser rein, müsste der Doc tapen. Sagt man doch heute so. Vielleicht krieg ich sogar 'ne Kur verschrieben. Bisschen Ausspannen. Seele baumeln lassen, Nichtstun, mal ganz ohne W-Lan. Chillen halt.

Ach, schön, ich werde eingesammelt. Jetzt! Geht's! Lohos!

Aha! Bestimmt der OP-Saal. Ja, Chrom und Kacheln. Und blitzsauber. Da kommt er ja auch schon, der Herr Doktor. Ganz in Weiß! Oh, ein Dampfbad, gegen die Verspannungen. Irgendwie ganzheitlich hier, was? Wie sagt ihr Menschen doch immer? Die Zeit mit einem Tier zu verbringen ist wie in die Unendlichkeit schauen? Nee, das war irgendwie anders. Was ich damit sagen will: Doch, ich habe es verdient, wie etwas sehr Spezielles behandelt zu werden. Ich kann ja schließlich auch nicht für immer bleiben. Als Haustier erobere ich dich zwar im Sturm, aber im Grunde meines Herzens bin ich ein freier, unabhängiger Geist mit Blick auf einen See im Mondlicht.

Hmmm ... äh ... warte mal, Doc. Hallo? Das ist viel zu heiß! Geht's noch? Bist du bescheuert, was bitte schön soll ein Schneckenpfännchen sein? He, Pfoten weg, du Mistkerl ...

Die AutorInnen

Heike Abidi ist studierte Sprachwissenschaftlerin. Sie lebt mit Mann, Sohn und Hund in der Pfalz bei Kaiserslautern, wo sie als freiberufliche Werbetexterin und Autorin arbeitet. Heike Abidi schreibt vor allem Unterhaltungsromane für Erwachsene sowie Jugendliche und Kinder.

Kerstin Bätz lebt mit ihrer Familie in einem 140-Seelen-Dörfchen im lieblichen Taubertal. Neben der umfangreichen Arbeit im ehemaligen Pfarrhaus und dem zugehörigen Garten betreut sie Kinder der Grund- und Mittelschule außerhalb des Unterrichts.

Volker Bätz war schon immer ein Geschichtenerzähler. Er war als Publication Manager und Autor für die US-amerikanische Firma Dark Age Games tätig. Im Verlauf dieser Tätigkeit wurde ihm irgendwann klar, dass er das Schreiben in seiner Muttersprache unbedingt versuchen musste.

Ursi Breidenbach studierte Kunstgeschichte und Kulturmanagement in Wien. Sie lebt mit ihrer Familie und Hamster Snoopy in Leoben (Steiermark) und München. In ihren Unterhaltungsromanen verbindet sie gern Liebe und bildende Kunst. Mit ihrer Kurzgeschichte »Von Hamstern und Hunden« begibt sie sich erstmals auf anderes Terrain.

Akram El-Bahays liebt es, als Autor eigene Geschichten zu erfinden. Seine Freude am Schreiben lebt er beruflich als Journalist aus. Als Kind eines ägyptischen Vaters und einer deutschen Mutter ist El-Bahay mit Einflüssen beider Kulturkreise aufgewachsen. Arabische Motive finden sich häufig in seinen Geschichten wieder.

Regina Fackelmayer, geboren 1963, ist seit über 25 Jahren in verschiedenen Bereichen als Diplomsozialpädagogin in der Kinder- und Jugendhilfe tätig. Zudem hat die zweifache Mutter als Autorin auch einige Kinderbücher verfasst, die bei verschiedenen Verlagen erschienen sind.

Christa Goede ist Diplom-Politologin, Social-Media-Managerin (FH Köln), Klartextschreiberin, Schachtelsatzallergikerin Rechtshänderin, Linksdenkerin, Internetbewohnerin, Blümchenliebhaberin, Punkrockhörerin, Motivationsmaschine, Monsterhäklerin, Disziplintierchen und Besserwisserin mit Sinn für Humor.

Lucinde Hutzenlaub wurde in Stuttgart geboren. Dort blieb sie bis zu ihrem Abitur 1990 und ging dann für mehrere Semester nach England und Spanien. Nach diversen Praktika bei Tele 5, der Bild-Zeitung und dem SDR studierte sie sechs weitere Semester in San Francisco, diesmal Grafikdesign und Bildhauerei.

Anja Koeseling war als Journalistin und Publizistin tätig, bevor sie anfing, im Marketingbereich zu arbeiten. 2008 gründete sie die Literaturagentur Scriptzz mit Sitz in Berlin. Heute lebt sie mit ihrer Familie im grünen Brandenburg vor den Toren Berlins.

Petra Plaum entstand in der Wüste Tunesiens, wurde geboren in Pforzheim am Schwarzwaldrand und lebte auch schon in Kalifornien, bevor sie in Bayerisch Schwaben sesshaft wurde. Mit so einer Vita muss man schreiben – in ihrem Falle vor allem Fachartikel zu Medizin- und Bildungsthemen sowie Kurzgeschichten. Zu den beiden in diesem Buch »Die Fränkinnen, die Rinder und ich« und »Wie ich der toughste Hamster der Welt wurde« inspirierten sie die Landluft in ihrer Wahlheimat und die Haustiere ihrer Kinder. Petra Plaum teilt sich ihr Zuhause mit Mann, drei Töchtern, einen Hamster, zwei Wellensittichen und etwa einem Dutzend Süßwasserfischen.

Heike Eva Schmidt wurde in Bamberg geboren und lebt heute im Süden Münchens. Nach ihrem Studium wurde sie zunächst Journalistin und schrieb unter anderem für Radio, Fernsehen und Zeitschriften. Inzwischen arbeitet sie als freie Drehbuchautorin. 2010 verwirklichte sie schließlich ihren Kindheitstraum: Romane zu schreiben.

Bettina Schuler, Jahrgang 1975, lebt und arbeitet als freie Journalistin und Autorin in Berlin. In ihrer Kolumne »Wir

Mitte-Muttis«, die im Berliner Stadtmagazin MITTESCHÖN erschien, gab sie jahrelang Tipps und Tricks preis, die sie als typische Berlin-Mitte-Mutti so kennt.

Andrea Schütze ist Diplom-Psychologin und schreibt eigentlich Bücher für Kinder, die es in sich haben. Wenn sie ab und an eine Pause von Feenzauber, Hexenwirbel und sonstigen magischen Verwicklungen braucht, dürfen es gerne mal Kurzgeschichten für Erwachsene sein. Und die haben es dann auch in sich. Nur anders. www.andrea-schuetze.de

Tino Schrödl wurde 1972 geboren und arbeitet als Autor, Regisseur und Producer von TV-Reportagen.

Katharina Seck wurde 1987 in Hachenburg geboren und wuchs in dieser mittelalterlichen, von einem Schloss gekrönten Kleinstadt im Westerwald auf. Heute arbeitet sie im öffentlichen Dienst im Bereich Öffentlichkeitsarbeit. In ihrer Freizeit beschäftigt sie sich am liebsten mit Menschen, Kultur und möglichst vielen Büchern sowie ihrem Hund.

Mina Teichert ist als Winterkind im Jahr 1978 in Bremen geboren. Sie verfolgte zunächst hartnäckig das Ziel Kunstreiterin in einem Zirkus zu werden. Mit zwölf Jahren entschied sie sich um und beschloss, Kinofilme zu machen, was sie über Umwege zum Schreiben brachte. Wenn sie keine Geschichten schreibt, hilft sie ihrem Mann auf seinem Milchviehbetrieb in Niedersachsen oder bemuttert ihre Tochter Luna und deren Katzenbabys.

Udo Weigelt – Verfasser von »Kater, Kater« – hat Germanistik und Geschichte studiert. Sein Schwerpunkt sind Geschichten für Kinder, seine Bücher wurden weltweit übersetzt. Er lebt als freier Autor am Bodensee.

Manuela Wolfermann wurde in Dortmund geboren, sie arbeitet als Erzieherin. Schon als Kind war sie eine richtige Leseratte. Nachdem sie sich durch die gesamte Kinder- und Jugendbücherei gelesen hatte, fing sie an, selbst Geschichten zu erfinden. Leider verstaubten sie erst mal in der Schublade. Nach der Geburt ihrer Kinder flammte diese Leidenschaft wieder auf. Sie hat Veröffentlichungen in Anthologien und pädagogischen Fachzeitschriften. Mit ihrem Mann, zwei Kindern und etlichen Haustieren lebt sie in Dortmund.

Weitere Titel von Eden Books

Eltern werden ist schon schwer, Eltern sein dann noch viel mehr – und dass dabei viel schiefgeht, liegt auf der Hand. Im ewigen Streben nach Perfektion werden die täglichen Aussetzer gern unter den Tisch gekehrt, doch fragt man Mütter und Väter nach ihren größten Fehltritten in der Erziehung, kommen haarsträubende Geschichten zum Vorschein: Eltern, die so übermüdet sind, dass sie vergessen, wo sie das Neugeborene abgelegt haben. Mütter, die ihr Kind mit ihrer überkorrekten Gender-Erziehung in den Wahnsinn treiben oder Väter, die den Verehrer der 16-jährigen Tochter zum Übernachten einladen, obwohl die ihn so schnell wie möglich los werden will. Patzer, die wir als Eltern niemals machen wollten und die dazu führen, dass uns das Kind trotz Chucks und Hoodie genauso peinlich findet wie wir damals unsere Eltern.

Bettina Schuler
KARL, DAS KIND IST WEG
Wenn Eltern verkacken. Wahre Geschichten aus dem Erziehungsalltag

256 Seiten | Taschenbuch, 12,5 x 19 cm
9,95 € (D) / 10,30 € (A)
Auch als E-Book erhältlich
ISBN: 978-3-959100-05-2

Weitere Titel von Eden Books

Die Schwiegermutter ist die ultimative Belastungsprobe für jede
Beziehung. Egal, ob sie den Liebsten mit einem Fingerschnippen wieder
in einen Zwölfjährigen verwandelt, die Familie zu Weihnachten mit
furchtbaren Geschenken überhäuft oder gleich ganz bei dem frisch
vermählten Paar einzieht – die Schwiegermutter sorgt garantiert in jeder
Ehe für Trubel. Nun plaudern Schwiegertöchter und -söhne erstmals aus
dem Nähkästchen! Mit viel Humor erzählen sie von ihren absurdesten
Erfahrungen mit dem Phänomen Schwiegermutter – und von den
kreativen Strategien, die sie entwickelt haben, um das Eheglück trotz allem
zu bewahren.

Heike Abidi und Anja Koeseling (Hrsg.)
VORSICHT SCHWIEGERMUTTER!
Widerstand zwecklos. Schwiegertöchter und -söhne berichten.

320 Seiten | Taschenbuch, 12,5 x 19 cm
9,95 € (D) / 10,30 € (A)
Auch als E-Book erhältlich
ISBN: 978-3-944296-95-1

Weitere Titel von Eden Books

Gibt es eigentlich Bio-Essen in der Schulkantine? Wer betreut die nächste Klassenfahrt? Und wo kommen die ganzen verdammten Läuse her? Wenn Ihnen diese Fragen bekannt vorkommen, dann waren Sie wahrscheinlich schon mal auf einem Elternabend. In »Schlachtfeld Elternabend« haben nun endlich Eltern und Lehrer aus ganz Deutschland ihre besten Elternabend-Geschichten zusammengetragen. Kurzweilig und unterhaltsam erzählen sie von überbesorgten Helikoptermüttern, überforderten Lehrern und ahnungslosen Vätern – eben dem ganz normalen Elternabend-Wahnsinn.

Bettina Schuler und Anja Koeseling (Hrsg.)
SCHLACHTFELD ELTERNABEND
Der unzensierte Frontbericht von Lehrern und Eltern

320 Seiten | Taschenbuch, 12,5 x 19 cm
9,95 € (D) / 10,30 € (A)
Auch als E-Book erhältlich
ISBN: 978-3-944296-70-8

HINTERGRÜNDE

GEWINNSPIELE

HINTERSPIELE

VERANSTALTUNGEN

AKTIONEN

DISKUSSIONEN

NEUIGKEITEN

Alle aktuellen
Infos zu
unseren
Titeln

www.facebook.com / EdenBooksBerlin

www.edenbooks.de
hallo@edenbooks.de

Impressum

Herausgegeben von Heike Abidi und Anja Koeseling
Herr Doktor, mein Hund hat Migräne!
Haar- und fellsträubende Tierarztgeschichten
ISBN: 978-3-959100-04-5

Eden Books
Ein Verlag der Edel Germany GmbH
Copyright © 2015 Edel Germany GmbH, Neumühlen 17, 22763 Hamburg
www.edenbooks.de | www.facebook.com/EdenBooksBerlin | www.edel.com
2. Auflage 2015

Dieses Werk wurde vermittelt durch die Literaturagentur Scriptzz, Berlin |
www.scriptzz.de

Einige der Personen im Text sind aus Gründen des Persönlichkeitsschutzes
anonymisiert.

Projektkoordination: Nina Schumacher
Lektorat: Susanne Röltgen
Umschlaggestaltung: BüroSüd | www.buerosued.de
Layout und Satz: Datagrafix Inc.| www.datagrafix.com
Druck und Bindung: optimal media GmbH, Glienholzweg 7,
17207 Röbel/Müritz

Das FSC®-zertifizierte Papier Holmen Book Cream für dieses Buch lieferte
Holmen Paper, Hallstavik, Schweden.

Printed in Germany

Dieses Buch ist auch als E-Book erhältlich.